本书第2版为“十二五”职业教育国家规划教材

职业教育“汽车类”专业活页式教材

汽车使用与维护

（第3版）

主　编　蒋浩丰

主　审　刘　阳

国防工業出版社

·北京·

内 容 简 介

本书主要介绍汽车维护的基本理论和作业过程，包括汽车的主要技术数据和图标识别、汽车维护法规、车间安全、汽车运行材料的合理使用、汽车保养作业中基本功能检查、底盘维护、轮胎和制动器检查、发动机维护、新能源汽车维护等。书中附有习题及活页式工单。

本书为高职高专类汽车检测与维修专业教材，也可供汽车维修行业从业人员、汽车驾驶人员，以及汽车运输和管理部门的技术与管理人员参考。

图书在版编目（CIP）数据

汽车使用与维护 / 蒋浩丰主编．-- 3 版．--北京 ：
国防工业出版社，2025. 1. --ISBN 978-7-118-13511-4

Ⅰ. U472

中国国家版本馆 CIP 数据核字第 2025D68V93 号

※

国防工業出版社出版发行

（北京市海淀区紫竹院南路 23 号　邮政编码 100048）

三河市天利华印刷装订有限公司印刷

新华书店经售

*

开本 787×1092　1/16　**印张** 17½　**字数** 411 千字

2025 年 1 月第 3 版第 1 次印刷　**印数** 1—3000 册　**定价** 55. 00 元

国防书店：(010)88540777　　书店传真：(010)88540776

发行业务：(010)88540717　　发行传真：(010)88540762

前　言

2024年我国汽车总产销量分别为3128.2万辆、3143.6万辆，连续16年居全球首位。其中，新能源汽车产销量分别为1288.8万辆、1286.6万辆，新能源汽车销量占新车总销量的40.9%，比2023年提高9.3%。新能源汽车产销量连续10年位居世界第一。

为了适应我国汽车维修行业技能型紧缺人才培养的需要，满足职业院校以就业为导向的办学目标和要求，我校汽车工程学院积极探索、勇于实践，大力改革教学模式，加大与企业合作办学的力度，推进工学结合的办学模式，取得了良好效果。所以，为了适应新的教学模式，我们编写了本教材。

本书以"任务驱动"为编写思路，同时根据各品牌汽车维护共性技术标准编写而成。本书采用与企业一线工作相接近的具体工作任务，同时引导出相应的专业知识的编写模式，突破了传统的"理论"与"实践"的界限，体现了现代职业教育"教、学、做一体化"的特色，从而可以更好地调动学生的学习主动性。

本书以丰田花冠轿车4万km维护，奥迪轿车6万km维护及大众ID.4 CROZZ汽车维护作为学习内容。根据维修企业工作的实际情况，设置八个学习项目，包含十八个训练任务。每个项目设置相应的自我测试题，每个任务设置相应的学习工作单，以便更好地引导学生完成每个项目的学习。

本书配套的网络学习资源见中国大学MOOC"汽车使用维护"在线开放课程。学生通过在线开放课程的学习，能进一步加深对汽车使用与维护的理解，激发学习兴趣。

本书由南京交通职业技术学院蒋浩丰主编、刘阳主审。在编写过程中，得到了南京交通职业技术学院汽车工程学院各位教师的大力支持和帮助，同时还得到了南京市相关汽车4S店维修技术人员的特别帮助。在此一并表示感谢。

由于编者水平有限，书中难免有疏漏、错误之处，敬请读者和专家批评指正。

编者

2025年1月

目　　录

项目一　汽车主要技术数据和图标识别

一、项目描述

通过对丰田花冠轿车的外观认别、VIN 的认识，以及对仪表盘上各种图标的认识学习，学生须达到以下要求。

1. 知识要求

(1) 了解汽车的基本数据、使用数据、结构数据和容量数据。

(2) 熟悉汽车仪表盘上的各种图形标识与英文缩略语含义。

(3) 掌握汽车 VIN 的意义与功用。

2. 技能要求

(1) 能正确说出丰田汽车的主要技术数据。

(2) 能够解释丰田汽车 VIN 的意义。

(3) 能够识别仪表图形标识和常用英文缩略语。

3. 素质要求

(1) 重视劳动保护与安全操作。

(2) 注意环境保护。

(3) 培养团队协作精神。

二、项目实施

任务一　车辆常用尺寸和 VIN 识别

1. 训练内容

(1) 认识丰田及其他著名品牌汽车的车标及相关英文缩略语。

(2) 认识丰田汽车的常用尺寸和 VIN。

(3) 完成并填写学习工作单的相关项目。

(4) 学习汽车主要技术数据和 VIN 的相关知识。

2. 训练目标

(1) 掌握车辆的常用尺寸和 VIN 的含义。

(2) 掌握 VIN 在车辆上的位置。

(3) 熟悉汽车英文缩略语的含义。

3. 训练设备

丰田花冠轿车两辆。

4. 训练步骤

（1）学习汽车主要技术数据和 VIN 的相关知识。

（2）解释汽车相关英文缩略语的含义。

（3）对照丰田花冠轿车解释图 1-1 中各尺寸的含义。

（4）在前挡风玻璃上和发动机舱内，找到 VIN。

（5）解释 VIN 的含义。

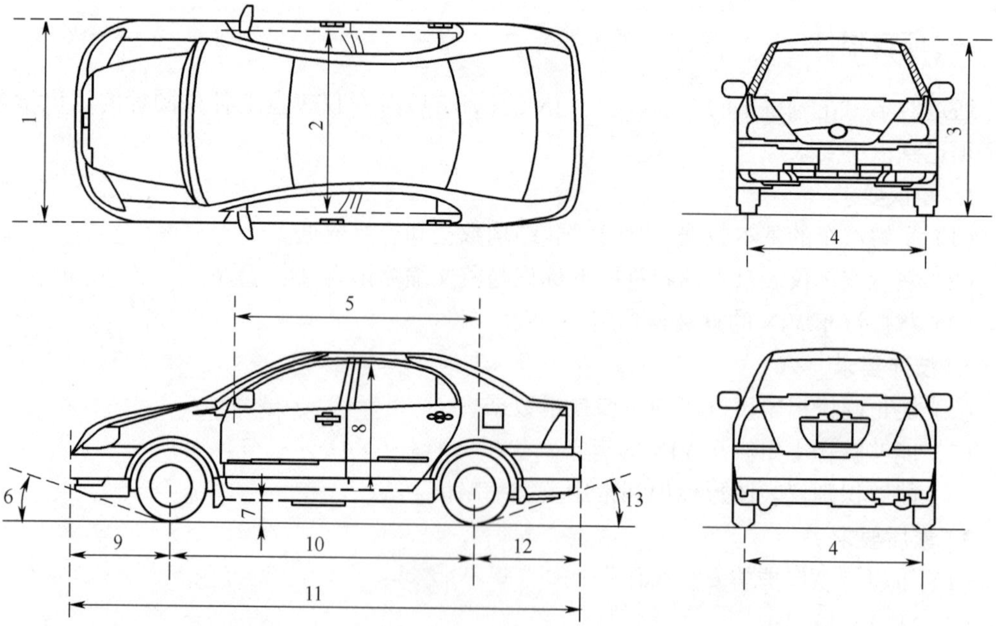

1—车宽；2—车厢宽度；3—车高；4—轮距；5—车厢长度；6—接近角；7—最小离地间隙；8—客厢高度；9—前悬；10—轴距；11—车长；12—后悬；13—离去角。

图 1-1　车辆常用尺寸

任务二　仪表盘图标认识

1. 训练内容

（1）解释图 1-2 中各仪表的含义。

（2）解释图 1-3 中警告灯标识的含义。

（3）完成并填写学习工作单的相关项目。

2. 训练目标

（1）掌握各种仪表的含义。

（2）掌握仪表盘上各种警告灯的含义。

3. 训练设备

丰田花冠轿车两辆。

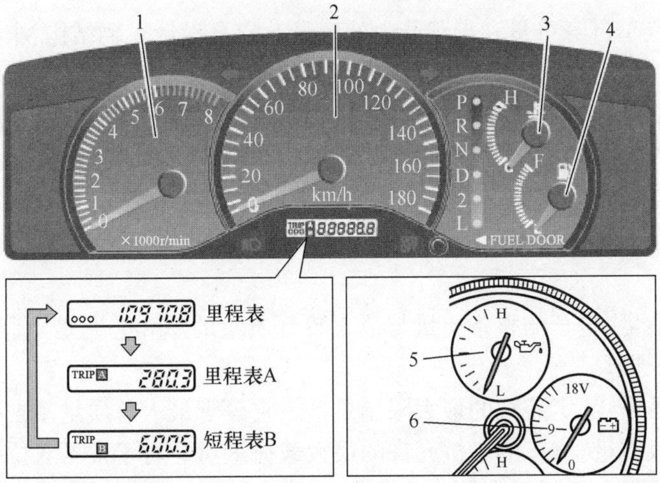

1—转速表；2—车速表；3—水温表；4—燃油表；5—机油压力表；6—电压表。

图 1-2　仪表盘上图形标识

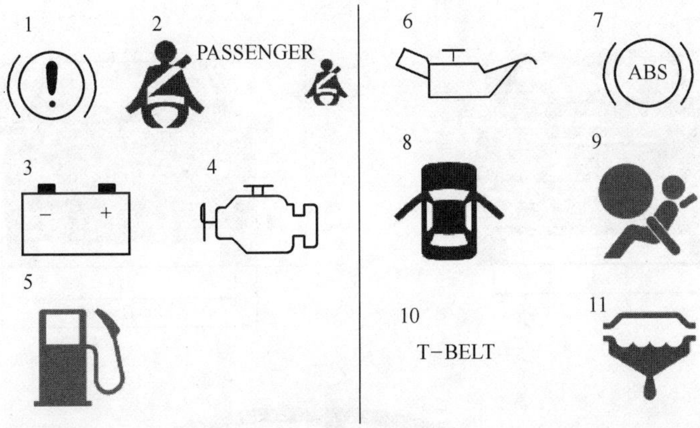

1—制动系统警告灯/驻车制动指示灯；2—座椅安全带警告灯；3—放电警告灯；4—故障指示灯；
5—低燃油液位警告灯；6—发动机机油低压警告灯；7—ABS警告灯；8—开门警告灯；
9—SRS警告灯；10—正时皮带更换警告灯；11—燃油滤清器警告灯。

图 1-3　警告灯图形标识

4. 训练步骤

(1) 坐进驾驶员位置，打开点火开关。

(2) 识别相应的仪表与警告灯图标。

三、相关知识

(一) 汽车的基本数据

汽车的基本数据是表明车辆总体尺寸、形状、重量、空间特征及其相关的技术参数。它主要包括汽车的质量、外形几何尺寸、轮距与轴距、最小离地间隙、纵向通过半径、横向通过半径、最小转向半径、风阻系数等数据。

1. 质量

汽车质量是汽车自身重量和承载能力的度量。它是设计车辆结构、车速和稳定性、安装各种附件和装置、计算运输工作量和设计道路等级施工标准的依据之一。汽车质量还是我国汽车车型的产品分类中载重车辆的重要分类参数。在汽车产品说明书中标明的汽车质量主要包括:

(1) 整车整备质量:装备车身、全车电气设备和车辆正常行驶所需要的辅助设备,加足冷却液、燃料、润滑材料,带齐备用车轮及随车工具、标准备件及灭火器等完整车辆的质量。

(2) 最大总质量:整车的整备质量与最大装载质量的总和。它是限制装载重量和道路通行能力的主要依据。

(3) 最大载质量:额定装载的最大限制重量。它等于最大总质量减去整车整备质量。

(4) 最大轴载质量:汽车的车桥允许的最大载荷重量。对于常见双桥结构的汽车,可分为前桥最大轴载质量和后桥最大轴载质量。

2. 几何参数

几何尺寸是指车辆所占有的空间几何形状和位置大小的尺寸,一般包括车辆的长度、宽度和高度方向的尺寸(图 1-4)。

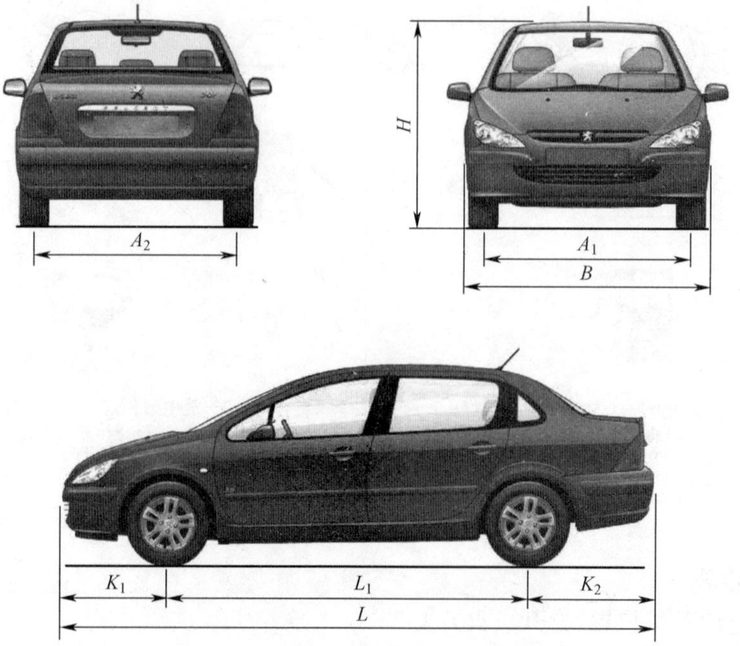

A_1—前轮轮距; A_2—后轮轮距; B—车宽; H—车高; L_1—轴距; L—车长; K_1—前悬; K_2—后悬。

图 1-4 汽车的几何参数

(1) 车辆长:垂直于车辆纵向对称平面,分别抵靠在汽车前后最外端突出部位的两垂直面之间的距离 L(mm)。

(2) 车辆宽:平行于车辆纵向对称平面,并分别抵靠在车辆两侧固定突出部位(除后视镜、侧面标志灯、示宽灯、转向指示灯、挠性挡泥板、折叠式踏板、防滑链及轮胎与地面接触变形增大的部位)的两平面间的距离 B(mm)。

(3) 车辆高:车辆在额定载荷及标定轮胎气压的条件下,车辆的支撑平面与车辆最高突出部位相抵靠的水平面之间的距离 H(mm)。

(4) 前悬:通过两前轮中心的垂面与抵靠在车辆最前端并垂直于车辆纵向对称平面的垂面之间的距离 K_1(mm)。

(5) 后悬:通过车辆最后车轮轴线的垂面与分别抵靠在车辆最后端并垂直于车辆纵向对称平面的垂面之间的距离 K_2(mm)。

3. 轮距与轴距

(1) 轮距:当同一车轴的两端为单车轮时,两前轮在车辆支撑平面上留下的轨迹中心线之间的距离为 A_1(mm),两后轮的距离为 A_2(mm);当轴的两侧为双车轮时,轮距为车轮两中心平面之间的距离。

(2) 轴距:汽车同侧车轮前轴中心至后轴中心的距离 L_1(mm)。如果是三轴汽车,则为同侧车轮前轴中心至后两轴中心间的距离。

4. 车辆通过性参数

车辆通过性参数包括以下六个参数,如图 1-5 所示。

(1) 接近角:汽车前端下部最低点向前轮外缘引的切线与地面的夹角 α(°)。

(2) 离去角:汽车后端下部最低点向后轮外缘引的切线与地面的夹角 β(°)。

(3) 最小离地间隙:在额定载荷和标定轮胎气压下,车辆支撑平面与车辆底盘突出部分最低点的距离 c(mm)。

(4) 纵向通过半径:在汽车侧视图上作出的与前轮、后轮轮胎及两轴间最低点相切圆的半径 R_1(m)。纵向通过半径表示汽车能够无碰撞地越过小丘、拱桥等障碍物的轮廓尺寸,纵向通过半径越小,通过性越好。

(5) 横向通过半径:在汽车后视图上作出的与左、右两车轮的轮胎内侧及底盘最低处相切圆的半径 R_2(m)。

(6) 最小转向半径:转向盘转到极限位置时,外侧车轮轨迹上的切点到转向中心的距离。最小转向半径是汽车机动性的重要指标,表明汽车在最小面积内的回转能力和通过狭窄地带或绕过障碍物的能力。

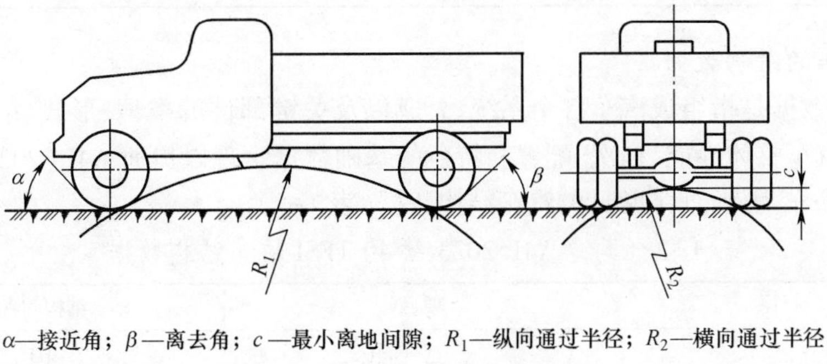

α—接近角;β—离去角;c—最小离地间隙;R_1—纵向通过半径;R_2—横向通过半径。

图 1-5 汽车通过性参数

5. 风阻系数

风阻系数是指空气与汽车以一定的相对速度流过车身表面轮廓时所受到的阻力大小的

度量，一般用 C_D 表示。风阻系数越小，汽车行驶中的空气阻力就越小，轿车 C_D 值的范围一般在 0.2~0.5。C_D 值的大小和汽车外形关系极大，这就要求汽车外形流线型要好。风阻系数是设计汽车，特别是轿车外形轮廓及其他相关结构的重要依据。从空气动力学来看，最理想的车身外形应是，对车身侧面来说，尽量降低车身总高，减小离地间隙，使前脸扁平，发动机罩和顶盖也应尽量扁平，加尾翼以确保方向稳定性；对车身正面来讲，呈宽而低的扁平形，采用无棱角的扁平和圆形过渡，当驾驶室要求有必要的棱角时在腰线部位可装倾斜的侧翼，使其圆滑过渡。

（二）汽车的使用数据

汽车的使用数据是指车辆在运行的过程中应达到的技术要求或参数，主要包括动力性方面、经济性方面、制动性方面和污染控制方面的使用数据。以奥迪 A4L（2023 款 40 TFSI 时尚动感型）轿车为例，列举常见的汽车使用数据（表 1-1）。

表 1-1 奥迪 A4L 2023 款 40 TFSI 轿车使用数据

性能	项 目		单 位	参 数
动力性	最高车速		km/h	235
	0km/h~100km/h 原地起步连续换挡加速性能（按一个驾驶员加载）		s	8.8
	最大爬坡度（满载）		%	70
经济性	WLTC 综合油耗		L/100km	6.9
制动性	制动距离（空载）	100km/h	m	≤40
	驻坡度（满载）		%	≥20
通过性	最小转弯半径		m	5.9
	最小离地间隙		mm	97
	接近角（空载）		(°)	14
	离去角（空载）		(°)	15
排放性	环保标准		—	国Ⅵ
可靠性	质保		—	3 年或 10 万 km

（三）汽车的结构数据

汽车结构数据是指组成汽车各个系统、总成以及关键部件的类型、形式、结构特点的技术参数，体现汽车整体性能、档次、配置和特色的基础数据。现以奥迪 A4L（2023 款 40 TFSI 时尚动感型）轿车为例，列举常见的汽车结构数据（表 1-2）。

表 1-2 奥迪 A4L 2023 款 40 TFSI 轿车结构数据

部 件	项目	结构和参数
发动机	型号	DTG
	布局	纵置
	排量（L）	1.984
	缸径×冲程（mm×mm）	82.5×92.8

（续）

部　　件	项目	结构和参数
发动机	压缩比	11.65
	进气形式	涡轮增压
	配气机构	DOHC
	最大功率/转速/(kW/(r/min))	140 /4000~6000
	最大扭矩/转速/(N·m/(r/min))	320/1450~4200
	燃料形式	汽油
	燃油标号	95 号
	供油方式	直喷
	缸盖材料	铝合金
	缸体材料	铸铁
变速箱	挡位个数	7
	变速箱类型	湿式双离合变速箱(DCT)
底盘转向	驱动方式	前置前驱
	前悬架	五连杆独立悬架
	后悬架	五连杆独立悬架
	助力类型	电动助力
	车体结构	承载式
制动器	前制动器类型	通风盘式
	后制动器类型	盘式
	驻车制动类型	电子驻车
轮胎	前轮胎规格	245/40 R18
	后轮胎规格	245/40 R18
	备胎规格	非全尺寸
驾驶辅助	驾驶辅助影像	倒车影像
	巡航系统	定速巡航
	自动驻车	AUTO HOLD

（四）汽车的容量数据

汽车的容量数据是指汽车各种燃、润料和工作液在标定状况下所占有的空间，是保障车辆正常运行的重要技术参数。现以奥迪 A4L(2023 款 40 TFSI 时尚动感型)轿车为例，列举常见的汽车容量数据(表 1-3)。

表 1-3　奥迪 A4L 2023 款 40 TFSI 轿车容量数据

液体名称	容量/L	规格
发动机润滑油	5.5	SN 0W-20
双离合变速器油	3.5	0CK 型变速箱用
冷却液	6	冰点-40℃
制动液	1	DOT 4
风窗清洗液	3	冰点-8℃

(五) 汽车识别代码的意义和功用

目前世界各国汽车公司所生产的绝大部分汽车都使用了汽车识别代码(vehicle identification number,VIN)。汽车识别代码的作用及重要性已被越来越多的人所认识和重视。无论是汽车整车及配件营销人员、汽车维修工、车辆保险人员、二手车评估人员,还是车辆交通管理人员、与汽车相关的其他人员,要了解、认识和掌握汽车规格参数和性能特征等信息,汽车识别代码是必不可少的信息工具。

VIN 是汽车制造厂为了识别一辆汽车而规定的一组字码,由一组英文字母和阿拉伯数字组成,共 17 位,故又称为 17 位码。例如:美国福特汽车公司某辆轿车的 17 位码为 1LNLM81w6PJl06235。

17 位 VIN 的每一位代码代表汽车某一方面的信息参数。从该码可以识别出车辆的生产国家、制造公司或生产厂家、车辆的类型、品牌名称、车型系列、车身形式、发动机型号、车型年款(属于哪年生产的年款车型)、安全防护装置型号、检验数字、装配工厂名称和出厂顺序号码等信息。

VIN 具有全球通用性、最大限度的信息承载性和可检索性,已成为全世界识别车辆唯一准确的“身份证”。17 位编码经过特定的排列组合可以保证每个制造厂在 30 年之内生产的每辆汽车识别代号具有唯一性,不会发生重号或错认。由于现代汽车的使用周期逐年缩短,一般 6~10 年就会被淘汰,所以 VIN 足够应用。

当每辆车打上 VIN 后,其代号将伴随车辆的注册、保险、年检、维护、修理直至回收报废。在办理车辆牌照、处理交通事故、查获被盗车辆、侦破刑事案件、保险索赔、车辆维修与检测、汽车营销、进出口贸易等方面,17 位 VIN 都具有十分重要的作用。

(1) 车辆管理部门通过对 VIN 的统一管理,能够实现车辆管理的规范化,保证车辆登记状况的准确性,使车辆年检和报废管理体系更加完善。如果推行条码化 VIN 管理,可以大大提高车辆登记和年检的效率和准确性。工作人员只要利用条码读取设备就能够快速获得车辆信息,会减少人工输入。到目前为止,国内厂家已有上海大众汽车和长安汽车采用了“条码化”的 VIN。因此,交管部门可以在年检标签中打印车辆的 VIN,为日后车辆管理工作提供极大方便。

(2) 各大保险公司通过车辆的 VIN,结合车辆管理部门提供的车辆登记和使用记录,就可以分析车辆的盗抢、交通事故情况等,估计车辆承保的风险程度,从而能够针对不同的车辆制定相应的保险制度。这对于当前保险公司推行的浮动车险费率制度至关重要。

(3) 整车制造厂通过 VIN,结合车辆制造档案就可以明确各批次车辆及零部件的去向和车辆的生产、销售及使用状况,对于调整生产、改进售后服务和实施汽车召回具有重大的指导意义。

(4) 汽车维修企业通过车辆 VIN,可以准确确定车辆的车型、年款及相应的配置状况,从而选择合适的仪器设备和相关的车型维修资料,正确地进行故障诊断和车辆维修。另外,配件订购也离不开车辆 VIN,因为不同批次的同一车型选用的配件也不尽相同,通过 VIN 就能明确车辆配置及其生产年限、批次,从而找到正确的零件。

(5) 在二手车交易市场,通过车辆 VIN 可以了解车辆的生产年份、产地、车型、车身型式、发动机配置等。先将这些数据与实际车辆比对,再听听卖家的介绍,就心中有数了。

(6) 了解 VIN 的相关知识,车主也能对爱车了如指掌,在维修、配件采购及其他相关环节做到心中有数。对于准车主,特别是准备购买进口汽车的人,通过解读车辆 VIN,能了解到车辆的产地、配置、年份、装配厂等信息。以奔驰汽车为例,它的产地分布在世界各地,而且不同地域的车辆等级和品质差异是客观存在的,顾客可不想拿买德国本土出产奔驰的价钱买一辆印度或越南组装的产品。此外,利用 VIN 还可以鉴别出拼装车和走私车,因为拼装的进口汽车一般是不按 VIN 规定进行组装。

总而言之,利用 VIN 进行车辆各相关环节的管理,充分体现了车辆管理制度的严谨性、科学性,实现了车辆管理手段的国际化、现代化,在日常车辆管理工作中必将取得事半功倍的效果。

有的国家规定没有 17 位识别代码的汽车不准进口和销售。所以,现代汽车若没有 VIN 是卖不出去的。我国于 1999 年 1 月 18 日由机械工业部发布了《车辆识别代码(VIN)管理规则》,并规定:“1999 年 1 月 1 日后,适用范围内的所有新生产的车辆必须使用汽车识别代码。”

(六) 汽车识别代码的组成及规定

世界各国政府及各汽车公司对本国或本公司生产的汽车的 17 位 VIN 都有具体的规定。各国的技术法规一般只规定车辆识别代码的基本要求,如对字母和数字的排列位置、安装位置、书写形式和尺寸都有相应的规定等,并应保证 30 年内不会重号。

除对个别符号的含义有统一要求外,其他不作硬性规定,而是由生产厂家自行规定其代码的含义。

各国有关车辆识别代码的技术法规各有所异,但也有共同之处,如汽车识别代码的第(9)位必须是工厂检查数字代码。对于 VIN 在汽车上的安装位置,各国汽车生产厂家的各类车型也不相同。例如:美国规定应安装在汽车仪表板左侧,在车外透过挡风玻璃可以清楚地看到而便于检查,欧洲共同体规定 VIN 应安装在汽车右侧的底盘车架上或标写在厂家铭牌上。我国《车辆识别代码(VIN)管理规则》规定:汽车识别代码应尽量位于车辆的前半部分、易于看到且能防止磨损或替换的部位。对于小于或等于 9 人座的乘用车和最大总质量小于或等于 3.5t 的载货汽车,车辆识别代码应位于仪表板上靠近风窗立柱的位置,在白天日光照射下,观察者不需移动任一部件从车外即可分辨出车辆识别代码(图 1-6)。

我国规定汽车识别代码由三个部分组成,对于年产量大于 500 辆的汽车制造厂,汽车识别代码的第一部分为世界制造厂识别代码(world manufacturer identifier, WMI),第二部分为车辆说明部分(vehicle descriptive section, VDS),第三部分为车辆指示部分(vehicle inspection standards, VIS)(图 1-7)。

对于年产量小于 500 辆汽车的制造厂,汽车识别代码的第一部分为世界制造厂识别代

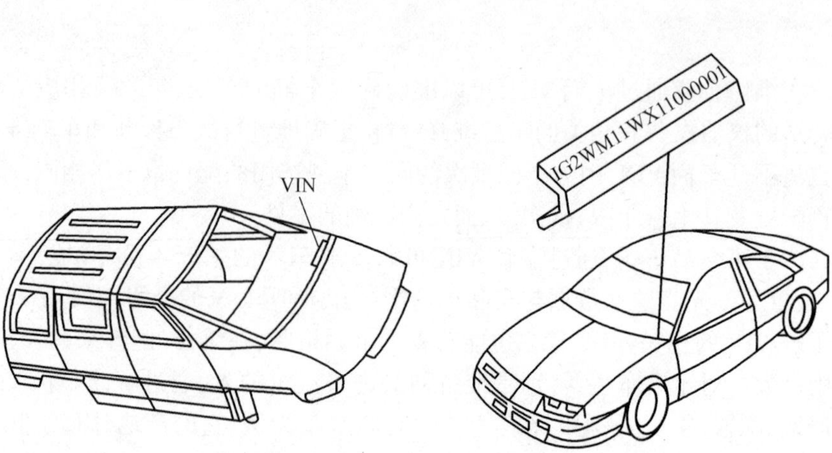

图 1-6　常见 VIN 的安装位置

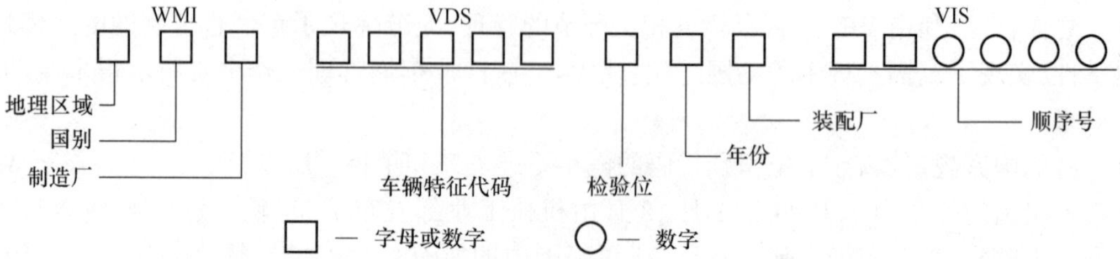

图 1-7　年产量大于 500 辆的制造厂的汽车识别代码组成

码(WMI),第二部分为车辆说明部分(VDS),第三部分的第(3)~(5)位字码同第一部分的三位字码一起构成世界制造厂识别代号(WMI),其余字码为车辆指示部分(VIS)(图 1-8)。

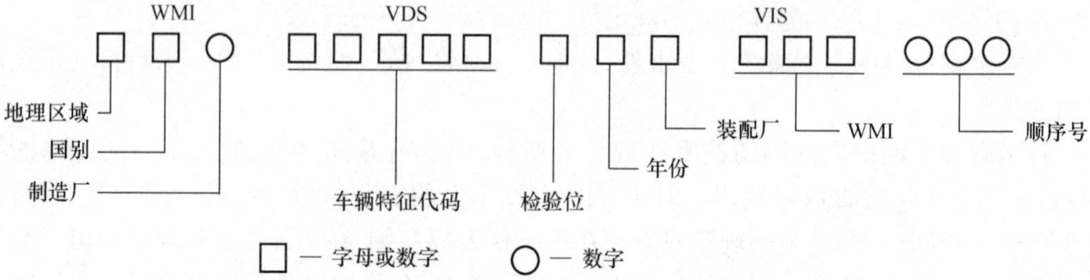

图 1-8　年产量小于 500 辆汽车的制造厂的汽车识别代码组成

1. 第一部分:世界制造厂识别代码(WMI)

WMI 是由三位字母或数字组成,它们必须经过申请、批准和备案后方能使用,如下。

第(1)位字码标明一个地理区域的字母或数字;

第(2)位字码表示这个地理区域的一个国家的字母或数字;

第(3)位字码是标明某个特定的制造厂的字母或数字。

第(1)~(3)位字码的组合将保证一个国家的某个汽车制造厂识别标志的唯一性。对于年产量小于 500 辆的汽车制造厂,世界制造厂的汽车识别代码的第(3)位字码为数字 9。

此时,车辆指示部分的第(3)~(5)位字码,即17位码的(12)~(14)位字码将与第一部分的三位字码共同作为世界制造厂识别代码。

美国的WMI前两位区段为1A~10、4A~40、5A~50;中国的WMI前两位区段为LA~L0,规定所有在中国境内生产的汽车产品的WMI编号必须在该区段内。

国内常见汽车制造厂的WMI编号如表1-4所列。

表1-4　我国常见汽车制造厂家的WMI编号

编号	汽车制造厂	编号	汽车制造厂	编号	汽车制造厂	编号	汽车制造厂
LSV	上海大众	LFV	一汽大众	LDC	神龙汽车	LRW	特斯拉
LHG	广州本田	LFP	一汽轿车	LGX	比亚迪	LNB	北京现代
LSG	上海通用	LFM	一汽丰田	LJ1	蔚来汽车	LS5	长安汽车

2. 第二部分:车辆说明部分由六位字码组成

由制造厂用不同的数字或字母标明车辆型号或品牌、车辆类型、种类、系列、车身类型、发动机或底盘类型、驾驶室类型以及汽车车辆的其他特征参数。如果制造厂不用其中的一位或几位字码,应在该位置填入制造厂选定的字母或数字占位。

该部分的最后一位(17位代码的第(9)位)为制造厂检验位。检验位由0~9中的任一数字或字母X标明。与身份证号码中的校验位一样,该校验位的目的是提供校验VIN编码正确性的方式,通过它就可以核定整个VIN正确与否。它在车辆的识别过程中起着极其重要的作用。

3. 第三部分:车辆指示部分由八位字码组成

第1位字码(17位代码的第(10)位)表示汽车生产年份,年份代码按表1-5规定对照使用。

表1-5　我国VIN中的年份代码

代　码	年　份	代　码	年　份	代　码	年　份	代　码	年　份
1	2001	9	2009	H	2017	S	2025
2	2002	A	2010	J	2018	T	2026
3	2003	B	2011	K	2019	V	2027
4	2004	C	2012	L	2020	W	2028
5	2005	D	2013	M	2021	X	2029
6	2006	E	2014	N	2022	Y	2030
7	2007	F	2015	P	2023	1	2031
8	2008	G	2016	R	2024	2	2032

第2位字码(17位代码的第(11)位)用来指示汽车装配厂,若无装配厂,制造厂可规定其他的内容。

对于年产量大于等于500辆的汽车制造厂,此部分的第(3)~(8)位字码(17位代码的第(12)~(17)位)表示生产顺序号;对于年产量小于500辆的汽车制造厂,该部分的第(3)~(5)位字码与第一部分的三位字码共同表示一个车辆制造厂,最后三位字码表示生产顺序号。

(七) VIN 中各代码的含义举例

一汽大众集团 VIN 的含义,如下:

L	F	V	3	A	2	4	G	1	E	3	1	5	8	6	3	4
(1)	(2)	(3)	(4)	(5)	(6)	(7)	(8)	(9)	(10)	(11)	(12)	(13)	(14)	(15)	(16)	(17)

第(1)~(3)位——世界制造厂识别代码:

LFV——一汽大众汽车有限公司。

第(4)位——发动机排量代码:

1——排量小于 1.2L;2——排量介于 1.2 和 1.6L 之间;3——排量介于 1.6 和 2.0L 之间。

第(5)位——车身类型代码:

A——四门折背式;B——四门直背式。

第(6)位——发动机和变速器类型:

1——手动变速器(汽油机);

2——自动变速器(汽油机);

3——手动变速器(柴油机);

4——自动变速器(柴油机)。

第(7)位、(8)位——车型代码:

4G——奥迪 C7(第 7 代奥迪 A6 轿车);

4F——奥迪 C6(第 6 代奥迪 A6 轿车)。

第(9)位——工厂检验代码。

第(10)位——生产年份代码。

E——生产年份为 2014 年。

第(11)位——生产装配工厂:

3——位于长春的一汽大众汽车有限公司。

第(12)~(17)位——工厂生产顺序号代码。

注意:VIN 中无法体现出车辆的颜色。

(八) 仪表警告灯的含义举例

汽车安全气囊警告灯图标如图 1-9 所示,当满足以下四个条件中任意一个时,该警告灯就会点亮,说明安全气囊系统有故障。

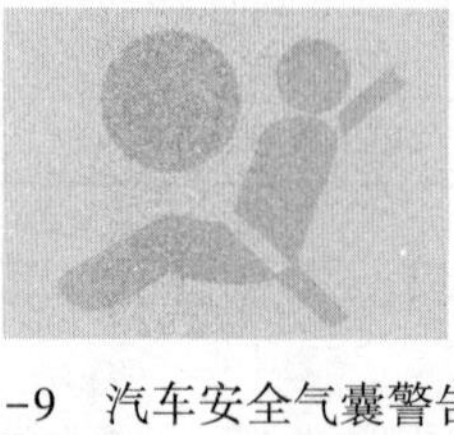

图 1-9 汽车安全气囊警告灯

(1) 在打开点火开关时警告灯不亮起。

(2) 打开点火开关约 4 s 后警告灯未熄灭。

(3) 打开点火开关后,警告灯熄灭但又重新亮起。

(4) 在行车期间警告灯亮起或闪烁。

发动机机油低压警告灯图标,如图 1-10 所示。当发动机机油的压力降低,它就会点亮,说明机油液位降低,机油量不足,这时要立即停车,否则会导致发动机拉缸等损坏。

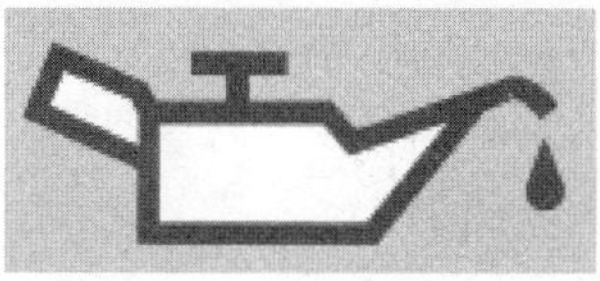

图 1-10　机油低压警告灯

四、自我测试题

(一) 判断题

1. 整车整备质量包含备用车轮及随车工具、货物及灭火器等完整车辆的重量。(　　)

2. 风阻系数是指空气与汽车以一定相对速度流过车身表面轮廓时所受到的阻力大小。(　　)

3. VIN 是指汽车识别代码,一共 17 位,其中第 10 位是指车辆生产年份。(　　)

4. LSG 是指中国上海通用汽车制造厂。(　　)

5. 汽车识别代码应尽量位于车辆的前半部分、易于看到且能防止磨损或替换的部位。(　　)

(二) 单项选择题

1. 当制动液液位过低时下列哪一个警告灯会亮?(　　)

A. 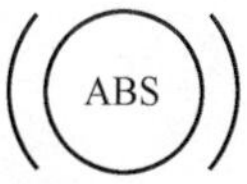

B. 
C. 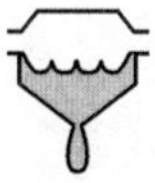
D. 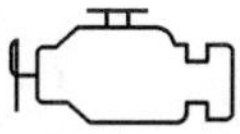

2. 下列哪一个数据不是汽车基本数据(　　)

A. 整车整备质量。　B. 轮距。　C. 压缩比。　D. 风阻系数。

3. 下列哪一个数据不是汽车使用数据(　　)

A. 最高车速。　B. 最小转弯半径。　C. 加速噪声。　D. 制动距离。

4. 下列哪一个数据不是汽车结构数据(　　)

A. 排量。　B. 最大功率。　C. 压缩比。　D. 轴距。

5. 下列说法错误的是(　　)

A. 车辆的接近角过大会发生触头失效。

B. 车辆的离去角过小会发生托尾失效。

C. 车辆的最小离地间隙过小会发生顶起失效。

D. 上述三种失效统称为间隙失效。

6. 关于 VIN 说法错误的是(　　)

A. 可以保证每个汽车制造厂在 30 年之内生产的每辆汽车识别代号具有唯一性。

B. 车辆打上 VIN 后将伴随车辆的注册、保险、年检、维护、修理直至回收报废。

C. 在二手车市场上,车辆 VIN 的作用并不大。

D. 利用 VIN 可以鉴别出拼装车和走私车。

7. 在车辆 VIN 中不能识别的信息是(　　)

A. 车型代码。　　B. 总装厂代码。

C. 车辆颜色。　　D. 发动机类型代码。

(三) 简答题

1. 汽车常用的技术数据有哪几大类?

2. VIN 的意义和作用是什么?

3. 从整车来评价汽车性能有哪六大性能,其评价指标各是什么?

项目二　汽车维护与车间安全

一、项目描述

通过对汽车维护的意义、我国的汽车维护制度和车间的安全规定、警示标志、操作规范、安全防范与应急处理方法，以及车辆操作安全规范的学习，学生须达到以下要求。

1. 知识要求

(1) 掌握汽车维护的意义。

(2) 了解我国的汽车维护制度。

(3) 了解车间的安全规定。

(4) 熟悉掌握车间警示标志的含义。

(5) 掌握车间人身安全的操作规范。

(6) 掌握车间安全防范与应急处理方法。

2. 技能要求

(1) 能够解释汽车一级维护与二级维护的含义。

(2) 能够说出汽车维护与修理的区别与联系。

(3) 能够解释车间警示标志的含义。

(4) 能够安全规范地操作车辆。

(5) 能够规范地使用车间常用设备。

3. 素质要求

(1) 树立安全第一的理念。

(2) 重视操作规范与人身安全。

(3) 注意环境保护。

(4) 培养团队协作精神。

二、项目实施

任务一　讨论汽车维护的意义和内容

1. 训练内容

(1) 理解汽车维护的意义(图 2-1)。

(2) 掌握汽车维护的分类。

(3) 了解我国的汽车维护制度。

2. 训练目标

(1) 掌握汽车维护的意义与内容。

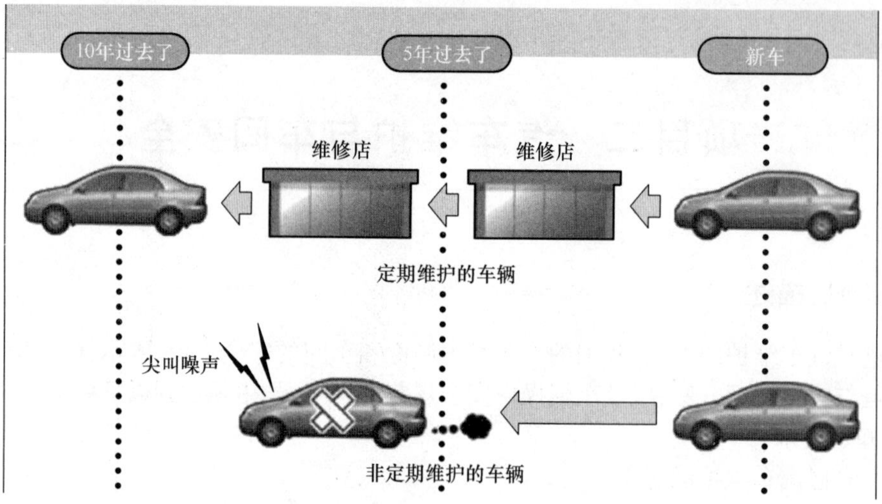

图 2-1　汽车定期维护与非定期维护的比较

(2) 了解我国的汽车维护制度。

3. 训练设备

教材、手机和电脑。

4. 训练步骤

(1) 学习教材相关知识。

(2) 观看中国大学 MOOC 在线开放课程“汽车使用与维护”中的讲授视频,课程网址:www. icourse163. org/learn/NJCI-1207049809。

(3) 完成课后练习。

任务二　灭火器的使用

1. 训练内容

(1) 灭火器的识别(图 2-2)。

图 2-2　不同类型的灭火器

(2) 灭火器的正确使用。

(3) 完成并填写学习工作单的相关项目。

(4) 学习灭火器的相关知识。

2. 训练目标

(1) 熟悉不同类型的灭火器的性能。

(2) 掌握灭火器的正确使用方法。

3. 训练设备

干粉灭火器、二氧化碳灭火器和泡沫灭火器。

4. 训练步骤

(1) 提起灭火器快速跑向火场、摇晃灭火器数次(图 2-3(a))。

(2) 距离起火点 5m 左右处,拔下灭火器的安全插销(图 2-3(b))。

(3) 距火点 2~3m 处,一只手握住喷嘴,另一只手用力按下压把、不准横卧或颠倒使用灭火器,对准火焰根部喷射(图 2-3(c)),左右移动喷射直至火焰熄灭。注意:防止死火复燃,射灭零星小火点。

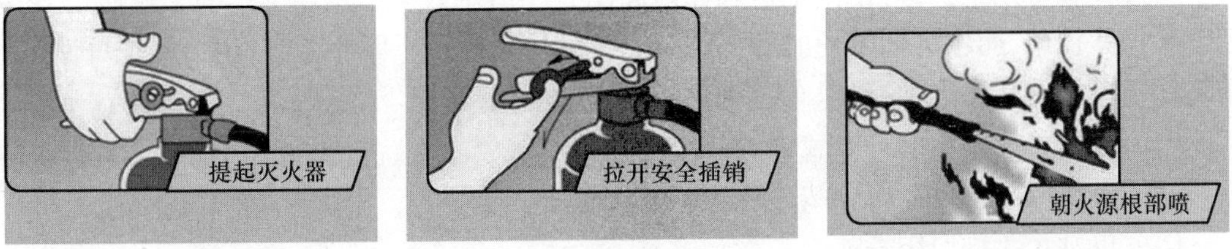

(a) (b) (c)

图 2-3 灭火器的使用步骤

三、相关知识

(一) 汽车维护的意义

1. 汽车维护定义

汽车维护又称为汽车保养,指为维持汽车完好技术状况或工作能力而进行的作业。

汽车维护是为保持汽车技术状态,发现并消除汽车使用中可能出现的故障隐患,防止其早期损坏的主要手段;正确及时地维护是延长汽车使用寿命、安全可靠并充分发挥使用效能的重要保证。

随着汽车设计和制造水平的提高,汽车维护的重要性越显突出。汽车通过定期维护,在10 年使用期限内,由总成大修代替整车大修已逐渐成为一种发展趋势。由于汽车修理工作量的逐渐减少,汽车维护的工作量已大于修理工作量,“三分修七分养”说明汽车维修的重点已转移到维护上,维护重于修理。例如:大众捷达轿车如果使用、维护得当,无大修行驶里程可达 50 万 km 以上,如果按家用轿车每年行驶 2 万 km 计算,可使用 25 年之久。

2. 汽车维护的原因

汽车的使用性能随着行驶里程和时间的增加,以及受到各种环境因素、使用方式等影响而发生变化,导致车辆的动力性、经济性和可靠性逐渐下降,尤其是发动机机油受到高温、高速，或者低温磨合等各种工况的影响，会产生变黑、变质、机油滤清器堵塞等状况，造成发动机工作迅速恶化；另外，各种零件的消耗、磨损、老化等需要检查。因此，必须对车辆进行定期维护。

即便对于行驶里程很少的车辆，由于机油中的各种添加剂发生变化，导致机油变质，车辆的各种密封件也可能出现隐性变化，所以对于每年行驶里程很少的车辆也需要进行定期维护。

部分车主认为，定期维护就是更换发动机机油和机油滤清器，这是一种错误的认识。更换发动机机油只是定期维护操作的项目之一，还有很多非常重要的操作项目，如更换火花塞、更换空气滤清器滤芯、更换汽油滤清器等易损易耗零件，检查发动机冷却液、制动液、助力转向液等，检查或者清洁各种油管、气管等，检查重要零部件（如制动、转向、悬挂等系统）的连接、紧固、密封状况，检查前后制动器、检查轮胎及车辆电控单元的故障记录等。

定期维护操作有规范的流程和操作细则的要求，并且使用专用设备、仪器和工具进行操作。因此，定期维护绝对不是简简单单更换发动机机油和机油滤清器，对车辆进行定期维护，实际上是对车辆进行一次全面的"体检"。

通过实施定期维护，可使汽车达到如前面图 2-1 所示效果。定期维护的车辆使用 10 年后车况仍然良好，而不定期维护的车辆用了 5 年就快报废了。因此，通过定期维护可使车辆始终处于良好的状态之中，确保车主满意和放心，并可实现以下效果。

（1）今后可能发生的许多较大的故障都能得以避免。

（2）可使汽车保持在符合法律规定的状态中。

（3）可延长车辆使用寿命。

（4）车主可享受既经济又安全的驾车体验。

此外，汽车维护工作与汽车品牌形象也有密切的关系。大量的维护工作是汽车 4S 店的主要工作内容，通过良好的维护工作能换取客户的认同感，从而提高品牌形象，促进销售。

3. 汽车维护与修理的区别

（1）作业技术措施不同。维护以计划预防为主，通常采取强制实施的作业。修理是按计划视需要进行的作业。

（2）作业时间不同。维护通常是在车辆发生故障之前进行作业。修理通常是车辆发生故障之后进行作业。

（3）作业目的不同。维护通常是降低零件磨损速度，预防故障发生，延长汽车使用寿命。修理通常维修出现故障或失去工作能力的机件、总成，恢复汽车良好的技术状况、工作能力，延长使用寿命。

4. 汽车维护与修理的联系

汽车维护与汽车修理密切相关，修理中有维护，维护中有修理。在车辆维护过程中可能发现某一部位或机件将要发生故障或损坏的前兆，因而可利用维护时机，对其进行修理。在修理的过程中，对一些没有损坏的机件也要进行维护，这是很自然的事情。因此，汽车维护和汽车修理的关系是辩证的。在日常活动中，一定要处理好两者之间的关系，坚持以维护为重点，克服"重修轻保""以修代保"的不良倾向。"三分修七分养"说的就是这个道理。

5. 维护周期

1）维护周期根据行车距离和前次维修后至今的时间来决定

例如：如果某个具体零件的维修计划规定为 4 万 km 或 24 个月，则这些条件中满足任一条件时，就是维护满期日。图 2-4 中 1 为上次维修后，已行车 4 万 km，耗时 12 个月，则要维护；2 为上次维修后，已行车 5000km，耗时 24 个月也要维护。

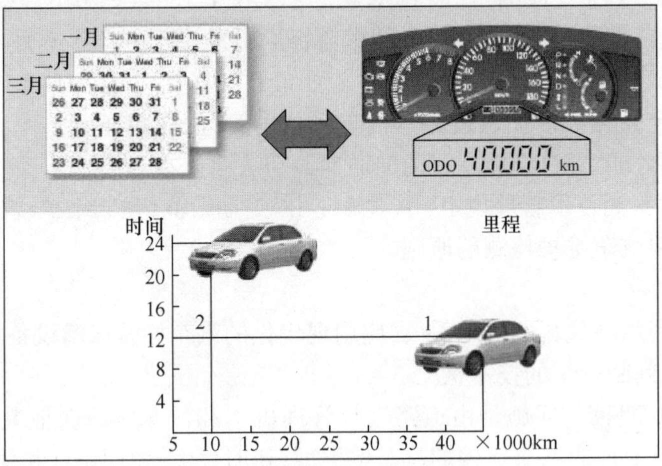

图 2-4 汽车定期维护周期

2）维护周期的法律规定

按照国家标准《汽车维护、检测、诊断技术规范》（GB/T 18344—2016）的规定：日常维护周期为出车前、行车中和收车后。汽车一级维护、二级维护周期的确定应以行驶里程间隔为基本依据，行驶里程间隔执行车辆维修资料等有关技术文件的规定。对于不便用行驶里程间隔统计、考核的汽车，可用行驶时间间隔确定一级维护、二级维护周期。道路运输车辆一级维护、二级维护推荐周期如表 2-1 所列。

表 2-1 道路运输车辆一级维护、二级维护推荐周期

适用车型		维护周期	
		一级维护行驶里程的间隔上限值或行驶时间的间隔上限值	二级维护行驶里程的间隔上限值或行驶时间的间隔上限值
客车	小型客车（含乘用车）（车长≤6m）	10000 km 或者 30 日	40000 km 或者 120 日
	中型及以上客车（车长>6m）	15000 km 或者 30 日	50000 km 或者 120 日
货车	轻型货车（最大设计总质量≤3500kg）	10000 km 或者 30 日	40000 km 或者 120 日
	轻型以上货车（最大设计总质量>3500kg）	15000 km 或者 30 日	50000 km 或者 120 日
挂车		15000 km 或者 30 日	50000 km 或者 120 日

注：对于以山区、沙漠、炎热、寒冷等特殊运行环境为主的道路运输车辆，可适当缩短维护周期。

3）需要频繁维护的车辆

经常在不平或特别泥泞的路、雪融化了的路、灰尘特别大的路上行驶的车辆；用于拖车或拉着野营挂车或车顶有货物架的车辆；重复短途行车或在室外气温低于零度以下使用车

辆;长时间或长距离低速运行的车,如警车、出租车或送货车等,以上这些车辆都需要频繁的维护。

(二) 我国的汽车维护制度

国家标准《汽车维护、检测、诊断技术规范》(GB/T 18344—2016,以下简称:《技术规范》),于2016年12月13日获国家质量技术监督局批准,于2017年7月1日起颁布实施。这是我国汽车维护制度的最新标准。此外,交通部于2016年3月1日起施行的《道路运输车辆技术管理规定》,是关于加强道路运输车辆技术管理,保持车辆技术状况良好,保障运输安全,发挥车辆效能,促进节能减排的交通部最新法律文本。

在《道路运输车辆技术管理规定》中明确提出"定期检测、强制维护、视情修理",作为道路运输经营者实施汽车维护检测的原则。

1. 定期检测

定期检测是利用现代化的技术手段,应用现代化的汽车检测诊断设备,定期对汽车进行检查测试,以正确判断汽车的技术状况。

"定期检测"的贯彻与实施是由道路运政管理机构和汽车维修企业共同完成的。一是道路运政管理机构对所有从事运输的汽车按类型、新旧程度、使用条件和强度等情况制订具体的定期检测制度,使各种车辆在行驶一定里程或时间后,按时进行综合性能检测。二是定期检测要求汽车维修企业结合汽车的维护周期进行检测,以此来确定附加作业项目,掌握汽车技术状况的变化规律,同时通过对汽车的检测诊断和技术鉴定,确定汽车需要修理的内容。

2. 强制维护

强制维护是在定期维护的基础上进行状态检测的维护制度。将过去的"定期维护"改为现在的"强制维护",是为了进一步强调维护的重要性,以防止忽视及时维护,造成汽车技术状况急剧变化的现象出现。强制维护是在计划预防维护的前提下所执行的维护制度,指汽车维护工作必须遵照交通运输管理部门或汽车使用说明书规定的行驶里程或时间间隔,按期进行维护,不得任意拖延,以体现强制性的维护原则。

按照国家标准《技术规范》的规定:车辆的维护分为日常维护、一级维护和二级维护。此外,还有走合期维护和季节性维护。

(1) 日常维护是日常性作业,由驾驶员负责执行。其作业中心内容是清洁、补给和安全性能检视。日常维护是驾驶员保持车辆正常工作状况的经常性工作。

(2) 一级维护由专业维修工负责执行。其作业中心内容除日常维护作业外,以润滑、紧固为主,并检查制动、操纵等安全部件。也就是,要求车辆经过较长里程运行后,特别要注意对车辆的安全部件进行检视维护。

(3) 二级维护由专业维修工负责执行,指除一级维护作业外,以检查、调整制动系统、转向操纵系统、悬架等安全部件,并拆检轮胎,进行轮胎换位,检查调整发动机工作状况和汽车排放相关系统等为主要内容的维护作业。这是因为车辆在经过更长里程运行后,必须对车况进行较全面的检查、调整,维护其使用性能,以保证车辆的安全性、动力性和经济性达到使用要求。车辆二级维护前,应进行检测诊断的技术评定,了解和掌握车辆技术状况、磨损情况,据此确定附加作业或小修项目,一般结合二级维护一起实施。

(4) 二级维护作业流程。车辆二级维护是汽车维护制度中规定的最高级别维护,也是最重要的维护,直接影响汽车在二级维护间隔期内能否正常运行。二级维护作业项目包括基本作业项目和附加作业项目,在二级维护作业时一起实施。二级维护前应进行进厂检测,依据进厂检测结果进行故障诊断并确定附加作业项目。二级维护作业过程中发现的维修项目也应作为附加作业项目。二级维护过程中应进行过程检验。二级维护作业完成后应进行竣工检验,竣工检验合格的车辆,由维护企业签发维护竣工出厂合格证。

二级维护检测使用的仪器设备应符合相关国家标准和行业标准的规定,计量器具及设备应计量检定或校准合格并在有效期内。

进厂检测包括规定的检测项目,以及根据驾驶员反映的车辆技术状况确定的检测项目。二级维护规定的进厂检测项目如表 2-2 所列。检测项目的技术要求应符合国家有关的技术标准和车辆维修资料等相关规定。进厂检测时应记录检测数据或结果,并据此进行车辆故障诊断。

表 2-2　二级维护规定的进厂检测项目

序号	检测项目	检测内容	技术要求
1	故障诊断	车载诊断系统(OBD)的故障信息	装有车载诊断系统(OBD)的车辆,不应有故障信息
2	行车制动性能	检查行车制动性能	采用台架检验或路试检验,应符合 GB 7258 相关规定
3	排放	排气污染物	汽油车采用双怠速法,应符合 GB 18285 相关规定; 柴油车采用自由加速法,应符合 GB 3847 相关规定

二级维护过程中应始终贯穿过程检验,并记录二级维护作业过程或检验结果。维护项目的技术要求应符合技术标准和车辆维修资料等相关技术文件规定。

(5) 汽车维护质量保证期。汽车维护企业对竣工检验合格的汽车签发维护竣工出厂合格证。汽车维护质量保证期,自维护竣工出厂之日计算,一级维护质量保证期为车辆行驶不少于 2000 km 或 10 日,二级维护质量保证期为车辆行驶不少于 5000 km 或者 30 日。行驶里程和行驶时间间隔上限值的选择,以先达到者为准。

(6) 走合期维护和季节维护。走合期维护是指新车或大修后的车辆,在开始投入运行的最初阶段所进行的维护作业。此时汽车正处于磨合状态,还不能满足全负荷运行的需要,因此在走合期内为了减少磨损,延长机件的使用寿命,必须做到:减轻载质量、限制行车速度、选择优质燃料和润滑材料,以及正确驾驶等。

每年 4 月至 5 月和 10 月至 11 月汽车进入夏、冬季运行时,应进行季节性维护。例如:进入夏季前及时更换空调滤芯、检查空调制冷剂的含量,进入冬季前要添加冷却液,做好相关部件的保温工作等,一般结合二级维护一起进行。

3. 视情修理

视情修理是随着汽车检测与诊断技术的发展和维修市场的变化而提出的。过去的"计划修理"经常会出现修理不及时或提前修理的情况,其结果不是造成车辆技术状况恶化,就是造成浪费。

视情修理必须经过检测诊断和技术鉴定,而不能只凭车辆所有者或者使用者的意见来随便确定修理时间和项目。为实现视情修理,运输单位必须积极创造车辆检测诊断和技术鉴定的条件,尤其大、中型运输单位应积极配备检测诊断设备和有经验的技术人员;不具备上述条件的小型运输单位和个体运输户,可由其主管部门或交通运输管理部门委托有条件的单位进行检测诊断和技术鉴定。同时,交通运输管理部门应创造便利条件,对运输车辆进行定期检测。视情修理的实质如下:

(1) 由原来以行驶里程为基础确定车辆修理方式,改变为以车辆实际技术状况为基础的修理方式。

(2) 车辆修理的作业范围是通过检测诊断后确定的,检测诊断技术是实现视情修理的重要保证。

(3) 视情修理体现了技术与经济相结合的原则。

(三) 车间安全规定

1. 车间安全意义

在职业教育中,汽车维修专业是危险系数高、安全事故易发频发的专业,其特殊性对健康与安全的教育提出很高要求,时刻需要学校管理者和任课教师高度重视和警惕。安全事故不仅给学生本人、家庭带来了身心伤害和经济损失,也影响了周围同学的从业信心,给学校和维修行业带来负面影响。人们只有工作在安全环境下,才会舒心、安心、愉悦地工作。

2. 安全事故发生的原因

(1) 环境因素。工作环境中的地面、工作台应当保持干净、干燥、整洁和有序。少量的机油、冷却液、油脂都会使地面湿滑,一旦滑倒将导致严重跌伤,如图 2-5 所示。地面的积水应及时擦除,因为水是良好的导电体,也会使得地面湿滑,充满潜在危险。工作通道和工作区域应保持整洁和开阔,车辆和设备附近的空间应预留得足够大,以方便操作。另外,如果车间内的工具不足或劳保用品不全,也容易引发安全事故。

图 2-5　油水落地导致滑倒

(2) 人为因素。在工作中不守秩序,进行错误或危险的操作。例如:在搬运重物时方法不对使腰部受伤,在车间内奔跑摔伤,着装不正确(图 2-6)使人受伤,在非吸烟区抽烟(图 2-7)引发火灾,工具选择不对使元件或工具损坏,不正确地使用电气设备(图 2-8)可能导致短路、火灾或触电事故等。

3. 车间安全法律规定

《中华人民共和国安全生产法》(图 2-9)对企业经营者和企业员工有着明确的职责规定。

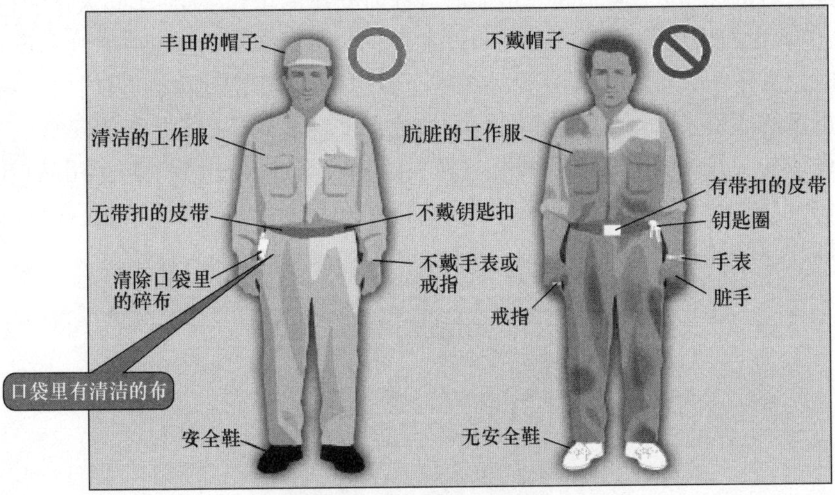

图 2-6　正确与错误的工装对比

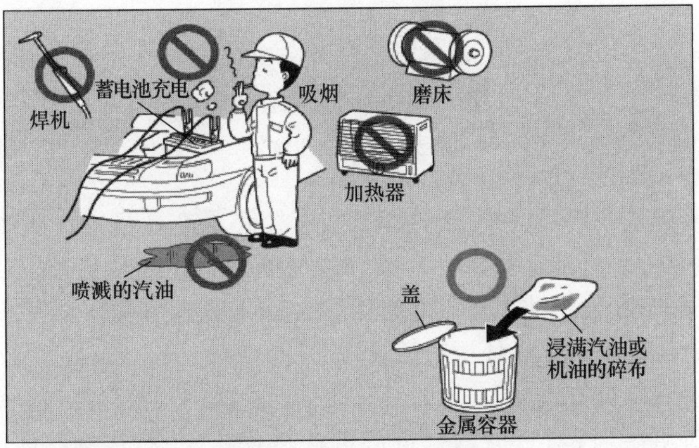

图 2-7　危险区域禁止吸烟

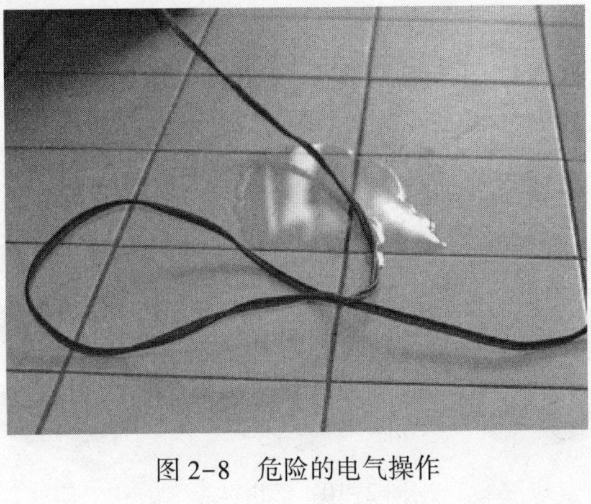

图 2-8　危险的电气操作

企业经营者的职责：①使车间人员能够胜任所安排的工作；②使车间人员能得到足够的安全教育；③提供符合安全标准的工具和设备；④提供足够的安全防护用具和设备；⑤密切关注并随时检查车间人员的作业是否存在安全隐患，若有安全隐患，则及时给予纠正。

企业员工的职责：①严格遵守车间行为规范；②掌握本职工作所需的安全生产知识；③熟知机械设备与工具的操作流程和操作规范；④正确佩戴和使用劳动防护用品；⑤熟知工作场所存在的危险因素、防范措施及事故应急措施；⑥善于发现事故隐患或者其他不安全因素，并及时向管理部门汇报。

图 2-9　安全生产法

当今社会越来越重视环境保护，无论是在校学生还是企业员工都要加强对《环境保护法》等法律法规的学习。环境保护部门对废弃物的处置有详细规定，汽车维修产生的废弃物处置不当对江河的鱼、野生动物和人类都是有危害的，企业有责任管理好废弃物并防止对环境产生污染。企业员工对工作环境的健康与安全有知情权。同时，企业员工应知晓汽车维修产生的废弃物的处置方式，如常见的废机油、机油滤清器、蓄电池、制冷剂、防冻液、制动液等。法律知识了解越多，对自身的权益诉求就越有底气，对自身的健康与安全就越有保障。

（四）车间安全标志

车间安全标志可以起到提醒、警示和引导的作用，对于安全生产至关重要，具体分为禁止标志、警告标志、指令标志、提示标志四类。

1. 禁止标志

车间内禁止标志如图 2-10 所示。

图 2-10　禁止标志

标志的放置和具体含义从左至右解释如下：

(1) 限速标志：行车应在指定车速(5 km/h)以内。放置在车间的进口和内部的显眼区域。

(2) 禁止烟火标志：此处禁止出现一切火源，以免发生火灾或爆炸的事故。一般放置在存放易燃品的区域，如零件仓库、油品库、油漆间、充电室等。

(3) 禁止吸烟标志：车间常见的一种标志，目的是提醒进入车间的人员禁止在车间内吸烟，表示此处禁止吸烟，以免发生火灾或爆炸事故。一般放置在存放易燃品的区域，如零件仓库、油品库、油漆间、充电室。

(4) 禁止安装心脏起搏器的人员靠近标志：佩戴心脏起搏器人员远离此处，以免造成佩戴心脏起博器者受到各种电磁波的干扰，危及生命安全，如高压线或遥控器钥匙附近等。

(5)禁止合闸标志：用于维修混合动力车时使用。经过认证的混合动力维修技师，在维修混合动力车辆时，需要将该标志放置在汽车的前部风挡上，提示其他技师禁止合上高压开关。

2. 警告标志

车间内警告标志如图 2-11 所示。

图 2-11　警告标志

标志的放置和具体含义从左至右解释如下：

(1) 注意安全标志：此处存在安全隐患，请注意行为规范，以免发生安全事故。一般放置在车间内存在安全隐患的地方，如油品库等。

(2) 小心滑倒标志：此处的地面比较湿滑，小心行走，以免摔倒。一般放置在车间较为湿滑的区域，如发动机大修间等。

(3) 小心触电标志：此处有高压电，禁止靠近和违规操作，以免发生触电事故。一般放置在高压电操作区域，如配电室等。

(4) 注意高温标志：此处存在高温物品，请勿触摸，以免发生烫伤事故。一般放置在高温物品或机器的区域，如烤漆房等。

(5) 小心中毒标志：在一些有可能产生有毒气体或液体的工作场所经常会使用。一般放置在调漆房等处。

(6) 小心腐蚀标志:此物品存在腐蚀性,请勿接触皮肤,以免发生伤害事故。一般放置在存放腐蚀性的材料的区域,如蓄电池电解液等。

(7) 小心机械标志:机械工作时有安全隐患,请勿靠近或违规操作,以免发生安全事故。一般放置在有危险机器的区域,如砂轮机、皮带轮旁等。

(8) 小心铁屑标志:作业时会产生铁屑,请穿戴防护装置,如护目镜和口罩等。一般放置在产生铁屑的机器的区域,如砂轮机、焊接机旁等。

(9) 小心爆炸标志:此处有易爆物,应规范操作。一般放置在存放易爆物的装置内,如燃油、蓄电池或气囊引爆器存放处。

(10) 高压警告/危险蓄电池标志:此处有高压电或有危险蓄电池,当心触电危险。在存放高压蓄电池的边上需要放置此警告标志。

3. 指令标志

车间内指令标志如图 2-12 所示。

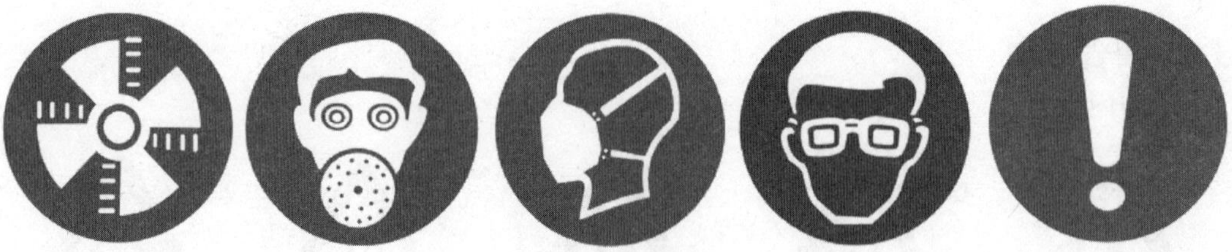

图 2-12　指令标志

标志的放置和具体含义从左至右解释如下:

(1) 通风标志:此处需要良好的通风,否则可能会导致缺氧、中毒等事故。一般放置在需要通风良好的空间,如零件库、油品库、大修间、焊接室等。

(2) 戴防毒面具标志:存在有毒气体,必须戴防毒面罩,否则可能会中毒。一般放置在可能产生有毒气体或烟雾的区域,如喷漆间、烤房等。

(3) 戴防尘口罩标志:此作业会产生粉尘,需戴防尘口罩避免吸入粉尘。一般放置在产生粉尘的作业区域,如砂轮机、打磨作业、清洁部件粉尘等区域。

(4) 戴护目镜标志:此作业会产生铁屑或粉尘,需戴护目镜保护眼睛。一般放置在产生铁屑或粉尘的作业区域,如砂轮机附近、电钻作业、打磨作业等。

(5) 注意卫生标志:需要保持良好的卫生状况的工作场所。一般放置在车间、大修间等场所。

4. 提示标志

车间内提示标志如图 2-13 所示。

图 2-13　提示标志

标志的放置和具体含义解释如下：

（1）紧急出口标志：发生火灾时，可以经由此处逃生。一般放置在安全通道出口处。

（2）安全通道标志：在车间的指定的场所必需放置安全通道标志，表示火灾事故时，可由此通道逃生，一般放置在安全通道内。安全通道指示标志通常不间断电源供电，即使发生火灾安全通道指示标志仍然会点亮。

（五）车间人身安全

1. 车间安全意识

目前职业院校汽车维修专业购置的教学车辆、维修工具、诊断设备等越来越高端和先进，有些配置甚至可以与汽车4S店媲美，但是在安全方面存在一些细节问题。例如：实习车间的地面用油漆或普通地砖铺设，外观虽亮堂整洁，但没有考虑防滑和排水。许多安全事故就是因地面打滑导致学生摔倒受伤。车间工位的尾气抽排没有配置，有的工位即使配置了抽排，但是抽排的效果不好，多辆汽车同时发动运行时室内尾气浓度超标。

职业院校在日常教学中非常注重车辆安全和举升机的操作安全，严防出“大事故”，但是在安全防范、个人防护配置、工具设备使用台账的管理等方面存在一些“小事故”问题，具体如下：

（1）学生未穿戴工作服和工作鞋进入车间的现象很普遍。严格讲，未穿工作鞋是严禁进入工作区域的，许多学校有这样的制度规定，但是没有真正落实。现实中往往很多安全事故就是因为物品或工具掉落砸到脚所致，如果穿着合格的工作鞋完全可以避免此类事故的发生。

（2）车间的安全标识、危险物品的警示标识不足。例如：车间内工作区域和非工作区域的界定不清，未用黄色警示线隔离；工作区域没有张贴“禁止使用手机”“禁止未穿工作服和工作鞋进入”的标识；高压用电设备、压缩气源、钻床、砂轮机等危险设备没有张贴危险警告标识。学生在车间玩耍，在不知情的情况下，容易碰到危险设备。

（3）设备管理台账记录不规范。消防设备、教学车辆、关键设备每次使用都应保存完整的设备状况记录，有责任人签字，目前很多院校没有真正履行起来，缺乏相应的追溯机制。管理人员有责任对使用记录台账进行检查，对设备的运行状态进行复核。

在日常的教学或生产实践中，学生由于缺乏安全意识，经常会犯如图2-14所示的错误，必须重视并加以纠正。

在图2-14中错误行为的解释如下：

（a）零配件和工具禁止落地。车轮螺栓应放于工作台上，不应散落在地上，否则可能导致事故发生，如人可能被绊倒摔伤、螺栓丢失等。

（b）工具禁止放在车内。在车辆内部作业时，工具和零件应该及时放到工具车上，不应散落在座椅上，否则可能导致人员的伤害或座椅的损坏。

（c）发现危险即刻上报。在车间发现任何安全隐患，需要及时处理并上报管理人员，及时纠正改进。如果发现车间有裸露的电线，应该及时修复，否则可能导致触电事故发生。

（d）工具不乱放。在进行车辆举升作业时，工具或零件应放置在工作台上，不应放置在举升设备的支臂上，否则可能会对人员产生伤害或损坏设备。工具有序摆放，能够提高工作效率。

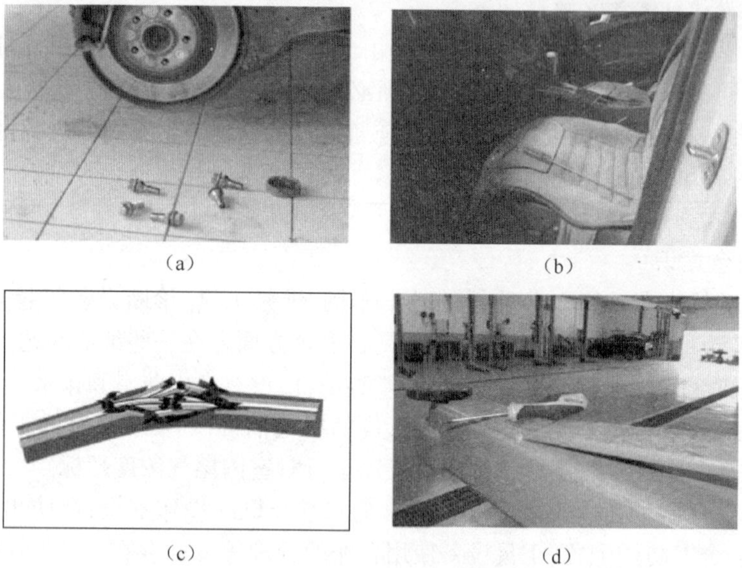

图 2-14　车间错误行为示例

2. 眼睛的保护

（1）眼睛在工作环境中容易感染或永久性地受伤。所以，应当考虑到以下三点：一是在车底下作业时，灰尘和细尖的铁锈很容易掉入眼睛；二是有些工作，如钻孔、研磨、砂轮机抛光打磨、除锈，扬起的灰尘和飞溅的颗粒容易进入、划伤眼睛；三是压缩空气和油管高压液体一旦从管路中失爆，飞溅入眼睛，很容易导致眼睛失明。

（2）正确选择护目镜。护目镜的镜片是由防碎裂玻璃或聚碳酸酯制成的。护目镜有很多种，目前汽车维修中常用的护目镜如图 2-15 所示，从左至右分别是防飞溅护目镜、保护面部的护目镜和普通护目镜。不同的护目镜功能不同，在更换空调系统制冷剂时，必须佩戴防飞溅的护目镜，在使用砂轮机打磨或者压缩气体清洗零部件时应当选择保护面部的护目镜。特殊护目镜如图 2-16 所示，主要用于气焊或电焊时，防止有害光线伤害眼睛。

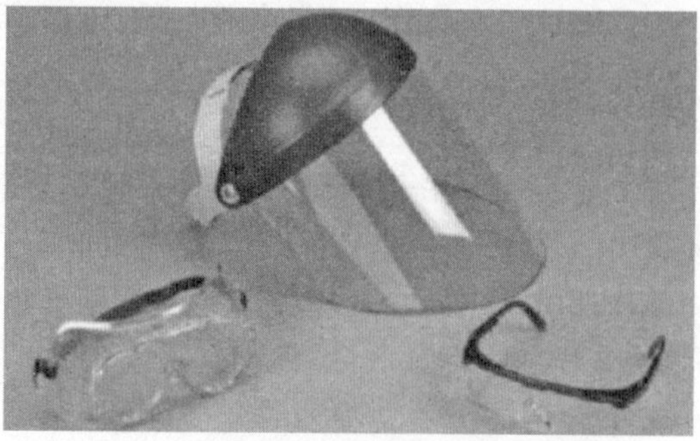

图 2-15　不同种类的普通护目镜

图 2-16　特殊护目镜

（3）眼睛的应急处置。铁屑进入眼里紧急处理：忌手揉不要用水冲，建议用软纸小心挑出铁屑，必要时送往医院。如果化学物质，如蓄电池电解液、汽油或其他溶剂进入眼睛，应立即用清水反复冲洗，同时应当找医生寻求专业治疗。

3. 车间人员着装

1）工作服

工作服的材质应强度足够，穿着合身并且舒适。工作服应尽量贴身，悬荡的袖口、飘逸的下摆是安全隐患，在发动机周围作业容易被卷入。要尽量保持工作服的干净。机油或制动液等污染了工作服应及时更换，因为皮肤长期与油液接触，容易得疹子或引起过敏。具体要求如下：

（1）服装质材：棉布。因为可以防静电，着火后不会黏在皮肤上。

（2）暗式纽扣：使用暗式纽扣替代金属拉链，以免外露的纽扣或拉链擦伤车辆的油漆表面。

（3）袖口（长袖）：袖口紧裹，以免衣服被卷入旋转的汽车部件或设备中。

（4）非金属扣皮带：可以避免损坏车辆的油漆或内饰。

（5）荧光警示条：在上衣和裤子的后部，均配有荧光警示条，起到警示后方车辆的作用。

夏季工装要勤洗换，展现良好的形象。夏季工装的上衣不应该束在裤子中。

2）工作鞋

穿着网球鞋和跑步鞋在车间工作是很危险的，东西砸到脚不仅是疼痛的问题，而且可能导致你离开工作岗位。工作鞋一般具有四个特点：一是鞋头是钢制；二是鞋的材质坚硬，不易刺穿；三是防水防油；四是鞋底防滑。所以，工作鞋的选择，不仅要考虑鞋面是钢板制作，还应考虑鞋底的防滑性，如图 2-17 所示。

3）安全帽

在大型零件总成下方工作时，应戴安全帽，防止零件或工具掉落而受伤。在停于坡道的汽车下工作时，应戴安全帽，防止车辆移动伤害头部。在车辆底部工作时，应戴帽子，避免头部被排气管烫伤或磕碰尖锐部件。安全帽如图 2-18 所示。

图 2-17　工作鞋

图 2-18　安全帽

4）头发和首饰

长头发、悬挂的首饰都是安全隐患，因为都容易被发动机的旋转部件卷入。戒指、项链、手镯、手表在作业时都不能佩戴。一个戒指切断手指，一条项链导致窒息，一个手镯勒断手腕，这些例子都是真实的。尤其是在电气设备作业时，首饰的良好导电性加上意外短路容易导致严重的安全事故。

5）护手套

汽车维修所用到的各类手套如图 2-19 所示。

手部的防护容易被忽略。许多学生戴着同一双手套在不同的工作任务下工作是不正确的。布手套主要用于在工作时防止坚硬或锋利的部件刮伤手。例如:搬运较重的物体时应戴上布手套,以避免手部被刮伤。虽然普通的布线手套具有较好的抓地力和灵活性,应用非常广泛,但是在研磨、焊接、处理高温物体和化学物质时,应佩戴厚实的织布手套或隔热手套。

在处置强力、危险腐蚀性的化学物品时,应佩戴聚亚安酯材质的防腐蚀手套。许多技师喜欢佩戴薄薄的乳胶手套作业,其实这些手套是医用手套,能有效防止油脂和病毒,但是不能防止被割伤,并且很容易被汽油、机油和强酸溶剂腐蚀。丁腈橡胶制品手套虽然不是很舒适,但是能有效抵挡汽油、机油和酸性物质。

防高压手套主要用于防止高压触电。例如:维修车间用电设备或混合动力车型时应戴上防高压手套,以免触电。

总之,手套的选择应慎重,应根据不同的环境来选择正确的手套。注意:在旋转部件上操作时,绝不允许佩戴手套,因为手套可能会缠到机器上。

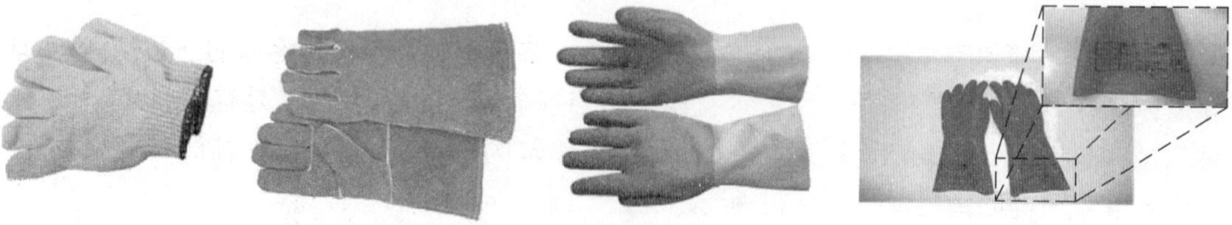

(a)布手套　(b)隔热手套　(c)防腐蚀手套　(d)防高压手套

图 2-19　不同种类的护手套

6)口罩

防尘口罩如图 2-20 所示。当使用压缩空气清洁物体时要戴防尘口罩,如制动盘、空气滤芯等;当使用砂轮机或电钻打磨工件时以及存在大量汽车废气,但通风又不良时就要用到防尘口罩。

当进行焊接作业、使用有毒的密封剂或喷涂作业时,就要用到如图 2-21 所示的防毒面罩。

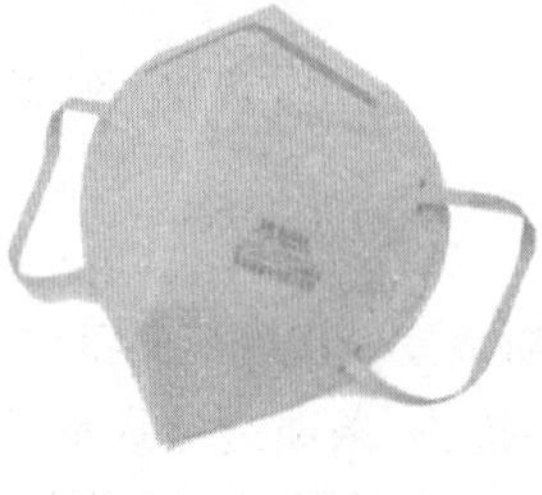

图 2-20　防尘口罩

图 2-21　防毒面罩

7)车间行为规范

车间内要严格执行行走规范。学生应按车间的规范路线行走,不要走捷径,不在车间内奔跑、追逐或打闹,要随时关注周围发生的事情。例如:正在移动的大型部件或车辆,走路时要注意地面的情况,避免踩到油污或气管线路而摔倒,禁止穿戴耳机或操作着便捷式电子产品行走。

车间内要严格执行防火规范。在关键位置放置灭火器并严格张贴防火警示标志,如在机油存储间、汽油存放处、配件库、烤漆房等处放置标志。

车间内要严格执行用电规范。如果车间内的电源设备坏了或发现车间内有裸露的电线,即便认为非常了解电气原理,也不要去维修,因为若没有经过电工认证,则容易误操作。正确方法是上报领导或找专业人士处理。

车间内要严格执行人员配合规范。车间内人员较多,维修工作复杂多变,相互之间要多提醒,多配合,才能确保安全并提高工作效率。例如:发动机启动后一定要告诉他人,否则他人可能再次启动发动机或在发动机舱内操作,就会造成发动机损坏或人身伤害。举升车辆或降下车辆一定要提醒旁人,有一个真实的案例:一位学生在4S店实习时,人趴在后备箱里更换汽滤,这时另一人过来不作任何提醒将车辆举升至高位。后备箱内的学生在更换完汽滤后以为车辆还在地面上,退出后备箱时从高空跌落,胳膊摔断。因此,规范的配合很重要。此外,还要多询问,如“机油加了没有?”“螺栓拧紧了没有?”车间内还有很多工作必须是双人配合的,如车辆灯光的检查、制动液的排气、ATF液的更换、举升器的操作等。因此,互相之间规范配合是重要且必要的。

车间内要严格执行操作规范。在车间喷漆时,必须佩戴好护目镜、防毒面具等设备。在机电维修岗位,必须检查常用工具是否齐备完好,如有缺失损坏,要补齐与更换,工具的摆放与归类是否整齐有序,场地中的设备是否清洁完好。

车间内要严格执行工作场所规范。通过对物品进行分类,合理摆放、清除垃圾、清洁工作场地,使工作环境变得清新明亮(图2-22)。这样不但给顾客带来良好的心情,员工的心情也会变得愉悦。为了应对意外,车间内也要配备有车间急救箱,如图2-23所示,以便能够进行简单的包扎、消毒和止血等。

图2-22　清新明亮的车间

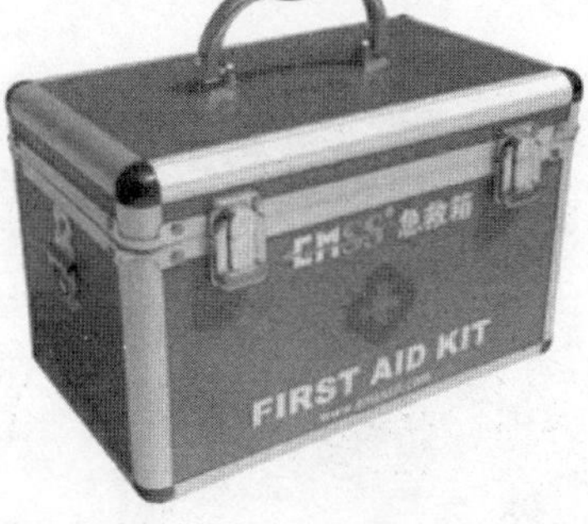

图2-23　车间急救箱

（六）车间安全防范与应急处理

1. 火灾预防规范

1）车间环境要求

预防火灾时,车间的环境(图2-24)要求如下:

（1）保证车间内通道畅通，禁止摆放任何物品或停放车辆。

（2）保证车间地面无杂物，如零件或工具，避免影响人员撤离。

（3）保证车面无残余油液落地，避免地面湿滑。

图 2-24　车间内通道畅通

2）易燃易爆液体的存放

汽油、柴油、酒精等易燃易爆的液体必须要安全存放。汽油是一种最常见的易燃易挥发的液体，所以汽油是个潜在的、危险的“炸弹”。因为汽油太普遍，所以经常疏忽其危险性，有些传统的维修工人会利用汽油去洗手和清洗工具，其实这样做很危险，一个小小的火花或高温会立即导致汽油爆燃。汽油燃烧产生的烟雾密度比空气要重。因此，汽油着火后的烟雾不是向上而是向下及四周蔓延，很容易点燃周围的汽油桶，引起连环爆炸。在工作中一旦发现汽油泄漏，应立即清洁并及时阻止燃油的泄漏。严禁在汽油存放地周围吸烟、抛光研磨、电焊等作业。

3）灭火器的放置

在更换汽油滤芯、汽油泵和清洗节气门等工作时，必须保证车间通风良好，并将灭火器放置在维修现场（图 2-25），必要时断开车辆蓄电池负极。灭火器平时放置区域如图 2-26 所示。

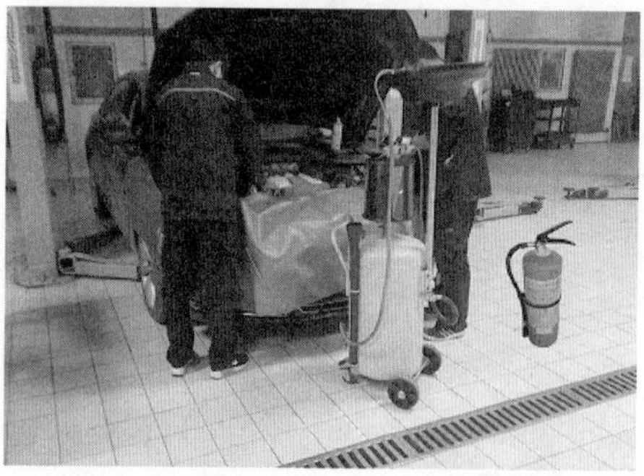

图 2-25　灭火器放置在维修现场

图 2-26　灭火器平时放置区域

4）设置禁烟标志

在车间、仓库和废品库内的特定位置，应放置“禁止烟火”或“禁止吸烟”的标志（图 2-27），要吸烟的人员必须到专门的吸烟区（图 2-28）。

图 2-27　禁止吸烟标志

图 2-28　吸烟区标志

5）车间逃生通道

一旦教室或车间发生火灾，且超出灭火器的控制能力，人员应立即撤离。学生应当熟知车间的布局和逃生通道（图 2-29），学校应不定期地组织疏散演练。

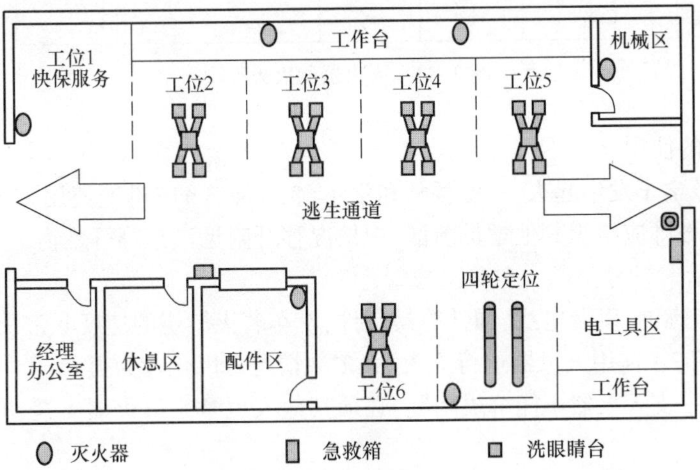

图 2-29　车间布局图及逃生路线

6）蓄电池充电环境要求

如图 2-30 所示，在给蓄电池充电时，必须保证接线柱接触良好，并保持通风良好。在车辆周围设置禁止烟火的标志。充电时，现场必须有人值守，务必把灭火器放在每个工位触手可及的地方。

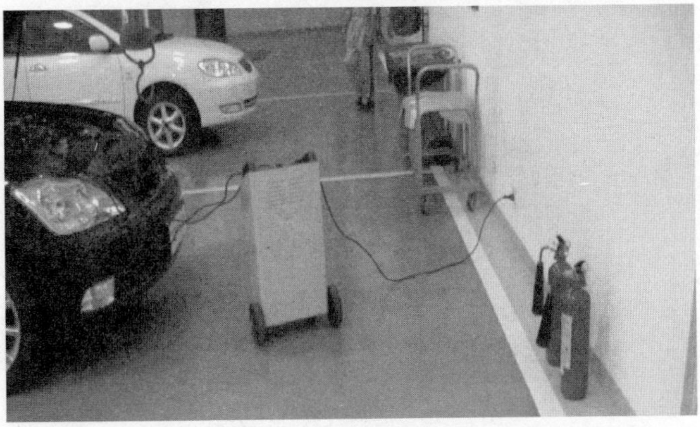

图 2-30　蓄电池充电

7）烤漆房及灭火器的要求

烤漆房周围禁止放置易燃物质，因为其散热量极大，还必须放置灭火器。灭火器灭火类型如图 2-31 所示。带电灭火时应使用不导电的灭火剂，如二氧化碳、四氯化碳、CF_2ClBr（代号：1211）和干粉灭火剂，不得使用泡沫灭火剂和喷射水流类导电灭火剂。

要经常留意灭火器的压力、重量和质保期等参数，确保灭火器处于正常状态，一旦超出范围，必须更换。

灭火器类型	火灾类型				
	固体	液体	气体	金属	食用油
粉末	√	√	√	√	
泡末	√	√	×	×	√
CO_2	×	√	×	×	×

图 2-31　灭火器的灭火类型

8）灭火器的使用

一旦一台教学车发生起火，一位教师和学生（3 或 4 人）应迅速使用灭火器扑灭初始起火，班长和另一教师应组织其他学员疏散，视情况移开附近汽车等可燃物。灭火器的具体操作如图 2-3 所示。

由于车上有燃油，以及电线、饰件等易燃件，汽车着火燃烧的速度非常快。经验证明：如果能在初起火的 2~3s 用灭火器进行灭火，大多数情况可以化险为夷。

注意：通常一支灭火器不能解决问题，必须其他人也拿来灭火器支援，有时要四五支才能完全灭火。

9）火灾逃生注意事项

如图 2-32 所示，火灾现场烟雾较大时，应使用简单防护装置，捂住鼻口，逃生时千万不能使用电梯要走楼梯。如果出口被大火吞噬，应寻找避难场所，固守待援。火灾时，要努力保持镇静，如果乱了分寸，就想不出逃生的办法，会危及生命。

注意：火灾逃生时，在确保人员安全的前提下，应尽快拨打火警电话。

图 2-32　正确火灾逃生方式

身上如果着火了,要迅速脱去着火的衣服或用水浇灌或卧倒打滚等方法,熄灭火焰。切忌奔跑时喊叫,以防增加头面部、呼吸道损伤。

10）火灾烧伤救护

不同类别的烧伤如图 2-33 所示。对于轻微热液烫伤,可以脱去热液浸湿的衣服,先用冷水冲洗带走热量后再剪开热液浸湿衣服。如果是严重热液烫伤,需要及时就医。

如果是化学烧伤,如蓄电池电解液中的稀硫酸烧伤,则要迅速脱去致伤因素浸湿的衣服,用大量清水长时间冲洗,尽可能去除创面上的化学物质。另外,车间需要配置自动清眼装置或便携清洗喷淋装置。

如果是电烧伤,则先要立即切断电源,再接触患者;如患者出现心跳呼吸停止,须立即进行体外心脏按压和人工呼吸,待呼吸心跳恢复后及时送医进一步治疗,成人心肺复苏的胸外按压频率应至少 100~120 次/min,人工呼吸正常的吹气频率为 12 次/min。如果是电弧烧伤,切断电源后,按火焰烧伤处理。

（a）热液烫伤处理　　（b）化学物质烧伤处理　　（c）电烧伤救护

图 2-33　不同类别的烧伤

2. 车间电油气液安全

1）触电预防规范

首先要正确使用电气设备,避免错误的操作方式,危险电气操作方式如图 2-34 所示。其含义:不要靠近断裂或摇晃的电线;为防止电击,千万不要用湿手接触任何电气设备,带电设备避免水接触;拔下插头时,不要拉电线,而应当拉插头本身。不要让电缆通过潮湿或浸有油的地方,通过炽热的表面,或者尖角附近。在开关、配电盘或电机等附近不要使用易燃物,因为它们容易产生火花。

图 2-34　危险电气操作方式

定期检查用电设备，做好防护工作。如果发现电气设备有任何异常，应立即关掉开关，并联系老师或车间领导。

2）电击救护方法

如图 2-35 所示，一旦发生触电事故，首先要关掉电闸，切断电源，或用不导电物体如干燥的木棍、竹棒或干布等使伤员尽快脱离电源，然后施救；或者用电缆剪刀剪断电线的方式断电，要注意不同相线应错位剪断，防止发生相间短路；或者救护者可站在干燥的木板上或穿上不带钉子的胶底鞋，用一只手（千万不能同时用两只手）去拉触电者的干燥衣服，使触电者脱离电源。如果患者出现心跳呼吸停止，必须立即进行体外心脏按压和人工呼吸，待呼吸心跳恢复后及时送医。

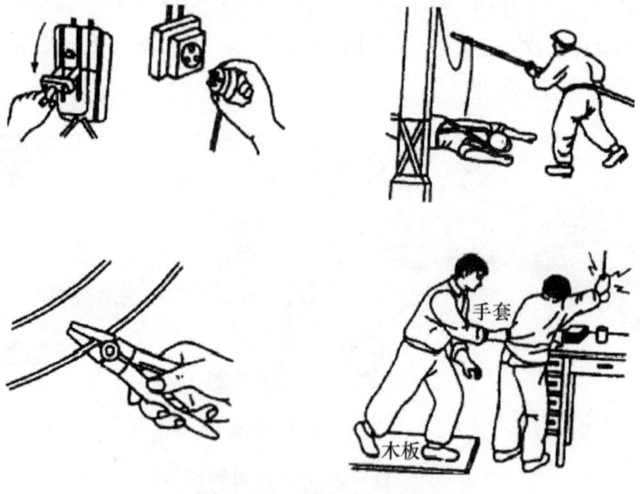

图 2-35　脱离电源方式

3）废旧机油处理

机油（图 2-36）对皮肤有刺激，若长期接触机油会得皮肤癌。机油焚烧后会产生有毒气体，1L 废机油可污染 100 万 L 的淡水。车间里的废机油不能直接倒入下水道，不能与其他液体混合，也不能将带有废机油的物品作为普通垃圾丢弃，应在车间内分类存放，并交给专业厂家处置，不可随意倾倒。

图 2-36　机油

4）蓄电池电解液处理

蓄电池电解液的成分是稀硫酸，能够腐蚀人体皮肤。其蒸气比空气重，能在较低处扩散到相当远的地方，遇明火会燃烧。处理电解液时，需要穿戴好护目镜、防腐蚀手套、防护围裙等(图 2-37)，如果电解液接触到了眼睛，请用大量的水冲洗并尽早就医。

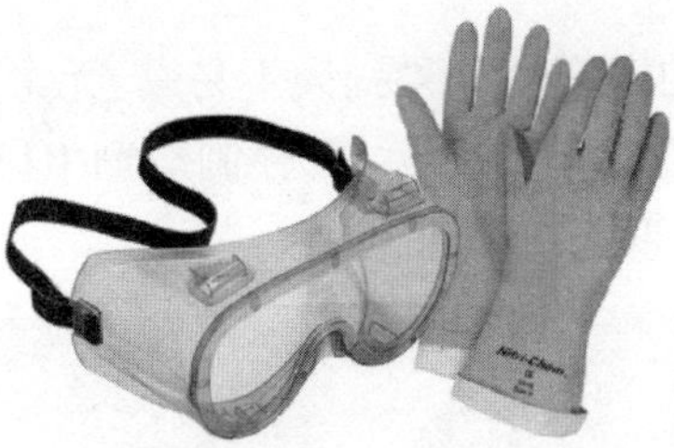

图 2-37　护目镜与防腐蚀手套

5) 制动液的处理

制动液(图 2-38)是有腐蚀性的，如果洒落到车身，会腐蚀漆面。如果制动液误入眼睛会对眼睛有严重刺激，导致眼睛红肿和结膜肿胀。制动液短暂接触皮肤可能引起轻微的刺激，长时间的接触会造成皮肤肿胀。误食制动液可能引起腹部不适，恶心、呕吐，产生中枢神经系统抑制，肾损害并致癌。

废旧的制动液应使用一个专用的 DOT 认证的容器收集废旧制动液，并标明废旧制动液。不要把制动液存放于的其他油液容器中，也不要将制动液倒在任何排水渠中或地面上，要由专业环保公司回收废旧制动液。

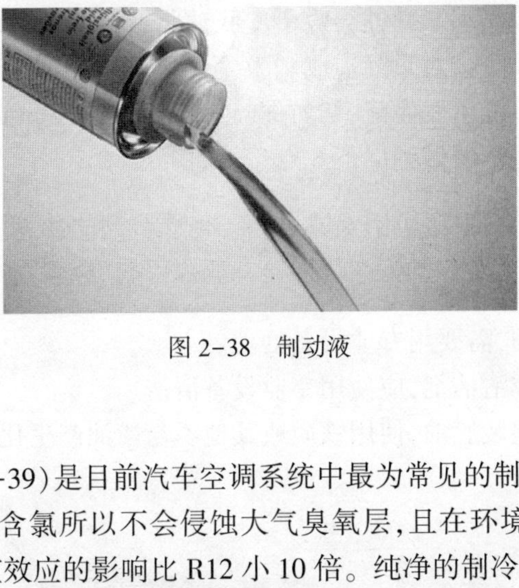

图 2-38　制动液

6) 制冷剂的处理

制冷剂 R134a(图 2-39)是目前汽车空调系统中最为常见的制冷剂，化学名称为四氟化物。它是一种氟化氢，不含氯所以不会侵蚀大气臭氧层，且在环境中的寿命比制冷剂 R12(俗称氟利昂)短，对温室效应的影响比 R12 小 10 倍。纯净的制冷剂 R134a 化学性能稳定，毒性低，在空气中不可燃，因此取代了早期的制冷剂 R12。但制冷剂 R134a 的溶水性较高，即使有少量水分存在，在润滑油等的作用下，将会产生酸、二氧化碳或一氧化碳，将对金属产生腐蚀作用，所以制冷剂 R134a 对系统的干燥和清洁要求更高。

液态制冷剂与皮肤或眼睛接触时，会造成严重冻伤。制冷剂本身无毒，但与空气混合到一定的浓度时，在通风不畅的地方，也会导致人窒息死亡或重伤的事故。

如果被制冷剂冻伤，应该怎样处理呢？对局部冻伤的急救要用温水(38～42℃)浸泡患处。如果是手冻伤，可以把手放在自己的腋下升温。然后用干净纱布包裹患部，并去医院治疗。若患处破溃感染，应在局部用 65% ~ 75%酒精消毒，吸出水泡内液体，外涂冻疮膏、樟脑软膏等，保暖包扎，必要时应用抗生素及破伤风抗毒素，禁止把患部直接泡入热水中或用火烤患部，这样会使冻伤加重。

制冷剂 R134a 具有良好的安全性，不易燃、不易爆、无毒、无刺激性、无腐蚀性，但在高温下会逐渐分解生成有毒气体卤化氢之类。贮存制冷剂 R134a 的容器是经过耐压试验的钢瓶，带有减压阀，平时必须放置在阴凉处。

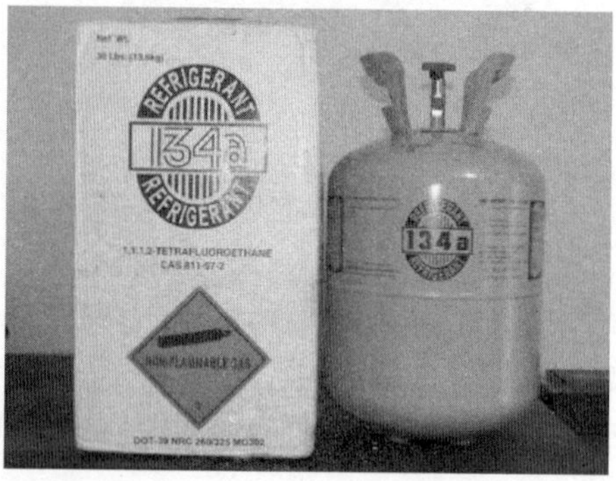

图 2-39　制冷剂 R134a

7）燃油的安全处理

燃油（图 2-40）是有机溶剂，易燃易爆，对人体有毒害作用，长期吸入能够引起慢性中毒，造成困乏、昏迷等严重伤害。燃油会吸干皮肤油脂，长期或反复接触皮肤会引起刺激和诱发皮肤癌。燃油进入眼睛会对眼睛造成刺激，引起剧痛。燃油具有中等毒性，呕吐时会起泡沫，如果吸入肺中，则可能引发炎症，切勿催吐。

怎样处理废旧燃油呢？要做到以下 6 点。

（1）禁止火星和明火。

（2）禁止吸烟。

（3）确保通风良好，避免油气。

（4）不得用嘴吸燃油，需要用专业设备处理。

（5）不得将燃油用作清洁剂，应使用专业设备清洁。

（6）使用密闭容器盛装燃油，使用铁质或其他不与燃油产生化学反应的容器。

图 2-40　燃油

8）有害气体的危害与安全处理

汽油车尾气的主要成分有 CO、NO_x 和 CH_x。其中，CO 是有毒气体会造成人体缺氧，NO_x 会造成酸雨和光化学烟雾，CH_x 是因为不完全燃烧而出现在尾气中的燃油。CH_x 有多种形式（如 C_6H_6，C_8H_{18}），对人体的危害也不相同，有一些刺激感觉器官，有一些会致癌（如苯）。柴油车尾气中含有 NO_x、CO、CO_2、CH_x 和不完全燃烧时的大量黑烟。黑烟含有油雾、碳粒，一些高沸点的烷烃和芳烃物质，并有致癌物。

维修人员在车间工作时，一定要将需要启动的车辆连接尾气抽取设备（图 2-41），若不连接尾排，可能会导致 CO 中毒。一旦发生 CO 中毒，要立即让病人脱离有毒环境，呼吸新鲜空气或吸氧；对呼吸心跳停止者应立即进行人工呼吸和胸外心脏按压，危险气体吸入过多，造成危害的情况需要就医治疗。

图 2-41　尾气抽取设备

使用尾气抽取设备时，先将尾气排放管拉至有尾气排放车辆工位后再启动电源开关，最后将吸管及吸嘴对准汽车排气管出口夹紧即可。使用完毕后松开吸嘴将尾气排放管滑至不妨碍工作的位置，再关闭电机电源。严禁易燃、易爆、明火、刀具等接近尾气抽排系统。不得使用有毒、腐蚀性溶剂清洁管道。严禁在管道上堆放物品。保持尾气抽排系统周围的环境卫生，管道、风机要定期打扫。

9）搬运作业规范

学会以正确的姿势搬运重物非常重要，否则会伤害到我们的腰部、背部等部位。通常低于 20kg 的物体是一个人搬运作业的安全极限。

那么正确的搬运作操作是怎样的呢？

如图 2-42 所示，通常从地面搬起物体时，两脚应微微分开，屈膝，背部挺直，用腿部肌肉提供力量抬起重物。不要过度颤动物体。搬运重物时，让重物贴近身体。如果物体吸附了车用油液，应先清洁彻底再搬运。

10）外伤救护

如图 2-43 所示，在搬运作业或其他作业时，手指等部位被刮破轻微流血，应首先用凉开水、自来水或生理食盐水等，以伤口为中心，环形向四周冲洗，彻底洗净伤口，以无菌棉签或纱布将伤口拭干；然后用消毒纱布块或干净布块，敷盖保护伤口；最后用绷带包扎或胶布固定。

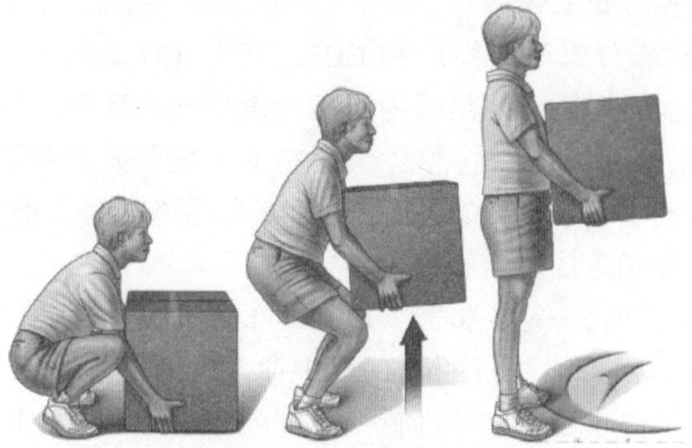

图 2-42　正确的搬运姿势

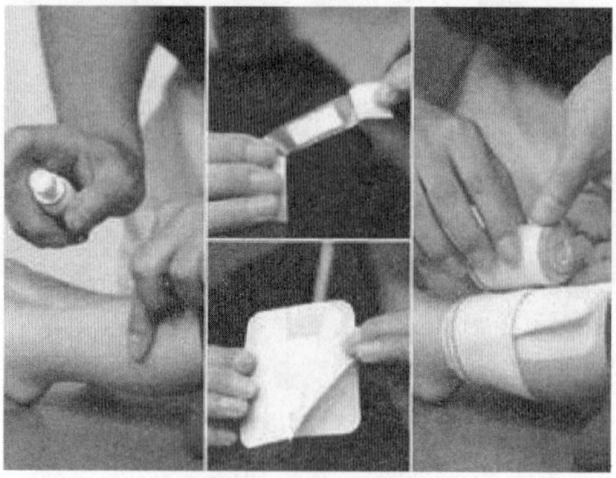

图 2-43　外伤救护

（七）车辆安全操作

1. 车辆移动安全

在车间移动车辆前，要注意检查车辆刹车及挡位是否正常。车辆停车入位时检查周围是否有其他杂物干涉。车辆应严格按照车间行驶方向及限速指示行驶。车辆驶入工位时需要其他员工进行指引，最好站在车侧面引导，如图 2-44 所示。车辆出入卷帘门时注意门已经停止操作时再行驶。车辆出入电梯时注意电梯停稳时再行驶。

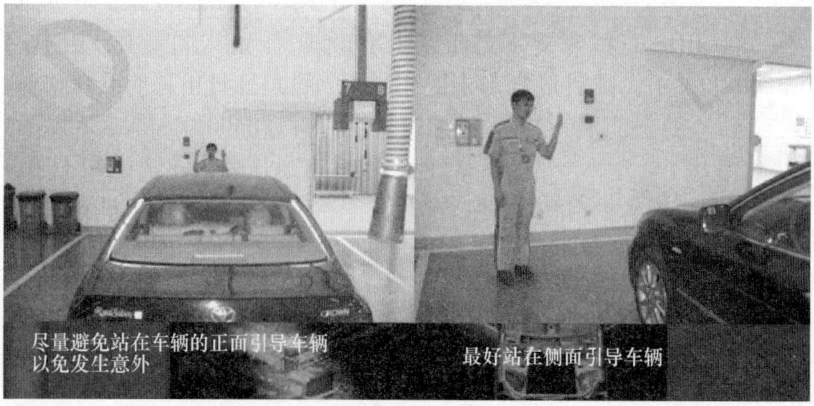

图 2-44　正确引导车辆

2. 车辆的维修保护

车辆维修时,发动机舱外侧要放置翼子板和保险杠保护垫。车内放置地板垫、座椅套、方向盘套和换挡杆套。

保护垫应安装牢固,到位,避免滑落或错位损伤车辆,如图 2-45 所示。维修过程中,使用的工具及拆下的零件不要放到保护垫或车上,避免出现压痕或穿刺损伤车辆。操作完毕后及时清理车辆及保护垫,避免损伤车辆。

图 2-45 安装保护垫

3. 车辆启动操作安全

车辆启动注意事项如下:

(1) 在车辆启动前,一定要确认车辆外部是否处在允许启动的状态,如机油是否充足,是否有拆解的部件。

(2) 在车辆启动前,一定要确认车辆的操控部分是否处在允许启动状态,检查燃油管、电源接线等是否已接好,方向盘是否在启动后会快速归位,挡位是否是 N 挡。

(3) 在车辆启动前,一定要与正在发动机舱作业的其他人员提前确认是否可以启动,避免造成人员伤害。

注意:当你要关闭车门、发动机舱盖、行李舱盖时请观察是否会夹伤别人,提醒旁人不要把手放在车门、行李舱盖可能夹到的地方;当你在车门、发动机舱盖、行李舱盖边上时,注意别人是否准备关闭车门、发动机舱盖、行李舱盖。

4. 燃油系统操作安全

现在的缸内直喷汽油机高压燃油系统压力可达 100~250bar①,处理不当会严重伤害人体。操作燃油系统时注意事项如下:

(1) 发动机正在运转时,不可操作燃油系统。

(2) 在对燃油系统进行维修时,首先对该系统进行泄压。

(3) 泄压方法:车辆处于停机状态,先将燃油泵保险丝断开,启动发动机,待发动机完全停机后,再对燃油系统进行维修。

(4) 操作燃油系统时,避免明火,不得操作手机。

---

① 1bar=1kPa。

(5) 操作燃油系统时,确保通风良好,避免燃油蒸汽积聚。

(6) 操作燃油系统时,避免管路对着人,防止残留压力喷射伤人。

操作时要确保燃油系统组件附近没有明火和火星,遵守禁烟规定。存入燃油时要确保通风良好,避免在封闭场所发生溢溅,引起油雾积聚。使用密闭容器盛装燃油,不要使用可能与燃油发生化学反应的容器,如未经过特殊处理的塑料或橡胶材料。燃油存放位置应该放置灭火器。

5. 轮胎操作安全

安装轮胎时要清理轮毂固定面的铁锈并按照对角拧紧的方法紧固螺栓,如图 2-46 所示。在拆卸轮胎时也要按照对角松动的方法拆螺栓。拆装轮胎时,要将拆下的轮胎放于轮胎架上,使轮胎平稳放置,不得垂直放在地上,防止倒下伤人。

图 2-46 轮胎螺栓拧紧顺序

6. 起吊较重总成件

起吊总成件时,先拆连接后拆支承,起落时避免把身体部分放到总成件下方。为防止总成件掉落,可保留 1 颗或 2 颗承载并且位置易拆的螺栓到最后才拆下,如图 2-47 中 2 对应的螺栓。当发动机或变速箱总成拆除后,车辆的重心会后移,因此在举升时要注意支承点的变化,必要时加一个后备支承,如图 2-48 所示。

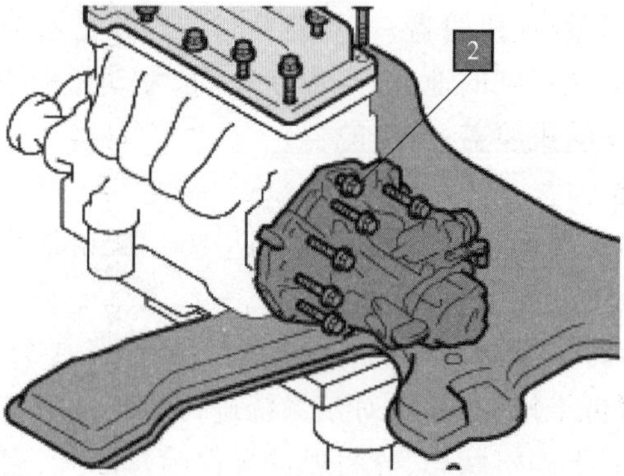

图 2-47 拆卸变速箱总成

7. 制动器维修操作

制动器工作中产生的灰尘有毒并具有刺激性,要避免吸入,最好佩戴防尘面罩操作。为了防止制动管路进空气,在断开管路时应立即采用合适的封口塞或封口盖帽密封制动管路。

图 2-48　汽车支撑点的变化

如果制动液散落到制动盘上,可能会造成制动失灵,因此要及时清除油液。

8. 线路维修安全

在维修车辆的电气线路时,有以下操作规范。

(1) 首先消除身上静电,因为静电可能击穿电子元件,造成损坏。

(2) 线路维修前,先断开蓄电池。维修后,确认没有问题了再接通电源。

(3) 涉及安全系统的线束不允许维修,例如:乘员保护系统(SRS)点火电路。

(4) 线束剥皮时,使用专用剥线钳进行操作,避免线束拉断,造成其他电气故障。

(5) 线路连接时,必须使用带胶衬的热缩套管进行连接,在连接时注意线束标号和颜色,以免接错。

(6) 线束安装时,按原位固定,确认线束无挤压或缠绕。不要尝试维修或改造损坏的电气接头端子。

(7) 保险丝熔断后,请按原来规格更换保险丝,如果更换一个比原来容量大的保险丝,则线路过载时,容易导致线路起火。

9. 蓄电池充电安全

蓄电池上的符号如图 2-49 所示,从左至右的含义为有剧毒、有腐蚀性、参考说明书、需要回收、有爆炸风险、腐蚀品、避免明火和远离儿童。

蓄电池充电时,注意事项如下:

(1) 蓄电池充电时会产生易燃爆的氢气与氧气混合气,避免蓄电池附近出现火星、短路或其他火源。

(2) 确保电池充电区域通风良好,在处理蓄电池时要戴上护目镜、防护围裙、手套等保护设备。

(3) 充电连接时,应先连正极,后连接负极。断开时,先断开负极,再断开正极,否则会造成工具短路,如图 2-50 所示。

(4) 禁止快速高电流充电,充电电压不得用高于 14.8V,否则会损坏蓄电池。

(5) 充电时注意选择正确的挡位,保证电极与充电线接触良好,避免产生热电阻。

（6）充电时，充电机的电源线必须接触良好。

蓄电池的电极出现腐蚀时，使用铁丝刷或细砂纸打磨（图 2-51），凝结的接线端子可用热水清除，不可野蛮操作。正负极桩需要按照标准力矩拧紧，否则会造成蓄电池极桩损坏。接触不良会造成极桩过热，扭矩过大会造成极桩断裂。

图 2-49　蓄电池上的符号

图 2-50　先拆蓄电池正极造成工具短路

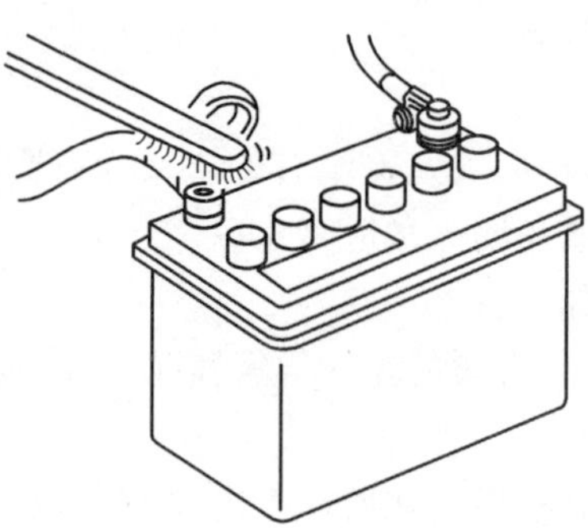

图 2-51　铁丝刷打磨电极

10. 高压操作安全

操作高压电源时，需要穿戴绝缘手套、工作服、抗冲击绝缘鞋。切断高压的步骤如图 2-52 所示，具体操作如下：

(1) 高电压电源切断前准备。混合动力切断工作必须由经过培训的专业人员操作。操作前,应将车辆放置在车间单独区域内。车辆前风挡和两侧后车窗放置“高压危险”警示牌。

(2) 断开主蓄电池的负极接线电缆。

(3) 高电压电源切断操作完毕后,确保所有挂锁钥匙必须保存在远离车辆的指定安全存储容器内,车辆放置适当的标志,隔离车辆,等待 10min 左右。

10min 后电容放电完毕,使用诊断仪读取高压蓄电池电压,如果电压低于 20V,即可进行下一步的维修。电压过高,不可操作。

图 2-52 车辆高电压切断步骤

连接高压蓄电池时,注意事项如下:

(1) 在操作前穿戴专用防护装置,否则可能导致严重伤害。

(2) 卸下电气接头挂锁。

(3) 使用专用绝缘高压电工具,连接高压蓄电池的电气接头。

(4) 连接主蓄电池负极接线电缆。

(5) 车辆放置适当的标志,提示高压电气系统已激活。

(八) 通用工具的安全使用

1. 手动工具安全

规范学生正确地使用手动工具,普及使用注意事项。正确使用起子、扳手和榔头等普通工具,可以避免不必要的受伤。使用手动工具时,应注意以下事项。

(1) 所有的手动工具表面不能有油脂。因为工具表面油腻,容易打滑脱手。

(2) 使用前,检查工具表面是否有裂纹。不要使用断裂和破损的工具。

(3) 正确使用扳手,用力方向是拉向自己,而不是向外推出去。

(4) 选择正确规格尺寸的扳手。

(5) 尽可能选择使用梅花或套筒扳手。

(6) 使用风炮扳手时,须对应使用冲击套筒。

(7) 不要使用老虎钳去拧紧或拧松螺母,应选择正确规格的扳手。

(8) 不要把尖锐的工具放进自己的口袋。

(9) 传递工具时,应把尖的一头朝向自己,手柄递给对方。

2. 动力工具安全

汽修行业的动力工具按驱动方式不同分为电力驱动、压缩空气驱动和液压驱动三种。

(1) 电动工具。当使用电动工具时,要确保线路绝缘良好;插入电源插座前,确保工具的开关是在关闭位置;使用完毕后,应及时关闭开关并断开电源。在用电动工具作业小工件时，不得用手把持工件，而应用台虎钳固定工件。当使用砂轮机时，使用前须确定机器的运行状态，操作时严格遵循说明要求。

(2) 气动工具。气动工具常用于充气、喷漆、风炮扳手等。气动工具的气压应当按说明书规定设置。在使用气动工具前，先检查管路和管路接头是否良好；使用气枪时，必须佩戴防护眼镜，不可以将气枪对准其他人，不可以用气枪吹衣服上的脏物、地板和工作台。

(3) 液压工具。举升机、千斤顶和压床是常见的汽修液压工具，各种液压工具要根据具体的使用情况定期检查和维护，且严格按照操作规程进行使用，避免发生事故。

四、自我测试题

(一) 判断题

1. 汽车维护的主要工作内容有清洁、检查、补给、润滑、紧固和调整等。 ( )
2. 汽车的维护体系不具有强制性，特别是二级维护。 ( )
3. 在职业教育中，汽修专业是危险系数小、安全事故发生率低的专业。 ( )
4. 学生未穿戴工作服和工作鞋进入车间也是可以的。 ( )
5. 铁屑如果进入眼里不可以用手揉，应立刻用水冲洗。 ( )
6. 如果可燃气体着火，应该使用干粉灭火器。 ( )

(二) 单项选择题

1. 关于汽车维护下列说法错误的是( )
   A. 汽车维护又称为汽车维护，指为维持汽车完好技术状况而进行的作业。
   B. 汽车维护的重要性已超过汽车维修。
   C. 定期维护就是更换发动机机油和机油滤清器。
   D. 定期维护操作有规范的流程和操作细则的要求。
2. 我国现行汽车维护作业中最高一级，必须按期执行的是( )
   A. 日常维护。 B. 磨合期维护。 C. 一级维护。 D. 二级维护。
3. 关于汽车维护与修理的关系，下列说法正确的是( )
   A. 维护以计划预防为主，而修理是按计划视需要进行的作业。
   B. 维护通常是在车辆发生故障之后进行作业。
   C. 维修通常是降低零件磨损速度，预防故障发生，延长汽车使用寿命。
   D. 现在的汽车讲究“三分养七分修”。
4. 关于车间安全生产说法正确的是( )
   A. 车间的安全事故通常是由人为因素和环境因素造成的。
   B. 车间安全生产对员工、经销商有都有十分重要的意义，但是对厂家没有太大意义。
   C. 车间安全生产跟客户没有关系。
   D. 车间安全生产主要是针对员工个人。
5. 在车间安全中，对操作人员的要求是( )
   A. 提供符合安全标准的工具和设备。
   B. 熟知机械设备与工具的操作流程和操作规范。
   C. 使车间人员能得到足够的安全教育。

D. 没有必要了解《安全法》,因为它主要是针对公司的法律。

6. 铅酸蓄电池的充电场所,下列哪个标志没有放置的必要( )

A. 避免明火。 B. 通风标志。 C. 高压危险。 D. 有腐蚀的危险。

7. 下列行为符合车间安全意识的是哪一个( )

A. 车间地面上有油渍,不在自己的责任区,不予理会。

B. 把工具放在发动机上,方便拿取。

C. 为了节省时间,跑步去配件库领配件。

D. 拆装轮胎时,将轮胎放在轮胎架上。

8. 关于车间人员的着装规范,以下说法正确的是( )

A. 为确保准时交车,工作时维修组长可以戴手表。

B. 穿长袖工作服时,应该把衣服的袖子扣紧。

C. 为了便于工作,员工在维修作业时一般应穿运动鞋。

D. 在车间工作时,允许员工佩戴少量的个人物品,如戒指。

9. 下列符合车间行为规范的是( )

A. 两人协同工作时,互相的提醒是保证安全的必要前提。

B. 为提高工作效率,允许在车间内快速地跑动。

C. 为提高工作效率,一些工具和零件可以放在车内座椅上。

D. 在作业场所内除客户外,其他人员不得吸烟。

10. 关于电对人体的伤害,以下说法正确的是( )

A. 人体能承受的安全电压为 12V,超过此电压,则会对人体的健康产生危害。

B. 电对人体的伤害,主要来自电压。

C. 电流如果通过人体,就会对人体造成伤害,这就称为触电。

D. 电烧伤是指电流通过人体时,使人体内部组织受到较为严重的损伤。

11. 下列关于机油的说法正确的有( )

A. 可以使用机油燃烧来加热烤房。

B. 机油能够致癌。

C. 废旧机油店内处理即可。

D. 机油可以倒入下水道中。

12. 在车间进行搬运作业时,以下操作正确的是( )

A. 搬运重物时,不可以戴手套。

B. 重物搬运应使用搬运设备。

C. 自己觉得可以搬运的重物,没有必要使用搬运设备。

D. 所有物体的搬运,为了避免受伤,一定要使用搬运设备。

13. 在最终紧固螺栓时,选择正确的扳手工具是( )

A. 套筒扳手。 B. 开口扳手。 C. 梅花扳手。 D. 活动扳手。

14. 关于尾气抽排设备的使用规范,以下操作正确的是( )

A. 发动机温度过高时,不允许使用尾气抽排设备。

B. 尾气抽排设备一般都是固定在某一个工位。

C. 将尾气排放管拉至有尾气排放车辆工位后再启动电源开关。

D. 尾气抽排设备只有在室外天气晴朗的时候才可以使用。

（三）简答题

1. 简述汽车维护的意义。
2. 车间人员的着装有什么要求？
3. 车辆安全操作的内容有哪些？

项目三 汽车运行材料的合理使用

一、项目描述

通过对发动机舱内各种油液的认识与检测，以及对轮胎的认识与检查，学生须达到以下要求。

1. 知识要求

(1) 掌握汽油与柴油的特性。

(2) 掌握车用润滑油的性能。

(3) 熟悉车用齿轮油的性质。

(4) 熟悉车用润滑脂的性能。

(5) 熟悉车用冷却液的性质。

(6) 熟悉制动液的性质。

(7) 熟悉 ATF 液的性质。

(8) 了解国五和国六排放标准的不同。

(9) 掌握轮胎的特性。

2. 技能要求

(1) 能够识别发动机舱中的各种油液。

(2) 能够正确检测发动机润滑油、冷却液和制动液等油液的含量。

(3) 能够正确识别轮胎和检测轮胎的磨损情况。

3. 素质要求

(1) 掌握规范操作的理念。

(2) 重视劳动保护与安全操作。

(3) 注意环境保护。

(4) 培养团队协作精神。

二、项目实施

任务一 发动机舱油液认识与检查

1. 训练内容

(1) 发动机舱内的油液识别(图 3-1)。

(2) 检测发动机润滑油、冷却液、制动液和清洗液的含量。

(3) 完成并填写学习工作单的相关项目。

(4) 学习汽车运行材料的相关知识。

2. 训练目标

(1) 熟悉发动机舱内的各种元件和油液位置。

(2) 掌握发动机润滑油、冷却液、制动液和清洗液的检测方法。

3. 训练设备

轿车、常用工具、翼子板布、前格栅布。

4. 训练步骤

(1) 打开发动机舱盖,必须牢固支撑。

(2) 安装翼子板布,前格栅布。

(3) 检查机油的油位时,抽出机油标尺后用干净的布擦净后再次插回油底壳,然后抽出机油标尺读数(两面都要看),注意机油标尺不要上扬。

(4) 发动机冷却液、制动液及玻璃清洗液的液位通过目测储液罐,不可用手摇晃。

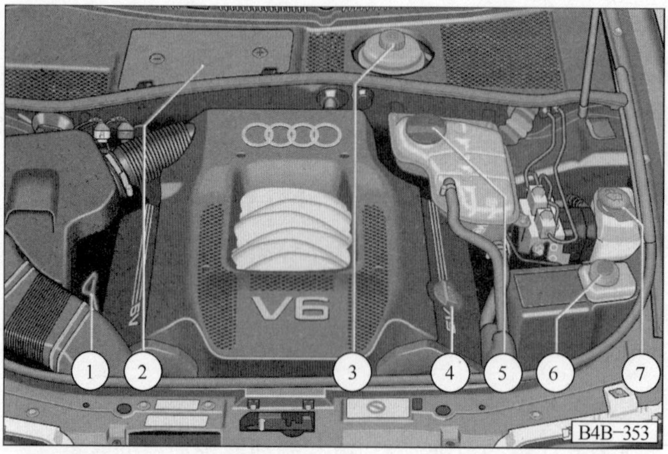

1—发动机的机油标尺; 2—蓄电池充电接头; 3—制动液储液罐; 4—机油加注口; 5—冷却液加注口; 6—转向助力油加注口; 7—玻璃清洗液加注口。

图 3-1 检查机油等油液液位

任务二 轮胎认识与检查

1. 训练内容

(1) 轮胎结构、符号与轮辋的认识(图 3-2~图 3-6)。

(2) 备胎的检测。

(3) 完成并填写学习工作单的相关项目。

(4) 学习轮胎的相关知识。

2. 训练目标

(1) 掌握轮胎的结构组成和符号的含义。

(2) 掌握正确检测轮胎的方法。

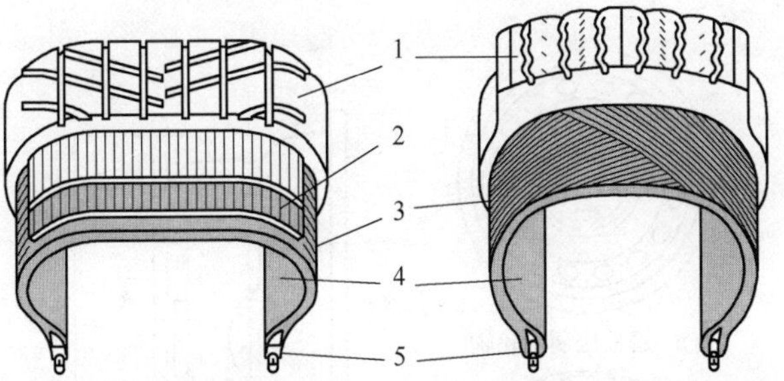

（a）子午线胎　　　　（b）斜交胎

1—胎面；2—缓冲层；3—胎体；4—内胎(子午线胎无)；5—胎圈钢丝。

图 3-2　轮胎的结构

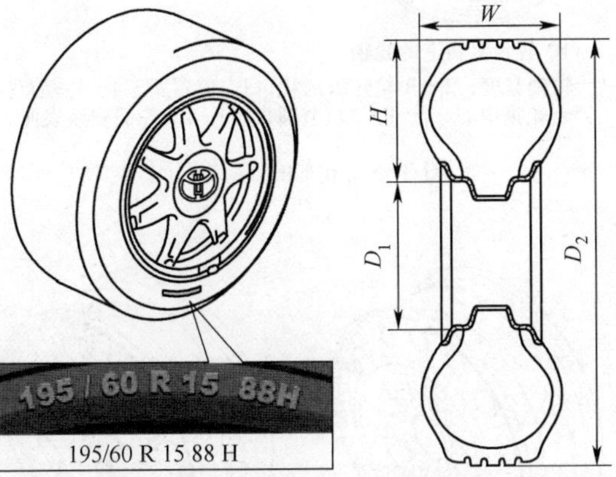

W—轮胎断面宽度；*H*—轮胎断面高度；D_1—轮辋直径；D_2—轮胎外径。

图 3-3　轮胎符号的含义

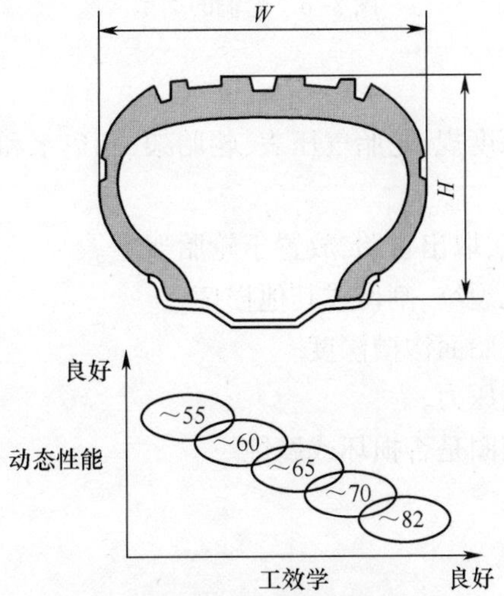

W—轮胎断面宽度；*H*—轮胎断面高度。

图 3-4　高宽比的含义

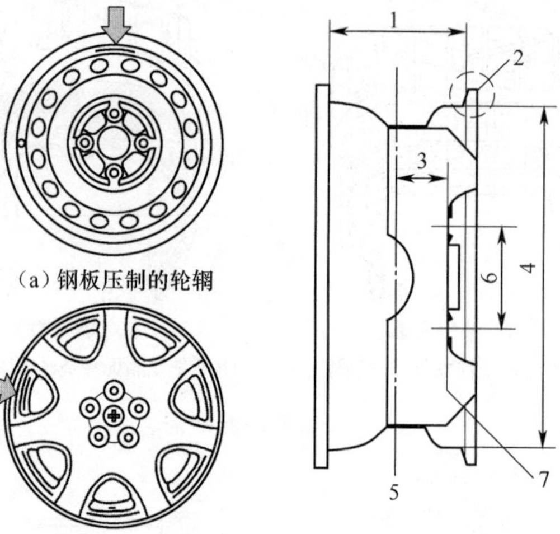

（a）钢板压制的轮辋

（b）轻合金铸造的轮辋

1—轮辋宽度；2—车轮轮缘形状；3—偏置距；4—轮辋直径；
5—轮辋中心；6—P.C.D（节圆直径）；7—轮毂安装表面。

图 3-5　轮辋的规格编码

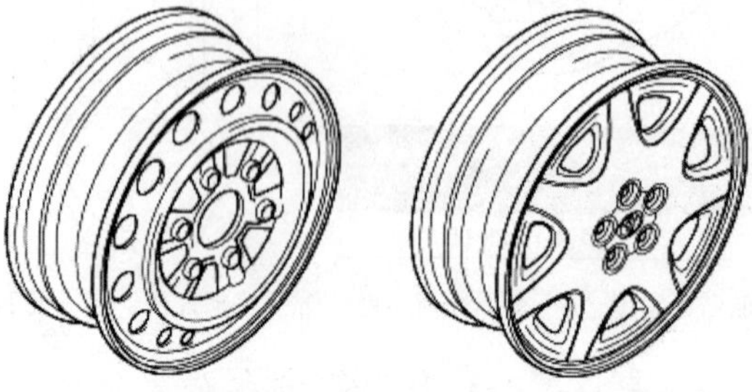

（a）钢板压制的轮辋　　（b）轻合金铸造的轮辋

图 3-6　轮辋的类型

3. 训练设备

轿车、常用工具、轮胎深度规、轮胎气压表、轮胎架、肥皂水和手套。

4. 训练步骤

(1) 打开汽车后备箱盖,取出备胎,放置于轮胎架上。

(2) 检查胎面胎壁有无裂纹、割伤或其他损坏。

(3) 用轮胎深度尺测量胎面沟槽深度。

(4) 用气压表测量备胎压力。

(5) 检查是否漏气和钢圈是否损坏或腐蚀。

三、相关知识

(一)燃料的成分

汽车所用的燃料几乎都是由石油经现代提炼技术加工而成,主要成分是碳氢化合物C_mH_n,通常称为烃。通过对石油逐步加温,在不同的温度范围可得到不同的馏分,主要成分依次为轻馏分(汽油)、中馏分(轻柴油)、重馏分(润滑油的原料)和沥青等石油产品。

随着燃料中C含量的减少、H含量的增加,燃料的质量随之变轻,并呈气态。当C含量增加、H含量减少时,则成为重质燃料;当 n 近似为零时,便成为煤炭。燃料中H的质量分数大,燃烧污染低;H的质量分数小,燃烧污染高。不同的燃料分子组合,确定燃料的不同特性。汽车所用燃料主要含有烷烃、烯烃和芳香烃等成分。

1. 烷烃

烷烃是饱和的链式结构,分子式用 C_nH_{2n+2} 表示。正烷烃是直链式结构,异烷烃是分支结构。由于异烷烃分子结构紧凑,因此其着火性比正烷烃差,抗爆性比正烷烃好。异辛烷的抗爆性最好,定为100%。

2. 烯烃

烯烃是由两个或多个C原子构成,C原子间至少有一个双链连接,属于不饱和结构。烯烃也有异构体,正烯烃与正烷烃相比,具有更高的抗爆性。其常温下稳定性差,易生成胶质,高温下形成过氧化物的倾向较小。

3. 环烷烃

环烷烃为环形单键相连的碳氢化合物,介于正烷烃和异烷烃之间,形成过氧化物的倾向较小。

4. 芳香烃

以双键相连的环状结构称为芳香烃。其结构紧凑,性能最稳定,不易着火,抗爆性强。

(二)燃料的使用性能

1. 汽油的使用性能

汽油的使用性能包括挥发性、抗爆性、腐蚀性、清洁性和氧化安定性。

1)挥发性

挥发性是指液体由液体转化为气态的性质。汽油是由多种碳氢化合物组合而成,因而其沸点不像单一化合物那样是确定值,而是一个范围。常用馏程来评价汽油的挥发性,即10%、50%、90%蒸发温度。

(1)10%蒸发温度。对100mL汽油在规定条件下蒸馏时,得到10%汽油馏分的温度称为10%蒸发温度,表示汽油中含轻质馏分的多少。10%蒸发温度低、启动性好,但太低了容易引起气阻,在油箱中蒸发损失增加。若10%蒸发温度太高,则冷启动困难。

(2)50%蒸发温度。标志燃油的平均挥发性,50%蒸发温度低,对汽油机的加速性、工作稳定性及启动后迅速升温(暖机)有利;50%蒸发温度高时,当汽油机由低速骤然变为高速时,节气门突然开大,由于汽油蒸发量少,会使可燃混合气变稀,所以汽油机不能发出需要的功率、运转不平稳,加速时间长,加速时车辆出现抖动现象。

(3)90%蒸发温度。标志燃油所含重质成分的多少,90%蒸发温度高,燃油中重质成分多,在燃烧室内易形成杂质,并稀释润滑油。

若汽油的挥发性不好,将有部分汽油以液体进入气缸,液体汽油在气缸内不能正常燃烧,并会造成点火不良、破坏润滑、增加有害排放物、发动机功率下降、油耗增加。反之,若汽油的挥发性好,则汽油机的低温启动性能好、预热时间短、加速灵敏、运行稳定。但缺点是夏季燃油系统易产生气阻、存放时的挥发损失大。

2）抗爆性

抗爆性表示汽油在气缸中燃烧时防止爆燃的能力，汽油机爆燃是一种不正常燃烧现象。

汽油机正常燃烧时，火焰以火花塞为中心，向燃烧室周围均匀传播，因此温度上升均匀，汽油机工作柔和，动力性能得到充分发挥。爆燃是在正常的火焰前锋到达之前，火焰前锋的压缩和热辐射作用，导致混合气自燃着火，因而形成多个火焰中心，使得火焰的传播速度及局部区域的瞬间压力急剧升高，高压燃气撞击气缸壁产生尖锐的敲击声、并引起发动机振动。爆燃导致发动机功率下降、油耗增加，严重时会使活塞、活塞环、气门等机件烧毁，以及轴承和其他零件受到损坏。

评定汽油抗爆性的指标是辛烷值，汽油的牌号是按辛烷值划分的。辛烷值是按不同的体积分数，将正庚烷（辛烷值为0）和异辛烷（辛烷值为100）混合，组成标准燃料，其中异辛烷的含量便是“标准”燃料的辛烷值。然后，在专用可变压缩比单缸试验机上，与待测燃料进行对比试验。当两者具有相同的抗爆性时，“标准”燃料的辛烷值就是待测燃料的辛烷值。辛烷值的测定方法分研究法（research octane number，RON）和马达法（motor octane number，MON）两种。使用不同的测定方法和规范，同一燃料的辛烷值不同。

汽油的抗爆性在很大程度上取决于碳氢燃料的结构。闭链结构比开链结构燃料的抗爆性强，不饱和结构比饱和结构燃料的抗爆性强，分支结构比直链结构燃料的抗爆性强。

3）腐蚀性

汽油对储油容器和机件应无腐蚀。但汽油中所含的有害元素，如硫、活性或非活性硫化物、水溶性酸或碱等超过一定限制时，就会对金属产生直接或间接腐蚀作用。

汽油中的硫在燃烧后生成二氧化硫，遇到冷凝水或水汽时会形成亚硫酸和硫酸，对工作温度较高的气缸、排气管具有强烈的腐蚀作用，同时硫含量过高还会降低汽油的辛烷值。因此要严格控制汽油中硫的含量。

评定汽油腐蚀性的指标是硫含量、酸度、铜片腐蚀试验、水溶性酸或碱。

4）清洁性

汽油的清洁性用汽油中含有机械杂质和水分的多少表示。

汽油在生产、运输、灌注、储存和使用过程中，受到机械杂质（锈、灰尘、各种氧化物等）和水分的污染。机械杂质会使化油器量孔、喷嘴、汽油喷射系统的喷油器和汽油滤清器堵塞。机械杂质进入燃烧室，又会使燃烧室积炭增多，引起气缸壁、活塞和活塞环的加速磨损。水分在低温下易结冰，会堵塞油路，并能加速汽油的氧化，加速腐蚀作用，所以车用汽油应严格控制机械杂质和水分的混入。

评定汽油清洁性的指标是机械杂质和水分。

5）氧化安定性

汽油的氧化安定性是指热稳定性，即防止生成高温沉积物的能力。

从喷油器、进气门到燃烧室，汽油所处的温度越来越高，汽油烃类的氧化深度也随温度升高而增加，从而生成燃烧室沉积物和进气门沉积物等，使电喷发动机喷油器结胶堵塞，进气门黏着关闭不严等。这样电喷系统不能正常工作，排气污染物浓度增加。

影响汽油氧化安定性的因素主要是汽油的烃组成和性质，沉积物一般随烯烃含量、芳烃含量、胶质和90%蒸发温度的升高而增加。

汽油氧化安定性的评定指标一般是实际胶质和诱导期。

2. 车用汽油牌号、规格及选用

车用汽油牌号中的数字表示辛烷值的高低。牌号的数字越大,其辛烷值越高。汽油的质量水平主要体现在辛烷值、铅含量、硫含量、苯含量、蒸气压及烯烃、芳烃含量等各种指标,其中铅、硫及烯烃含量是最重要的指标。

中国国家标准化委员会 2013 年底发布第五阶段车用汽油国家标准。该标准自发布之日起开始实施,过渡期截止到 2017 年底。从 2018 年 1 月 1 日起全国范围内将供应第五阶段车用汽油。

按照第五阶段汽油标准,我国车用汽油主要指标与欧洲现行标准水平相当,达到国际最高水平。从 1999 年我国制定《车用无铅汽油》(GB 17930—1999)标准至 2013 年底制定的《车用汽油》(GB 17930—2013)标准,我国车用汽油标准制定和使用经历了五个阶段:

第一阶段:2003 年 1 月 1 日起,汽油质量执行《车用无铅汽油》(GB 17930—1999)国家标准(国一标准),汽油中硫含量降低至 800ppm 以下(ppm 是 parts per million 的缩写,是浓度计量单位,即表示百万分之或称为百万分率,简单地说:1ppm = 1mg/kg = 1mg/L 常用来表示气体浓度或溶液浓度)。

第二阶段:2005 年 7 月 1 日起,执行修订版《车用无铅汽油》(GB 17930—1999)国家标准(国二标准),汽油中硫含量降低至 500ppm 以下。

第三阶段:2010 年 1 月 1 日起,执行《车用汽油》(GB 17930—2006)国家标准(国三标准),汽油中硫含量降低至 150ppm 以下。

第四阶段:2011 年 5 月 12 日起,执行《车用汽油》(GB 17930—2011)国家标准(国四标准),汽油中硫含量降低至 50ppm 以下。第四阶段车用汽油标准过渡期截止到 2013 年年底。

第五阶段:2013 年 12 月 18 日起,执行《车用汽油》(GB 17930—2013)国家标准(国五标准),第五阶段车用汽油标准过渡期截止到 2017 年底,从 2018 年 1 月 1 日起全国范围内供应第五阶段车用汽油。

第五阶段车用汽油国家标准主要有以下六方面变化。

(1) 为进一步提高汽车尾气净化系统能力,减少汽车污染物排放,将硫含量指标限值由第四阶段的 50ppm 降为 10ppm。

(2) 考虑到锰对人体健康不利的潜在风险和对车辆排放控制系统的不利影响,将锰含量指标限值由第四阶段的 8mg/L 降低为 2mg/L,禁止人为加入含锰添加剂(之前添加是为了提高辛烷值)。

(3) 考虑到第五阶段车用汽油由于降硫、禁锰引起的辛烷值减少,以及我国高辛烷值资源不足的情况下,将第五阶段车用汽油牌号由 90 号、93 号、97 号分别调整为 89 号、92 号、95 号,同时在标准附录中增加 98 号车用汽油的指标要求。

(4) 为防止冬季因蒸气压过低而影响汽车发动机冷起动性能,导致燃烧不充分、排放增加,冬季蒸气压下限由第四阶段的 42kPa 提高到 45kPa。为进一步降低汽油中挥发性有机物质的排放,减少大气污染,夏季蒸气压上限由第四阶段的 68kPa 降低到 65kPa,并规定广东省、广西壮族自治区和海南省全年执行夏季蒸气压。

(5) 为进一步降低汽油蒸发排放造成的光化学污染,减少汽车发动机进气系统沉积物,烯烃含量由第四阶段的 28%降低到 24%。

(6) 为进一步保证车辆燃油经济性相对稳定，首次规定了密度标准，其值为 20℃时 720~775kg/m³。

目前，第五阶段车用汽油标准已正式实行。国Ⅴ汽油的含硫量，由国Ⅳ的 50ppm 下降到 10ppm，相当于 1t 燃油中只含硫 10g。汽车燃油含硫量越高就越容易在排放过程中生成硫酸盐，从而导致颗粒物排放上升。实施国五油品后，燃油中硫的含量大大下降，锰的含量也下降了 50%，硫、锰含量的大幅降低，有助于对汽车三元催化器等器件的保护，提高了三元催化器的效率，一年可减少约 10 万 t 污染物，其中最直接影响的是氮氧化物的排放量，可以降低 30%左右，而空气中氮氧化物是合成 PM 2.5 的重要成分。

汽油选用时，需注意以下事项：

(1) 根据汽车使用说明书的要求，按汽车的压缩比选用汽油牌号，以汽油机在正常条件下运行不发生爆燃为原则。压缩比高的发动机应选择高标号的汽油；压缩比低的发动机应选择低标号的汽油。按压缩比选择汽油牌号如表 3-1 所列。

表 3-1　依据压缩比选择车用汽油标号

压缩比	车用无铅汽油标号		
	89 号	92 号	95 号
7.5~8.0 (低)	√		
8.0~11.0 (中)		√	
11.0~12.0(高)			√

注：√表示理想的车用无铅汽油。

(2) 在汽油的供应上，若一时不能满足需要，可以用牌号相近的汽油暂时代用，但必须对汽油机进行适当的调整。用辛烷值较低的汽油代替辛烷值较高的汽油时，应适当推迟点火提前角。相反，用辛烷值较高的汽油代替辛烷值较低的汽油时，则应适当提前点火。

(3) 高原山区条件下使用汽油时，由于大气压力小、空气稀薄，汽油机工作时爆震倾向减小，可以适当降低汽油的辛烷值，一般海拔每上升 100m，汽油辛烷值可降低约 0.1 个单位。

(4) 经常在大负荷、低转速下工作的汽油机，应选择较高辛烷值汽油。

(5) 油箱要经常装满油，尽量减少油箱中的空气含量，以减少胶质的生成。同时应保持油箱盖通气阀作用良好，按要求定期清洁油箱与更换汽油滤清器。

(6) 长期存放后已变质的汽油不能使用，否则将导致电喷发动机的喷嘴结胶堵塞。

3. 柴油的使用性能

柴油的馏分较重，柴油机混合气在气缸内形成，压燃着火。燃烧过程包括着火延迟期(滞燃期)、速燃期、缓燃期、后燃期四个阶段，不正常燃烧主要是粗暴燃烧。这些特点使柴油的使用性能与汽油有许多不同，柴油的使用性能有低温流动性、燃烧性、雾化和蒸发性、安定性、腐蚀性、无害性和清洁性，最突出的特点是低温流动性和燃烧性。

1) 低温流动性

低温流动性是指柴油在低温条件下具有一定流动状态的性能。通常在柴油中含有一部分石蜡，当温度降低时，石蜡结晶析出，使流体流动阻力增加，甚至失去流动性。

评定柴油低温流动性的指标是凝点、浊点和冷滤点等。我国只采用凝点和冷滤点。

凝点是指油品在规定的试验条件下冷却,将试管倾斜45°,保持1min,液面不能移动时的最高温度。我国轻柴油的牌号是按凝点划分的。

2) 燃烧性

柴油的燃烧性主要是抗粗暴的能力。若着火延迟期过长,则在气缸内积聚并完成燃烧准备的柴油就多,以致造成大量的柴油同时燃烧,使气缸压力急剧升高,发动机运转不平稳,发出异响,这种不正常燃烧现象,称为粗暴。柴油机工作粗暴的后果与汽油发动机爆燃一样。

要求柴油具有良好的燃烧性,柴油的燃烧性用来表示柴油自燃的能力。燃烧性好的柴油,自燃点低,在滞燃期内,燃烧室的局部易形成高密度的过氧化物而形成火焰中心。其着火延迟期短,气缸压力升高平缓,工作柔和。

评定柴油机燃烧性的指标是十六烷值。十六烷值高的柴油,自燃性好,柴油机工作柔和;反之,十六烷值低的柴油,易使柴油机工作粗暴。十六烷值对柴油机的启动性也有一定影响。

3) 雾化和蒸发性

柴油的雾化性和蒸发性,决定混合气形成的质量和速度。因此,要求柴油有较好的雾化性和蒸发性。如果柴油的雾化性和蒸发性差,则可能产生的后果:未蒸发的柴油在高温、高压条件下分解析出炭粒,使排气产生黑烟,并增加油耗和排放污染物;未分解和燃烧的柴油经气缸壁渗入油底壳,稀释发动机油,影响正常润滑,加剧发动机零件磨损;柴油馏分重,黏度必然大,使喷雾质量低,混合气不均匀,产生后燃现象,使发动机过热,功率下降;发动机难以启动。

但是,柴油的雾化性和蒸发性过强,不仅储存和运输中蒸发损失大,而且安全性差。

评定柴油雾化和蒸发性的主要指标是运动黏度、馏程、闪点和密度。

(1) 运动黏度表示液体在重力作用下流动时,内摩擦力的量度。其值为相同温度下液体的动力黏度与其密度之比,单位为m^2/s。

(2) 馏程。柴油馏程采用50%蒸发温度、90%蒸发温度和95%蒸发温度。50%蒸发温度越低说明柴油轻质馏分多、蒸发速度越快,柴油机就越易启动。90%蒸发温度和95%蒸发温度越低说明柴油中重质馏分少、混合气燃烧完全,能提高柴油机的动力性,减少机械磨损,还能避免过热,降低油耗。

(3) 闪点表示柴油的蒸发性,同时也能说明柴油使用的安全性。

可燃液体能挥发变成蒸气,跑入空气中。温度升高,挥发加快。当挥发的蒸气和空气的混合物与火源接触能够闪出火花时,这种短暂的燃烧过程称为闪燃,发生闪燃的最低温度称为闪点。

闪点低说明柴油中轻质馏分多、蒸发性好,但闪点过低则会蒸发过快,造成气缸压力突然上升,引起柴油机工作粗暴,使用不安全等。

4) 安定性

柴油的安定性是指柴油在运输、贮存和使用过程中保持颜色、组成和使用性能不变的能力。要求柴油有良好的安定性。

柴油的安定性不好,就会氧化结胶,在燃烧室内形成积炭、胶状沉积物,附在活塞顶和气门上,甚至造成气门关闭不严;堵塞燃油滤清器,在喷油器针阀上生成漆状沉积物,造成针阀黏滞，形成积炭，使喷雾恶化，甚至中断供油，干扰正常燃烧，从而使排放污染增加。

影响柴油安定性的主要因素是柴油中所含的不安定组分，主要是二烯烃、烯烃等不饱和烃。柴油的馏分过重，环烷芳烃和胶质含量增加，安定性也变差。

柴油安定性的评定指标是碘值、色度、氧化安定性、实际胶质、10%蒸余物残炭和喷油器清洁度。

5）无害性

柴油中的芳烃含量、硫含量，对柴油发动机的排放污染影响很大。特别是多环芳烃含量对柴油发动机颗粒物的排放影响最大。试验表明，柴油发动机的颗粒物排放随芳烃增加而急剧上升。因为芳烃是以苯环为基础的牢固结合体，不仅含碳量高，而且化学结构牢固不易燃烧，故容易形成炭烟微粒。

4. 车用柴油牌号、规格及选用

2013 年 6 月 8 日，国家质检总局、国家标准委批准发布了《车用柴油（Ⅴ）》（GB/T 19147—2013）标准，自发布之日起实施，过渡期至 2017 年 12 月 31 日，2018 年 1 月 1 日起强制实施。该标准规定了第五阶段车用柴油的硫含量不大于 10ppm（1ppm 等于百万分之一）。

柴油中的硫含量对环境具有重要影响。柴油机的排放与柴油中十六烷值密度、芳烃含量、馏程和硫含量等有密切关系，其中硫含量直接影响柴油机的烟度与颗粒物排放浓度。多年来，国内车用柴油质量升级的主要工作之一就是降低车用柴油中的硫含量。降低柴油车排放需要采用先进的发动机技术和尾气后处理装置（如柴油机颗粒过滤器（diesel particulate filter，DPF）），而这些措施的实施对燃料中的硫含量非常敏感，需要大幅度降低车用柴油中的硫含量，才能保证这些先进措施的有效实施。

为控制柴油车尾气排放，我国于 2000 年 10 月 27 日发布了《轻柴油》（GB 252—2000）国家标准（国一标准）规定：硫含量不大于 2000ppm；2003 年 5 月 23 日发布的《车用柴油》国家标准（国二标准）规定：硫含量不大于 500ppm；2009 年 6 月 12 日发布的《车用柴油》（GB 19147—2009）国家标准（国三标准）规定：硫含量不大于 350ppm，自 2010 年 1 月 1 日起实施；2013 年 2 月 7 日实施《车用柴油（Ⅳ）》（GB 19147—2013）国家标准规定：硫含量不大于 50ppm；2013 年 6 月 8 日实施《车用柴油（Ⅴ）》（GB 19147—2013）国家标准规定：硫含量不大于 10ppm。自 2000 年至 2013 年我国的车用柴油国家标准硫含量的指标由 2000ppm 降至 10ppm，达到了目前欧盟标准的水平。

2000 年，中国石化集团发布了《城市车用柴油技术要求》（Q/SHR 006—2000）（表 3-2），并规定从 2000 年 4 月 1 日起执行。该标准要求硫含量控制为不大于 0.05%，氧化安定性总不溶物不大于 2.5mg/100mL，十六烷值不低于 48。该标准按凝点分为 10 号、5 号、0 号、-5 号、-10 号、-20 号 6 个牌号城市车用柴油。

柴油机的排放与柴油中十六烷值密度、芳烃含量、馏程和硫含量等有密切关系，其中硫含量直接影响柴油机的烟度与颗粒物排放浓度，也影响柴油机颗粒过滤器的过滤效果。国三柴油含硫量标准为 350ppm，国四柴油含硫量标准为 50ppm。目前国内市场销售的柴油与标准的要求有很大的差距。国家标准委发布第五阶段车用柴油（国五柴油）国家标准，规定每千克柴油硫含量不超过 10mg，于 2018 年 1 月 1 日起强制实施。

表 3-2　城市车用柴油技术要求(Q/SHR 006—2000)

项　　目		质量指标						试验方法
		10 号	5 号	0 号	-5 号	-10 号	-20 号	
色度/号		≤3.5						GB/T 6540
氧化安定性/(mg/100mL)		≤2.5						SH/T 0175
硫含量(质量百分数)/%		≤0.05						GB/T 380
酸度(以 KOH 计)/(mg/100mL)		≤7						GB/T 258
10%蒸余物残碳(质量百分数)/%		≤0.3						GB/T 268
灰分量百分数/%		≤0.01						GB/T 506
铜片腐蚀(50℃,3h)/级		≤1						GB/T 5096
水分(体积分数)/%		≤痕迹						GB/T 260
机械杂质		无						GB/T 511
运动黏度(20℃)/(mm^2/s)		3.0~8.0				2.5~8.0		GB/T 265
凝点/℃	不高于	10	5	0	-5	-10	-20	GB/T 510
冷滤点/℃	不高于	12	8	4	-1	-5	-14	SH/T 0248
闪点(闭口)/℃	不低于	55						GB/T 261
十六烷值	不小于	48						GB/T 386
馏程: 50%回收温度/℃ 90%回收温度/℃ 95%回收温度/℃		 ≤300 ≤355 ≤365						GB/T 6536
密度(20℃)/kg·m^{-3}		实测						GB/T 1884 GB/T 1885

轻柴油的选择就是按照风险率为 10%的最低气温进行牌号的选择。

各地区风险率为 10%的最低气温如表 3-3 所列。某月风险率为 10%的最低气温值,表 3-3所列该月最低气温低于该值的概率为 0.1,或者说该月最低气温高于该值的概率为 0.9。掌握本地区风险率为 10%的最低气温不仅是选择轻柴油牌号的依据,也是选择发动机油、车辆齿轮油和制动液的依据。

表 3-3　部分地区风险率为 10%的最低气温

省级行政区	1 月	2 月	3 月	4 月	5 月	6 月	7 月	8 月	9 月	10 月	11 月	12 月
河北	-14	-13	-5	1	8	14	19	17	9	1	-6	-22
山西	-17	16	-8	-1	5	11	15	13	6	-2	-9	-16
内蒙古	-43	-42	-35	-21	-7	-1	1	1	-8	-19	-32	-41
黑龙江	-44	-42	-35	-20	-6	1	7	1	-6	-20	-35	-43
吉林	-29	-27	-17	-6	1	8	14	12	2	-6	-17	-26
辽宁	-23	-21	-12	-1	6	12	18	15	6	2	-12	-20
山东	-12	-12	-5	2	8	14	19	18	11	4	-4	-10

（续）

省级行政区	1月	2月	3月	4月	5月	6月	7月	8月	9月	10月	11月	12月
江苏	-10	-9	-3	3	11	15	20	20	12	5	-2	-8
安徽	-7	-7	-1	5	12	18	20	20	14	7	0	-6
浙江	-4	-3	1	6	13	17	22	21	15	8	2	-3
江西	-2	-2	3	9	15	20	23	23	18	12	4	0
福建	-1	-2	3	8	14	18	21	20	15	8	1	-3
台湾	3	0	2	8	10	16	19	19	13	10	1	2
广东	1	2	7	12	18	21	23	23	20	13	7	2
广西	3	3	8	12	18	21	23	23	19	15	19	4
湖南	-2	-2	3	9	14	18	22	21	16	10	4	-1
湖北	-6	-4	0	6	12	17	21	20	14	8	1	-4
河南	-10	-9	-2	4	10	15	20	18	11	4	-3	-8
四川	-21	-17	-11	-7	-2	1	2	1	0	-7	-14	-9
贵州	-6	-6	-1	3	7	9	12	11	8	4	-1	-4
云南	-9	-8	-6	-3	1	5	7	7	5	1	-5	-8
西藏	-29	-25	-21	-15	-9	-3	-1	0	-6	-14	-22	-29
新疆	-40	-38	-28	-12	-5	-2	0	-2	-6	-14	-25	-34
青海	-33	-30	-25	-18	-10	-6	-3	-4	-6	-16	-28	-33
甘肃	-23	-23	-16	-9	-1	3	5	5	0	-8	-16	-22
陕西	-17	-15	-6	-1	5	10	15	12	6	-1	-9	-15
宁夏	-21	-20	-10	-4	2	6	9	8	-3	-4	-12	-19

轻柴油牌号的选择一般应使最低使用温度等于或略高于轻柴油的冷滤点，如下：

（1）10 号轻柴油适用于有预热设备的柴油机；

（2）5 号轻柴油适用于风险率为 10%的气温在 8℃以上的地区；

（3）0 号轻柴油适用于风险率为 10%的气温在 4℃以上的地区；

（4）-10 号轻柴油适用于风险率为 10%的气温在-5℃以上的地区；

（5）-20 号轻柴油适用于风险率为 10%的气温在-14℃以上的地区；

（6）-35 号轻柴油适用于风险率为 10%的气温在-29℃以上的地区；

（7）-50 号轻柴油适用于风险率为 10%的气温在-44℃以上的地区。

轻柴油使用前要进行沉淀和滤清。

5. 国五、国六排放标准比较

2017 年 7 月 1 日开始全国范围内实施国五排放标准，国五标准排放控制水平相当于欧洲正在实施的第 5 阶段排放标准。国六标准实施时间是 2020 年 1 月 1 日。目前国家将“国六标准”分为“国六 a”和“国六 b”两个阶段，并计划分别于 2020 年和 2023 年在全国统一实施。国六标准，即“国家第六阶段机动车污染物排放标准”，是为了贯彻环境保护相关法律，减少并防止汽车排气对环境的污染，保护生态环境，保证人体健康而制定的。

国六标准由环境保护部、国家质检总局分别于 2016 年 12 月 23 日、2018 年 6 月 22 日发布的。《重型柴油车污染物排放限值及测量方法(中国第六阶段)》自 2019 年 7 月 1 日起实施。国六标准的实施,对排放物一氧化碳、氮氧化物、碳氢化物要求将更加严格。

国六排放标准分两个阶段实施:第一阶段,从 2020 年 7 月 1 日起,所有销售和注册登记的汽车都必须符合国六 a 标准;第二阶段,从 2023 年 7 月 1 日起,所有销售和注册登记的汽车都必须符合国六 b 标准;部分城市在 2019 年 1 月 1 日就已经实施轻型汽车国六排放标准。国六 b 标准地相对于国六 a 标准更加严苛,污染物限值下降了 1/3 左右,部分污染物限值甚至下降超过 50%。国五和国六排放标准如表 3-4 所列。

表 3-4 最新国五和国六排放标准比较

排放物	国五	国六 A	国六 B
一氧化碳	1000mg/km	700mg/km	500mg/km
非甲烷烃	230mg/km	68mg/km	35mg/km
氮氧化物	180mg/km	60mg/km	35mg/km
PM 细颗粒物	4. 5mg/km	4. 5mg/km	3mg/km
PN 颗粒物	6×10^{11}颗/km	6×10^{11}颗/km	6×10^{11}颗/km

(三)发动机润滑油

发动机润滑油简称为“机油”,是保证发动机正常运行的重要材料,具有润滑、冷却、密封、清洗、防腐、降噪、减磨等功能。

1. 发动机润滑油的使用性能

发动机润滑油的工作条件很恶劣,因此对其使用性能也有很高的要求,具体有以下要求。

1) 润滑性

在各种条件下,机油降低摩擦、减缓磨损和防止金属烧结的能力,称为机油的润滑性。机油应具有良好的润滑性。

机油是通过吸附在零件的表面形成一定强度的油膜来减少摩擦面相对运动的阻力和防止摩擦面金属靠近。黏度大的机油,其油膜强度较好,机油的黏度性能和化学性质对发动机零件在不同润滑状态的润滑作用有重要影响。

黏度是评定机油润滑性的重要指标。

2) 低温操作性

机油能够保证发动机在低温条件下容易启动和可靠供油的性能,称为发动机油的低温操作性。发动机油应具有良好的低温操作性。

机油黏度随气温降低而增加,使得发动机低温启动时转动曲轴的阻力矩增加,曲轴转速下降,从而造成发动机启动困难。

机油低温操作性的评定指标主要有低温动力黏度、边界泵送温度和倾点等。

3) 黏温性

温度对油品黏度的影响很大。温度升高,黏度降低;温度降低,黏度升高。润滑油由于温度升降而改变黏度的性质称为黏温性。机油应具有良好的黏温性,即黏度随温度的变化程度要小。

黏温性的评定指标是黏度指数。

4）清净分散性

机油能抑制积炭、漆膜和油泥生成或将这些沉积物清除的性能，称为发动机油的清净分散性。机油应具有良好的清净分散性。

清净分散性良好的机油能使各种沉积物悬浮在油中，通过机油滤清器将其滤出，从而减少发动机气缸壁、活塞及活塞环等部件上的沉积物，防止出现由于机件过热烧坏活塞环，引起气缸密封不严，发动机功率下降、油耗增加等异常情况。

5）抗氧性

机油与氧相互反应生成氧化产物的过程，称为机油氧化。机油抵抗氧化的能力称为机油抗氧性。机油应具有良好的抗氧性。

机油在使用和储备过程中，一旦与空气接触，在条件适当情况下，会发生化学反应，如产生酸类、胶质等氧化物。氧化物聚集在机油中会使其颜色变暗、黏度增加、酸性增大。机油抗氧性不好，在使用中容易变质、生成沉积物，对零件造成腐蚀和破坏。

6）抗腐蚀性

机油抵抗腐蚀性物质对金属腐蚀的能力，称为机油的抗腐性。

机油抗腐性的评定指标是中和值，同时通过相应的发动机试验来评定。

7）抗泡性

机油消除泡沫的性质，称为机油的抗泡沫性。

当机油受到激烈搅动，将空气混入油中时，就会产生泡沫。泡沫如果不及时消除，会产生气阻、供油不足等故障。因此，要求机油有良好的抗泡沫性，在出现泡沫后能及时消除，以保证正常工作。

评定机油抗泡沫性的标准是《润滑油泡沫性测定方法》（GB/T 12579—2002）。

2. 发动机润滑油的主要性能指标

1）低温动力黏度

低温动力黏度也称为表观黏度。机油的黏度在低温条件下与剪切速率有关，低温条件下机油的低温动力黏度随剪切速率升高而减小。低温动力黏度是划分冬季发动机润滑油黏度级号的依据之一。

2）边界泵送温度

能将机油连续、充分地供给发动机机油泵入口的最低温度，称为边界泵送温度。它是衡量在启动阶段机油是否易于流到机油泵入口并提供足够压力的性能。边界泵送温度也是划分冬用机油黏度级号的依据之一。

3）倾点

机油在规定条件下冷却时，能够流动的最低温度，称为机油的倾点。机油规格均采用倾点作为评定机油低温操作性的指标之一。

4）黏度指数

将试验油的黏温性与标准油的黏温性进行比较所得出的相对数值，称为黏度指数。黏度指数越高，黏温特性越好。

5）中和值

中和 1g 试油中含有的酸性或碱性组分所需的碱量，称为中和值。

6）残炭

油品在试验条件下，受热蒸发和燃烧后残余的炭渣，称为残炭。根据残炭量的大小，可以大致判断机油在发动机中结炭的倾向。

7）泡沫性

泡沫性是指油品生成泡沫的倾向和生成泡沫的稳定性能。泡沫性的表示与测定方法有关。泡沫性测定方法：在 1000mL 量筒中注入试验油 190mL，以(94±5)mL/min 的流量用特制的气体扩散头将空气通入试油中；经过 5min 后，记下量筒中泡沫的体积，即泡沫倾向；量筒静置 5min 后，记下泡沫体积，即泡沫稳定性；泡沫性用分数形式表示，分子是泡沫倾向，分母是泡沫稳定性。

3. 发动机润滑油的分类、规格和牌号

机油的分类，包括使用性能分类和黏度分类两个方面。

机油的使用性能分类，是根据发动机油在发动机台架试验中所得到的润滑性、清净分散性、抗氧抗腐性等确定等级。目前发动机油使用性能分类的方法很多，包括美国石油学会(American Petroleum Institute，API)分类法、国际润滑油标准化和认可委员会分类法、欧洲汽车制造商协会及日本汽车标准组织的机油使用性能分类法。

世界上的黏度分类广泛采用美国汽车工程师学会(Society of Automotive Engineers，SAE)的发动机油黏度分类法。

我国机油采用 API 使用性能分类法和 SAE 黏度分类法。2012 年 11 月 5 日，我国发布了《内燃机油分类》(GB/T 28722—2012)国家标准，该标准是参考美国石油协会 API《发动机油认证体系》(1509：2007)及其技术公告 1(英文版)和美国汽车工程师协会(SAE)《发动机油性能及发动机使用分类》(英文版)(J300：1991)。该标准 2013 年 3 月 1 日实施，代替《内燃机油分类》(GB/T 7631. 3—1995)。

1）API 使用性能分类

《内燃机油分类》(GB/T 28772—2012)规定了车用内燃机油的代号说明和详细分类。内燃机油的详细分类是根据产品的特性、使用场合和使用对象划分的。第一个品种由两个大写字母及数字组成代号表示，当第一个字母为“S”时代表汽油机油，“GF”代表以汽油为燃料的具有燃料经济性要求的乘用车发动机油，第一个字母与第二个字母或第一个字母与第二个字母及其后面的数字相结合代表质量等级。当第一个字母为“C”时代表柴油机油。其中，SA、SB、SC、SD 等四个汽油机油、CA、CB、CD-Ⅱ、CE 等四个柴油机油从 2013 年 3 月 1 日起废除，不再生产和使用。内燃机油分类如表 3-5 所列。

表 3-5　我国发动机润滑油 API 性能分级法

应用范围	品种代号	特性和使用场合
汽油机机油	SE	用于轿车和某些货车的汽油机，以及要求使用 API SE 级油的汽油机
	SF	用于轿车和某些货车的汽油机，以及要求使用 API SF、SE 级油的汽油机。抗氧化性和抗耐磨性优于 SE 级油，同时还具有控制汽油机的沉积、锈蚀和腐蚀的性能，并可代替 SE 级油
	SG	用于轿车和货车的汽油机，以及要求使用 API SG 级油的汽油机。SG 级油质量还包含 CC 级油的性能。此油品改进了 SF 级油品控制发动机沉淀物、磨损和油的氧化性能，同时还具有抗锈蚀和腐蚀的性能，并可代替 SF、SF/CD、SE 或 SE/CC 级油

（续）

应用范围	品种代号	特性和使用场合
汽油机机油	SH、GF-1	用于轿车和货车的汽油机，以及要求使用 API SH 级油的汽油机。此油品在控制发动机沉淀物、油的氧化、磨损、锈蚀和腐蚀等方面性能优于 SG，并可代替 SG 级油。GF-1 级油与 SH 级油相比，GF-1 级油增加了对燃料经济性的要求
	SJ、GF-2	用于轿车、运动型多用途汽车、货车的汽油机，以及要求使用 API SJ 级油的汽油机。此油品在挥发性、过滤性、高温泡沫性和高温沉淀物控制等方面优于 SH 级油，并可在 SH 级油以前的“S”系列等级油中使用。GF-2 级油与 SJ 级油相比，GF-2 级油增加了对燃料经济性的要求，GF-2 级油可代替 GF-1 级油
	SL、GF-3	用于轿车、运动型多用途汽车、货车的汽油机，以及要求使用 API SL 级油的汽油机。此油品在挥发性、过滤性、高温泡沫性和高温沉淀物控制等方面优于 SJ 级油，可代替 SJ 级油，并可在 SJ 级油以前的“S”系列等级油中使用。GF-3 级油与 SJ 级油相比，GF-3 级油增加了对燃料经济性的要求，GF-3 级油可代替 GF-2 级油
汽油机机油	SM、GF-4	用于轿车、运动型多用途汽车、货车的汽油机，以及要求使用 API SM 级油的汽油机。此油品在高温氧化和清静性能、高温磨损性能以及高温沉淀物控制等方面优于 SL 级油，可代替 SL 级油，并可在 SL 级油以前的“S”系列等级油中使用。GF-4 级油与 SM 级油相比，GF-4 级油增加了对燃料经济性的要求，GF-4 级油可代替 GF-3 级油
汽油机机油	SN、GF-5	用于轿车、运动型多用途汽车、货车的汽油机，以及要求使用 API SN 级油的汽油机。此油品在高温氧化和清静性能、低温油泥以及高温沉淀物控制等方面优于 SM 级油，可代替 SM 级油，并可在 SM 级油以前的“S”系列等级油中使用。对于资源节约型的 SN 油品，除了具备上述性能外，强调燃料经济性，对排放系统和涡轮增压器的保护以及含乙醇最高达 85%的燃料的兼容性能。 GF-5 级油与 SN 级油相比，GF-5 级油性能基本一致，GF-5 级油可代替 GF-4 级油
柴油机机油	CC	用于中负荷及重负荷下的自然吸气、涡轮增压和机械增压式柴油机，以及一些重负荷汽油机。对于柴油机具有控制高温沉淀物和轴瓦腐蚀的性能，对于汽油机具有控锈蚀和高温沉积物的性能
	CD	用于需要高效控制磨损及沉淀物或使用包括高硫燃料自然吸气、涡轮增压和机械增压式柴油机，以及一些重负荷汽油机和要求使用 APICD 级油的柴油机。具有控制高温沉淀物和轴瓦腐蚀的性能，并可代替 CC 级油
	CF	用于非道路间接喷射式柴油发动机和其他柴油发动机，也可用于需有效控制活塞沉积物、磨损和含铜轴瓦腐蚀的自然吸气、涡轮增压和机械增压式柴油机。能够使用硫的质量分数大于 0.5%的高硫柴油燃料，并可代替 CD 级油
	CF-2	用于高效控制气缸、环表面胶合和沉积物的二冲程柴油发动机
	CF-4	用于高速、四冲程柴油发动机，以及要求使用 API CF-4 级油的柴油机。特别适用于高速公路行驶的重负荷柴油货车。此种油品在机油消耗和活塞沉积物控制等方面的性能优于 CF 级油，并可代替 CF、CD 和 CC 级油
	CG-4	用于可在高速公路和非道路使用的高速四冲程柴油发动机，能够使用硫的使用分数小于 0.05%~0.5%的柴油燃料。此种油品可有效控制高温活塞沉积物、磨损、腐蚀、泡沫、烟炱的积累，并可代替 CF-4、CF、CD 和 CC 级油

（续）

应用范围	品种代号	特性和使用场合
柴油机机油	CH-4	用于高速四冲程柴油发动机。能够使用硫的质量分数不大于0.5%的高硫柴油燃料。即使在不利的应用场合,此种油品可凭借在磨损控制,高温稳定性和烟炱控制方面的特性有效地保持发动机的耐久性;对于非金属的腐蚀、氧化和不溶的增稠、泡沫性,以及由于剪切所造成的黏度损失可提供最佳的保护,其性能优于CG-4级油并可代替CG-4、CF-4、CF、CD和CC级油
柴油机机油	CI-4	用于高速四冲程柴油发动机。能够使用硫的质量分数不大于0.5%的高硫柴油燃料。此种油品在装有废气再循环装置的系统里使用可保持发动机的耐久性。对于腐蚀性和烟炱有关的磨损倾向、活塞沉淀物,以及由于烟炱积累引起的黏温性变差、氧化增稠、机油消耗、泡沫性、密封材料的适应性降低和由于剪切造成的黏度损失提供最佳的保护。其性能优于CH-4级油,并可代替CH-4、CG-4、CF-4、CF、CD和CC级油
	CJ-4	用于高速四冲程柴油发动机。能够使用硫的质量分数不大于0.5%的高硫柴油燃料。对于使用废气后处理系统的发动机,如使用硫的质量分数大于0.0015%的燃料,则可能会影响废气后处理系统的耐久性和/或机油的换油期。此种油品在装有微粒过滤器和其他后处理系统里使用可特别有效地保持排放控制系统的耐久性。对于催化剂中毒的控制,微粒过滤器的堵塞,发动机磨损、活塞沉积物、高低温稳定性、烟炱处理特性、氧化增稠、泡沫性和由于剪切造成的黏度损失可提供最佳的保护。其性能优于CI-4级油并可代替CI-4、CH-4、CG-4、CF-4、CF、CD和CC级油
农用柴油机机油	—	用于以单缸发动机为动力的三轮汽车(原三轮农用运输车)、手扶变形运输机、小型拖拉机,还可用于其他以单缸发动机为动力的小型农机具,如抽水机,发电机等,具有一定抗氧、抗磨性能和清静分散性能

2）SAE 黏度分类

按 SAE 黏度分类,冬季用发动机润滑油包括 0W、5W、10W、15W、20W 和 25W 6 个黏度等级;春、秋及夏季用发动机润滑油包括 20 W、30 W、40 W、50 W 和 60 W 5 个黏度等级。一个完整的发动机润滑油牌号应当标明机油的质量等级和黏度等级,例如:SF 10W/30、CD l5W/40 等。

该分类标准采用含字母 W(冬季用油,W-winter)和不含字母 W 两组黏度等级系列,前者黏度等级号以最大低温黏度、最高边界泵送温度,以及 100℃时的最小运动黏度划分,后者仅以 100℃时运动黏度划分,具体如表 3-6 所列。

黏度牌号分为单级油和多级油。发动机润滑油的低温性能指标和 100℃运动黏度仅满足冬用润滑油或夏用润滑油黏度分级之一者,称为单级油;如果它的低温性能指标和 100℃运动黏度能同时满足冬、夏两种黏度分级要求,则称为多级油。

在单级冬季油中,符号 W 前的数字越小,说明其低温黏度越小,低温流动性越好,适用的最低气温越低。在单级夏季用油中,数字越大,说明其黏度越大,适用的最高气温越高。对多级油来讲,其代表冬季用部分的数字越小,代表夏季部分的数字越大,说明其黏温特性越好、适用的气温范围越大,如 5W/50 黏度。

表 3-6 发动机油 SAE 黏度分级法

SAE 黏度等级	最大低温黏度		最高边界泵送温度/℃	最大稳定倾点/℃	100℃运动黏度/(mm^2/s)	
	MPa · s	℃			最　小	最　大
0W	3250	-30	-35	—	3.8	—
5W	3500	-25	-30	-35	3.8	—
10W	3500	-20	-25	-30	4.1	—
15W	3500	-15	-20	—	5.6	—
20W	4500	-10	-15	—	5.6	—
25W	6000	-5	-10	—	9.3	—
20	—		—	—	5.6	≤9.3
30	—		—	—	9.3	≤12.5
40	—		—	—	12.5	≤16.3
50	—		—	—	16.3	≤21.9
60	—		—	—	21.9	≤26.1

4. 发动机润滑油使用注意事项

发动机润滑油的选择应兼顾使用性能级别和黏度级别两个方面。

1）汽油机润滑油的选择

汽油机润滑油主要依据发动机的结构特点、使用条件、气候条件等选择润滑油的质量等级和黏度级别。

先根据发动机的结构性能和使用条件选择相应的润滑油质量等级，再根据使用地区的气温选择润滑油黏度级别。有汽车使用说明书的用户，依据说明书要求选取润滑油；无使用说明书时，汽油车可以按照发动机设计年代、发动机的压缩比、曲轴箱是否安装正压通风装置（PCV）、是否安装废气循环装置（ECR）和催化转化器等因素选取润滑油。

一般情况下，发动机装有 PCV 阀，可选用 SD 以上的汽油机润滑油；安装了 EGR 可选用 SE 级润滑油；发动机装有催化转化器，可选用 SF 级润滑油。例如：新奥迪 A6L 轿车发动机润滑油必须使用 API 标号为 SN 级润滑油，如图 3-7 所示。注意：不可使用低级别的机油，也不可混合使用不同牌号的机油。SN 级润滑油中锌和磷的含量大大降低，更加环保，润滑油中添加锌和磷是为了达到更好的磨损防护效果。

选择汽油机润滑油的黏度主要根据发动机工作的环境温度。一般根据汽车使用地区的年最高、最低气温选择润滑油的黏度等级。例如：我国北方温度不低于-15℃的地区，冬季用 SAE20；夏季用 SAE30 或全年通用 SAE20W/30；低于-15℃的地区，全年通用 SAEl5W/30 或 SAE10W/30；严寒地区用 SAE5W/20；南方最低气温高于-5℃的地区全年通用 SAE30，广东、广西、海南、可用 SAE40。表 3-7 列出了发动机润滑油黏度等级与使用环境温度范围的参考值。

图 3-7　新奥迪 A6L 所用 SN 0W/20 发动机润滑油

表 3-7　发动机润滑油黏度等级与使用环境温度范围

黏度等级	使用温度/℃	黏度等级	使用温度/℃
5W	-30~-10	0W/20	-35~30
10W	-25~-5	5W/30	-30~30
20W	-10~30	10W/40	-25~40
30W	0~30	15W/40	-20~40
40W	10~50	20W/40	-15~40

2)柴油机润滑油的选择

同样依据汽车使用说明书选择润滑油。在没有使用说明书时,可根据柴油机的强化系数确定柴油机润滑油的质量等级,然后根据汽车使用地区的气候确定润滑油的黏度级别。

柴油机强化系数代表其热负荷和机械负荷,强化系数越大,表明发动机的热负荷和机械负荷越高,对油品的质量要求也越高。柴油机的强化系数用 K 表示:

$$K = P_{me} C_m Z$$

式中　P_{me}——气缸平均有效压力(MPa);

C_m——活塞平均速度(m/s);

Z——冲程系数(四冲程取 0.5)。

$$P_{me} = \frac{30 P_e Z}{V \cdot n}$$

式中　P_e——发动机有效功率(kW);

V——发动机排量(L);

n——发动机转速(r/min)。

$$C_m = \frac{S \cdot n}{30}$$

式中　S——活塞行程(m)。

强化系数为 30～50 的柴油机，选 CC 级柴油润滑油；强化系数大于 50 时选择 CD 级、CF、CF4、CG-4、CH-4、CI-4、CJ-4 柴油润滑油。

选好润滑油的质量等级后，还应根据汽车实际工作条件的苛刻程度，适当升降润滑油的质量等级。工作条件缓和时可降低一级质量；反之，可升高一级质量，在无级别可提高时，应缩短换油周期。

柴油机润滑油黏度选择原则与汽油机润滑油相同，考虑到柴油机工作压力比汽油机大、但转速又较汽油机低的特点，在选择黏度时应略比汽油机高一些。

3）发动机润滑油的使用

选择合适的润滑油质量等级和黏度级别后，还要注意正确的使用方法，如果使用不恰当，同样会造成发动机磨损加剧，甚至出现拉缸、烧轴瓦的故障。因此，机油使用应注意以下几点。

（1）在选用润滑油时最好选择汽车生产厂家指定的品牌。例如：奥迪 A6L 轿车所用润滑油级别是 SN 0W/20；丰田轿车所用润滑油级别是 SP 0W/16 均是目前国产高品质的润滑油，价格也较高，如图 3-8 所示，丰田专用润滑油 4L/桶，价格为 480 元。

图 3-8　丰田汽车用 SP 0W/16 发动机润滑油

（2）级别低的润滑油不能用于高性能发动机，以防润滑不足，造成磨损加剧；级别高的润滑油可以用于稍低性能的发动机，但不可降档太多。

（3）在保证润滑条件下，优选黏度低的润滑油，可以减少机件的摩擦损失，提高功率，降低燃料消耗。如果发现所用润滑油黏度太高，切不可进行自行稀释，正确的方法是放掉发动机内所有润滑油（包括滤清器内的润滑油），换用黏度适当的润滑油。

（4）保持正常油位，常检查，勤加油。正常油位应位于油尺的满刻度标志和 1/2 刻度标志之间,不可过多或过少。

(5) 不同牌号的润滑油不可混用,同一牌号不同生产厂家的润滑油也尽量不混用。

(6) 注意识别伪劣润滑油,不要迷信国外品牌润滑油,选取润滑油时,切勿一味相信广告和维修人员推荐。应检查是否经权威检测单位检测,问清检测结果。买油时到信誉好的大中型汽配商店选购。

(7) 定期更换润滑油并及时更换润滑油滤芯,换油时一定要在热车时进行。油温高不仅容易从放油孔流出而且油中的杂质可随旧油一起排出,加入新油后应着车数分钟、停机 3min 后,再检查油面。在无分析手段,不能实行按质换油时,可实行定期换油。

(四) 车辆齿轮油

车辆齿轮油是指汽车驱动桥、变速器、转向器等齿轮传动机构用的润滑油。齿轮油的作用:降低齿轮及其他运动部件的磨损,延长使用寿命;降低摩擦,减小功率损失;分散热量,起冷却作用;防止腐蚀和生锈;降低工作噪声,减小振动及齿轮间的冲击;冲洗污物,特别是冲去齿面间污物,减轻磨损。

齿轮油的使用性能应满足如下要求。

(1) 良好的润滑性及极压抗磨性。润滑性是指齿轮油能有效地使润滑油膜吸附于运动着的润滑表面;抗磨性是指齿轮油保持运动部件润滑表面油膜的能力。有些齿轮传动经常在苛刻的极压润滑条件下工作,所承受的压力高达 2.5 GPa,甚至 4.0 GPa,滑动速度和局部温度也很高,润滑油膜容易破裂,造成齿轮严重磨损,因此要求在齿轮油中加入极压添加剂,以有效防止在高负荷条件下的齿面擦伤及咬合。

(2) 适宜的黏度和良好的黏温特性。黏度也是齿轮油的重要使用性能之一,对油膜形成的影响很大。一般而言,高黏度齿轮油可有效防止齿轮及轴承损伤,减小机械运转噪声并减少漏油;低黏度齿轮油在提高机械效率、加强冷却和清洗作用等方面有明显优点。各种润滑油的黏度均随温度升高而下降,下降幅度越小,则润滑油的黏温特性越好。汽车齿轮油的工作温度变化范围很大,因此应具有良好的黏温特性。

(3) 良好的低温流动性。齿轮油在低温下应能保持必要的流动性,若齿轮油在低温下有蜡析出,黏度急剧上升,就不能确保有效的润滑。为使齿轮油能适应冬季低温条件下的使用要求,齿轮油中应加入倾点降低剂,以改善其低温流动性。

(4) 良好的热氧化安定性和防锈防腐蚀性。热氧化安定性是指润滑油在空气、水分、金属的催化作用和热的作用下抵抗氧化变质的能力;防锈性是指保护齿轮不受锈蚀,保证齿轮的使用性能和延长齿轮使用寿命的能力;防腐性是指在金属表面形成保护膜,以防止腐蚀性物质侵蚀金属的能力。

(5) 良好的抗泡性。齿轮油应具有良好的抗泡性,以保证在齿轮剧烈搅拌过程中产生的泡沫少且易于消失。

1. 齿轮油的分类

1) 国产齿轮油的分类

我国 2012 年发布了《车辆齿轮油分类》(GB/T 28767—2012)和《汽车齿轮润滑剂黏度分类》(GB/T 17477—2012),把车辆齿轮油相应分为普通车辆齿轮油、中负荷车辆齿轮油、重负荷车辆齿轮油三类,与 API 使用分类的对应关系如表 3-8 所列。

表 3-8　我国车辆齿轮油分类与 API 对应关系

名　称	API	特性和使用说明	使用部位
普通车辆齿轮油	GL-3	适用于中等速度和负荷比较苛刻的手动变速器和螺旋锥齿轮的驱动桥	手动变速器、螺旋锥齿轮的驱动桥
中负荷车辆齿轮油	GL-4	适用于在低速高扭矩、高速低扭矩下操作的各种齿轮，特别是客车和其他各种车辆用的准双曲面齿轮	手动变速器、螺旋锥齿轮和使用条件不太苛刻的准双曲面齿轮的驱动桥
重负荷车辆齿轮油	GL-5	适用于在高速冲击负荷、高速低扭矩和低速高扭矩下操作的各种齿轮，特别是客车和其他各种车辆用的准双曲面齿轮	操作条件缓和或苛刻的准双曲面齿轮及其他各自齿轮的驱动桥，也可用于手动变速器

参照 SAE 黏度分类，我国车辆齿轮油按黏度为 150 Pa · s 时的最高温度和 100℃时的运动黏度划分为 7 个黏度牌号(表 3-9)，包括 4 个低温黏度牌号(冬季用油)和 3 个高温黏度牌号(春、夏、秋季用油)。凡既满足冬季用油要求，又符合春、夏、秋季用油要求的润滑油，称为多级油，常用的黏度级号有 80W/90、85W/90 等。

表 3-9　SAE 车辆齿轮油黏度分类

SAE 黏度级号	黏度达到 150 Pa · s 时的最高温度/℃	100℃时的运动黏度/(mm^2/s)	
		最　低	最　高
70W	-55	4.1	—
75W	-40	4.1	—
80W	-26	7.0	—
85W	-12	11.0	—
90	—	13.5	24.0
140	—	24.0	41.0
250	—	41.0	—

2) 国外车辆齿轮油的分类

国外广泛采用 API(美国石油学会)使用性能分类法和 SAE 黏度分类法。按齿轮油承载能力和使用场合不同，API 齿轮油使用分类共有 6 个级别，如表 3-10 所列。SAE 黏度分类如表 3-8 所列。黏度值随牌号递增而增大。

表 3-10　车辆齿轮油 API 使用性能分类

分类	使用说明	用　途
GL-1	低齿面压力、低滑动速度下的汽车螺旋锥齿轮的驱动桥，以及各种手动变速器规定用 GL-1 级齿轮油。直馏矿油能满足这类情况的要求，可加入抗氧剂、防锈剂和消泡剂改善其性能，但不加摩擦改进剂和极压剂	汽车手动变速器(包括牵引车和卡车)
GL-2	汽车涡轮式驱动桥，由于其负荷、温度和滑动速度的状况，用 GL-1 级齿轮油不能满足要求，规定用 GL-2 级齿轮油。通常都加有脂肪添加剂	涡轮涡杆传动装置

续

分类	使用说明	用　途
GL-3	适用于滑动速度和负荷比较苛刻的汽车手动变速器和螺旋锥齿轮的驱动桥，规定用GL-3级齿轮油。这种使用条件要求润滑油的负荷能力比GL-1和GL-2级齿轮油高，但比GL-4级齿轮油要低	苛刻条件下手动变速器和螺旋锥齿轮的驱动桥
GL-4	在低速高扭矩、高速低扭矩下操作的各种齿轮，特别是客车和其他各种车辆用的准双曲面齿轮，规定用GL-4级齿轮油	手动变速器、螺旋锥齿轮和使用条件不太苛刻的双曲面齿轮
GL-5	在高速冲击负荷、高速低扭矩、低速高扭矩下操作的各种齿轮，特别是客车和其他车用的准双曲面齿轮，规定用GL-5级齿轮油	适用于苛刻使用条件下的双曲线齿轮及其他各种齿轮，也可用于手动变速箱
GL-6	—	这个分类已被废除

2. 齿轮油的选择

齿轮油的选择包含使用性能级别的选择和黏度等级的选择两个步骤。

在选用齿轮油的使用级别时，要严格按照汽车使用说明书中规定的齿轮油使用级别选用，或根据传动机构工作条件的苛刻程度选择齿轮油。工作条件主要考虑传动齿轮的接触压力和滑动速度。近年来，进口和中外合资车厂生产的轿车及部分载货汽车、工程车辆的主传动器准双曲面齿轮，轮齿间接触压力达3000MPa以上，滑动速度超过10m/s，油温高达120~130℃，工作条件苛刻，必须使用CLE(GL-5)级齿轮油；主传动器采用准双曲面齿轮，但齿面接触压力在3000MPa以下，滑动速度在1.5~8m/s，工作条件不太苛刻，可选用CLD(GL-4)级齿轮油。有些载货汽车虽然后桥主传动装置采用普通螺旋锥齿轮，但负荷较重，工作条件苛刻，也要求使用CLD(GL-4)级齿轮油。变速器及转向器一般负荷较轻，为使用方便，一般采用与主传动器相同的齿轮油。

齿轮油的黏度等级主要根据使用地区的环境温度选择，车辆齿轮油最高工作温度下的运动黏度不应低于10~15mm²/s。根据汽车使用环境温度选择齿轮油黏度时，可参考表3-11所列。

表3-11　汽车齿轮油黏度等级的选择

黏度等级	使用气温范围/℃	黏度等级	使用气温范围/℃
75W/90	-40℃以上地区全年通用	90	-10℃以上地区全年通用
80W/90	-30℃以上地区全年通用	140	重负荷、炎热夏季
85W/90	-20℃以上地区全年通用	—	—

应当注意的是，不能将使用级别较低的齿轮油用在要求较高的车辆上，否则会使磨损加剧。例如：将普通齿轮油加在双曲面齿轮驱动桥中，将使齿轮很快地磨损和损坏；性能级别较高的齿轮油可以用在要求较低的车辆上，但过多使用经济上不合算；各级别的齿轮油不能相互混用；润滑油黏度应适宜，不要误认为高黏度齿轮油的润滑性能好，应尽可能使用适当的多级润滑油。

(五) 汽车润滑脂

润滑脂俗称黄油，是一种稠化了的润滑油。它是将一种(或多种)稠化剂掺入液体润滑剂中制成的一种稳定的固体或半固体润滑产品。在不宜用液体润滑剂的部位使用润滑脂，可起到润滑抗磨、密封防护等作用。例如：汽车的轮毂轴承、各拉杆球头、传动轴万向节等处，均使用润滑脂。

1. 润滑脂的分类及选用

润滑脂的种类有钙基润滑脂、钠基润滑脂、钙钠基润滑脂、复合钙基润滑脂、通用锂基润滑脂、汽车通用锂基润滑脂、极压锂基润滑脂和石墨钙基润滑脂等。各种润滑脂的特性及适用范围，如表 3-12 所列。

表 3-12 各种润滑脂的特性及适用范围

品　种	特　性	适用范围
钙基润滑脂	抗水性好、耐热性差，使用寿命短	最高使用温度范围为-10～60℃，适用于汽车轮毂轴承、底盘拉杆球节、水泵轴承等部位
钠基润滑脂	耐热性好、抗水性差，有较好的极压减磨性能	使用温度可达 120℃，只适用于低速高负荷轴承，不能用在潮湿环境或水接触部位
钙钠基润滑脂	耐热性、抗水性介于钙基和钠基润滑脂之间	使用温度不高于 100℃，不宜在低温下使用，适用于不太潮湿条件下的滚动轴承，如底盘、轮毂等处的轴承
复合钙基润滑脂	较好的机械稳定性和胶体稳定性，耐热性好	适用于较高温度及潮湿条件下润滑大负荷工作的部件，如汽车轮毂轴承等处的润滑，使用温度可达 150℃
通用锂基润滑脂	良好的抗水性、机械稳定性、防锈性和氧化安定性	适用于-20～120℃温度范围内各种机械设备的滚动和滑动轴承及其他摩擦部位的润滑，是一种长寿命通用润滑脂
汽车通用润滑脂	良好的抗水性、机械稳定性、胶体稳定性、防锈性和氧化安定性	适用于-30～120℃温度范围内汽车轮毂轴承、水泵、发电机等各摩擦部位润滑，国产和进口车辆普遍推荐使用
极压锂基润滑脂	有极高的极压抗磨性	适用于-20～120℃下高负荷机械设备的齿轮和轴承的润滑，部分国产和进口车型推荐使用
石墨钙基润滑脂	良好的抗水性和抗碾压性能	适用于重负荷、低转速和粗糙的机械润滑，可用于汽车钢板弹簧、半挂车铰接盘、起重机齿轮转盘等承压部位

2. 润滑脂的使用特点

（1）与相似黏度的润滑油相比，润滑脂有较高的承受负荷能力和较好的阻尼性。

（2）由于稠化剂的吸附作用，润滑脂的蒸发损失小，高温、高速下的润滑性好。

（3）润滑脂易附着在金属表面，保护表面不锈蚀，并可防止滴油、溅油污染产品。

（4）由于稠化剂的毛细作用，润滑脂可在较宽温度范围和较长时间内逐步放出液体润滑油，起到润滑作用。

（5）在轴承润滑中，润滑脂还可起到密封作用。

（6）使用润滑脂的缺点是冷却散热作用差、启动摩擦力矩大和更换润滑脂比较复杂。

3. 润滑脂的主要性能

1）稠度

稠度是指润滑脂在受力作用时抵抗变形的能力。稠度过大会增加机械运动阻力，稠度过小会因转速过高而被甩掉，因此润滑脂应具有适当的稠度。

润滑脂稠度的大小取决于稠化剂的含量，稠化剂的含量越多，润滑脂的稠度越大。稠度的评价指标是锥入度。锥入度表示在规定的负荷、时间和温度的条件下，锥体刺入试料的深度，其单位以 0.1mm 表示。锥入度值越大，稠度越小；反之，稠度越大。

按《润滑脂锥入度测定法》（GB/T 7631—2008）的规定，我国润滑脂稠度等级和相应锥入度范围的对应关系如表 3-13 所列。

表 3-13　润滑脂的稠度等级和相应锥入度范围

稠度等级	000	00	0	1	2	3	4	5	6
锥入度（25℃，0.1mm）	445~475	400~430	355~385	310~340	265~295	220~250	175~205	130~160	85~115

2）胶体安定性

胶体安定性是指润滑脂抵抗温度和压力的影响而保持胶体结构的能力，即基础油和稠化剂结合的稳定性。

胶体安定性的评定指标是滴点。滴点是指在规定的条件下加热、润滑脂达到一定流动性时的温度。

3）抗水性

抗水性指润滑脂遇水后抵抗结构和稠度等改变的性能，润滑脂的抗水性主要取决于稠化剂的抗水性。

4）氧化安定性

氧化安定性是指润滑脂在储存和使用中抵抗氧化的能力。氧化安定性差，易生成有机酸，对金属构成腐蚀，同时会破坏润滑脂的结构和使用性能，因此润滑脂要求具有良好的氧化安定性。

4. 润滑脂选用注意事项

选用润滑脂时，其性能指标除了应具备适当的稠度、良好的高低温性能以及抗磨性、抗水性、防锈性、防腐性和安定性等基本条件外，还应注意以下几点。

1）尽量使用汽车通用锂基润滑脂

汽车通用锂基润滑脂，外观发亮，呈奶油状，滴点高，使用温度范围广，并具有良好的低温性、抗剪磨性、抗水性、抗腐蚀性和热氧化稳定性等，是目前汽车最常用的一种多效能的润滑脂。

2）清理润滑部位，保证油脂清洁

加注润滑脂时应特别注意，通过油嘴注入的润滑脂应擦净油嘴，从油脂枪中先挤出少许滑脂并抹掉；更换油脂的在涂脂前必须用有机溶剂洗净零部件表面并吹干，然后重新加注润滑脂。在更换润滑脂时，要注意不同种类的润滑脂不能混用，即使是同类的润滑脂也不可新旧混合使用。因为旧润滑脂含有大量的有机酸和机械杂质，将会加速新润滑脂的氧化，所以在换润滑脂时，一定要把旧润滑脂清洗干净，才能加入新润滑脂。

3）用量适当，不宜过多

轮毂轴承的润滑是汽车上最重要的润滑作业。更换轮毂轴承润滑脂时，应只在轴承的滚珠或滚柱之间塞满润滑脂，而轮毂内腔采用“空毂润滑”，即在轮毂内腔表面仅涂上薄薄一层润滑脂起到防锈作用即可。这样利于散热，并可降低润滑脂的工作温度，防止润滑脂稀化流淌。不要采用“满毂润滑”，即把润滑脂填满整个轮毂内腔，这样既不科学，又很浪费，甚至在汽车频繁制动和制动时间过长的情况下,可能会因轮毂过热而使润滑脂流淌到制动摩擦片表面而引起打滑,使制动失灵,造成车毁人亡。

（六）汽车用其他工作液体

1. 汽车制动液

制动液也称为刹车油(图 3-9),是汽车液压制动系统中传递压力的工作介质,其性能对汽车的行驶安全性有很大的影响。

图 3-9 制动液呈淡琥珀色

1）汽车制动液的技术要求

汽车制动液工作时应保持不可压缩性和良好的流动状态。具体的技术要求,如下：

（1）高沸点。现代高速汽车制动强度大,在制动过程中,由于摩擦发热可使摩擦片温度高达 250℃左右,其热量有一部分传给制动液,使其工作温度达 70~90℃,在下长坡等路况行驶需频繁制动时,其工作温度可达成 110℃,甚至更高,如制动液沸点太低,高温时蒸发成气体,会使制动系管路产生气阻,导致制动失效。

（2）吸湿性小。吸湿性是指制动液具有较强的吸水性,制动液吸水后会导致其沸点下降,在温度过高时可能出现“气阻”现象而影响行车安全,因此吸湿性要小。

（3)适宜的黏度。黏度合适可保持制动液具有良好的流动性和一定的润滑能力,使系统能顺畅工作。同时,要求制动液在很宽的温度范围内(-40~150℃)保持适当的黏度,使制动液能四季通用。

（4）安定性好。制动液在高温条件下长期使用不应产生热分解和缩合使黏度增加,也不允许生成胶质和油泥沉积物。

（5）皮碗膨胀率小。制动液对橡胶零件有溶胀作用,将使皮碗的体积增加,导致制动失效。

（6）腐蚀性要小。制动液具有一定的腐蚀性,要避免直接接触皮肤,从而保护工作人员的人身安全;同时避免接触车辆而造成车辆出现腐蚀现象。

2）国产制动液的品种和牌号

制动液按原料不同分为醇型、合成型和矿物型三种,如下：

（1）醇型制动液。它是用精制的蓖麻油与醇类按一定的比例调和,经沉淀和过滤而制得的制动液,外观为浅绿或浅黄透明体。该类制动液与合成型制动液相比,其适用的温度条件低，且易分层，性能不稳定，故逐步被合成型制动液所取代。

（2）合成型制动液。它是以合成油为基础油，加入润滑剂和抗氧、防腐、防锈等添加剂制成的制动液，具有性能稳定的特点，适合高速、重负荷的汽车使用。

根据美国联邦机动车辆安全标准（FMVSS），合成型制动液分为DOT-3、DOT-4、DOT-5三个规格，美国汽车工程师协会也制定了合成型制动液标准。

DOT（U. S. Department of Transportation）是美国交通部的简称。DOT标准以制动液的最低沸点为标准，对制动液的级别进行了划分，这是世界公认的通用标准。目前DOT标准将合成型的制动液分为三种：DOT3、DOT4、DOT5。其中，DOT3和DOT4制动液通常为无色或淡琥珀色，并且具有吸收水分的特性。DOT5制动液呈紫色，不易吸水，但是与空气的亲和力很好，与DOT3和DOT4不相容。

2012年5月，我国实施与国际通用标准接轨的国家标准《机动车辆制动液》（GB 12981—2012），将制动液分为HZY3、HZY4、HZY5、HZY6，分别对应国际标准ISO4925：2005中Class3、Class4、Class5. 1、Class6。其中，HZY3、HZY4、HZY5对应美国交通部制动液类型的DOT-3、DOT-4、DOT-5。HZY3、HZY4、HZY5吸湿后的沸点达到140℃、155℃、165℃以上，因此，我国制动液各方面指标已接近和达到了DOT-3、DOT-4、DOT-5的技术要求。

（3）矿物型制动液。以精制的轻柴油馏分为原料，经深度精制后加入黏度指数改进剂、抗氧剂、防锈剂等调和制成，具有良好的润滑性，对金属无腐蚀作用，但对天然橡胶有较强的溶胀作用，使用时必须换用耐矿物油的丁腈橡胶。符合该标准的车用制动液主要有7号矿油制动液。

3）制动液的选择

一般推广使用合成型制动液，适合用于高速、重负荷和制动频繁的轿车和货车。醇型制动液可用在车速较低、负荷不大的轻型货车。矿油制动液可在各种汽车上使用，但制动系统必须换用耐油橡胶。

4）制动液的使用

各种制动液不能混用，否则会因制动液分层导致制动失效。更换制动液时必须将制动系统清洗干净，防止混入水分或其他杂质。制动液在行车40000 km或2年应更换，但在车辆更换主泵和皮碗时，最好也更换制动液。制动液长期储存或更换时应注意隔绝空气。当制动液由于吸湿导致沸点下降而影响行车安全时，应及时更换制动液。

5）制动液的干湿沸点

制动液湿沸点是指使用2年后或含水3. 5%的制动液的沸点；干沸点是指新制动液（不含水分）的沸点。制动液的类型与干湿沸点对应关系如表3-14所列。

表3-14 制动液的干湿沸点

制动液分类	沸点/℃	
	干	湿
DOT3	205	140
DOT4	230	155
DOT5	260	180

2. 液力传动油

液力传动油也称为自动变速器油(automatic transmission fluid,ATF)。它是指专门用于自动变速器(AT)和无级变速器(CVT)等的集润滑、液力传递、液压控制功能于一身的特殊油液。ATF 对自动变速器的工作、使用性能以及使用寿命都有着非常重要的影响。汽车自动变速器维护维护的主要内容就是对 ATF 的检查和更换。

1) 液力传动油的分类

(1) 国外液力传动油的分类多采用美国 ASTM 和 API 共同提出的 PTF(power transmission fluid,PTF)分类法,将 PTF 分为 PTF-1、PTF-2 和 PTF-3 等 3 类,其规格及适用范围如表 3-15 所列。

表 3-15 液力传动油分类

分 类	符合的规格	适用范围
PTF-1	通用汽车公司 GM DEXRON Ⅱ,福特汽车公司 FORD M2C33-F,克莱斯勒 CHRYSLER MS-4228	轿车和轻型货车液力传动油
PTF-2	通用汽车公司 GM Track、Coach,阿里林 AllisonC-2 C-3	重型货车和越野汽车液力传动油
PTF-3	约翰迪尔 John Deer J-20A,福特 FORD,玛赛—费格森 Mqssey-Ferguson M-1135	农业和建筑机械液力传动油

(2) 国产液力传动油的分类按 100℃运动黏度将液力传动油分为 6 号和 8 号两种,其与国外液力传动油的基本对应关系如表 3-16 所列。

表 3-16 液力传动油的分类标准

国外分类	国内分类	应用范围
PTF-1	8	轿车和轻型货车液力传动油
PTF-2	6	越野汽车、载货汽车、工程机械
PTF-3	—	农业和建筑野外机械

2) 液力传动油的选择与使用

液力传动油要按车辆使用说明书的规定选择使用。轿车和轻型货车应选用 8 号油,进口轿车要求用 GMA 型、A-A 型或 Dexron 型自动变速器油的均可用 8 号油代替。重型货车、工程机械的液力传动系统应选用 6 号油。

液力传动油的使用注意事项,如下:

(1) 注意保持 ATF 的正常工作温度。油温过高,易变稀、变质,使油压降低,使自动变速器打滑;油温过低,油压变高,时滞过长,使自动变速器换挡不及时。

(2) 应经常检查 ATF 的液面高度。ATF 的液面高度检查,分为冷态检查(不行车、不走挡)和热态检查(行车后或停车走挡)两种。检查时要求车辆停在平地上,发动机达到正常工作温度后进行。此时油平面应分别在自动变速器油标尺的冷态上、下两刻线或热态上、下两刻线之间,油液不足时要及时添加。若油面过低,则油压不足而打滑;若油面过高,产生气泡,则同样打滑。

(3) 按车辆使用说明书的规定更换 ATF。通常每行驶 1 万 km 应检查油面一次,丰田、福特轿车每行驶 4 万 km、奥迪轿车每行驶 6 万 km 应更换 ATF。奥迪轿车更换 ATF 视频请扫码观看。

(4) 注意观察 ATF 的品质情况。在检查油面和换油时,在手指上蘸少许油液,检查油质、颜色、气味和杂质等情况,确认 ATF 油是否因打滑或过热等原因变质。现在常用的 GM 系列 Dexron Ⅱ ATF 一般染成红色,油质清澈纯净,如颜色变黑、有烧焦味且含有杂质等时,则予以更换。

注意:美国自动变速器协会曾对 13000 辆装有自动变速器的车辆作过调查:90%以上的变速器故障是由于不及时更换 ATF 引起的。

3. 发动机冷却液

发动机在工作时,气缸内部要产生高温高压气体,为保证发动机正常工作,就应对其进行冷却。同时,为防止发动机在严寒季节发生缸体、散热器和冷却系管道的冻裂,还应对发动机冷却系防冻。另外,还要求冷却液防腐蚀、防水垢等,冷却液有毒一般呈粉红色,如图 3-10所示。图中 G12 表示冷却液为乙二醇—水型;若是 G13,则为丙二醇—水型。

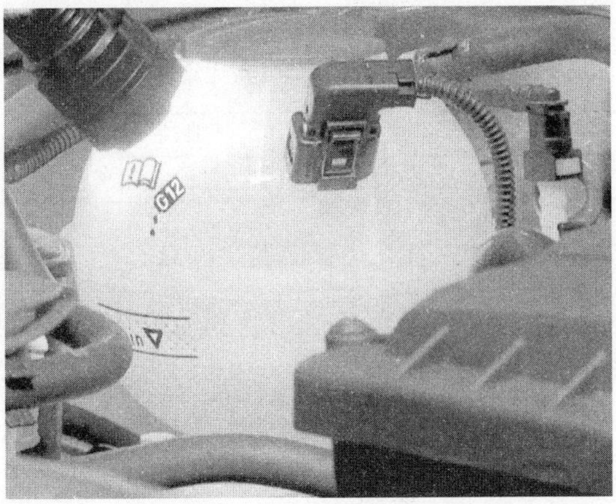

图 3-10　冷却液

1) 冷却液的使用性能

为保证汽车发动机正常工作和延长发动机使用寿命,要求汽车发动机冷却液应具备以下性能。

(1) 低温黏度小,流动性好。汽车发动机冷却液的低温黏度越小,说明冷却液流动性越好,散热效果好。

(2) 冰点低。冰点是指液体冷却时所形成的结晶在升温时,其结晶消失一瞬间的温度,以单位符号:℃表示。若汽车在低温条件下停放时间较长,发动机冷却液的冰点却达不到应有温度时,则发动机冷却系统就会被冻裂。因此,要求发动机冷却液的冰点要低。

(3) 沸点高。沸点就是发动机冷却系统的压力与外界大气压力相平衡的条件下,冷却液开始沸腾的温度,以单位符号:℃表示。发动机冷却液在较高温度下不沸腾,可保证汽车在满载、高负荷等苛刻工作条件下工作时正常运行。同时,沸点高则蒸发损失也少。特别是对现代电控燃油喷射系统及电子控制点火的发动机来说,因为其燃烧温度高,所以对沸点的要求更高。

(4) 防腐性好。发动机冷却液在工作中,要接触多种金属材料,如果它对金属有腐蚀性,就会影响发动机正常工作,甚至造成事故。为使发动机冷却液有良好的防腐性,要保持冷却液呈碱性状态，冷却液 pH 值在 7.5～11.0 为好，超出该范围将对金属材料产生不利影响。

（5）不产生水垢，不起泡沫。水垢对发动机冷却系的散热效果影响很大。试验表明，水垢的导热性比铸铁差得多，比铝就差得更多。所以，冷却液在工作中，应不产生水垢。

（6）与橡胶密封件和橡胶水管相匹配。冷却液对橡胶密封件及橡胶水管应无溶胀和侵蚀等副作用。

发动机冷却液如果产生气泡，不仅会降低传热性，加剧气蚀，还会造成冷却液溢流而损失。另外，还要求汽车冷却液传热效果好，热化学安定性好，蒸发损失少，热容量大，价廉、无毒。

2）冷却液的类型

冷却液的种类主要有酒精—水型、甘油—水型及乙二醇—水型等。冷却液的冷却效果主要与酒精、甘油及乙二醇的性质，以及与配制比例有关。冷却液的冰点与其成分比例关系如表 3-17 所列。

表 3-17　冷却液的冰点与其成分比例关系

冰点/℃	酒精—水	甘油—水	乙二醇—水
	酒精含量/%	甘油含量/%	乙二醇含量/%
-5	11.27	21	—
-10	19.54	32	28.4
-15	25.46	43	32.8
-20	30.65	51	38.5
-25	35.09	58	45.3
-30	40.56	64	47.8
-35	48.15	69	50.9
-40	55.11	73	54.7
-5	62.39	76	57.0
-50	70.06	—	59.0

酒精—水型冷却液的优点是流动性好、价格便宜、配制简单，缺点是酒精的沸点低（78.4℃）、蒸发损失大、易燃，蒸发后冰点升高了。该冷却液目前已被淘汰。甘油—水型冷却液的沸点高、蒸发损失小，甘油的冰点为－17℃，而与水混合后冰点更低，最低可达－46.5℃，因为甘油使冰点下降的效率低，不够经济，且甘油吸水性很强使保存密封要求很严等，也被淘汰。

乙二醇—水型冷却液因为具有冰点低、沸点高，在腐蚀抑制剂存在下能长期防腐防垢，其性能远优于水、乙醇和甘油型冷却液而被广泛使用。乙二醇是一种无色黏稠液体，能与水以一定比例混合，沸点为 197.4℃，相对密度为 1.113，冰点为－11.5℃，但与水混合后，其冰点可显著降低，最低可达－68℃。其缺点是乙二醇有毒，配制时需注意。乙二醇在使用中易氧化成酸性物质，对冷却系统有腐蚀作用。因此，在配制时必须加入一定量的防腐蚀添加剂。图 3-10 中的 G12 表示冷却液是乙二醇—水型，因其有毒所以染成粉红色。

2013 年 9 月 18 日，我国发布了《机动车发动机冷却液》（GB 29743—2013）标准，已于 2014 年 5 月 1 日实施。该标准规定了汽车和轻负荷发动机用乙二醇冷却液及其浓缩液的技术要求。乙二醇—水型冷却液按冰点分为-25 号、-30 号、-35 号、-40 号、-45 号和-50 号六种牌号,具有防腐、防冻、防沸及防垢等性能,属长效冷却液,一年四季通用。

目前还有一种环保型冷却液丙二醇冷却液,在热传导、冰点防护及橡胶相容性方面的性能毫不逊色,而在抗腐蚀、毒性及生物降解方面有乙二醇型冷却液无法比拟的优势。特别是无水型丙二醇冷却液,冰点低达-68℃,而沸点高达 187℃,具有名副其实的抗沸、抗冻性能,具备重负荷冷却液的性能特征。

中国于 2010 年发布了《乙二醇型和丙二醇型发动机冷却液》(NB/SH/T0521—2010)标准。该标准所属产品适用于轻负荷或重负荷内燃机冷却系统,包括乙二醇型轻负荷和重负荷、丙二醇型轻负荷和重负荷发动机冷却液四种类型。轻负荷发动机一般用于轿车、轻型货车、有篷货车、体育运动用车和农用拖拉机,草坪维护机械。重负荷发动机一般用于道路货车、公交车、土石运输车、牵引车和船舶等。每种类型又分为浓缩液和-25 号、-30 号、-35 号、-40 号、-45 号和-50 号六个不同牌号的冷却液。产品标志如下:

牌号　　乙二醇型/丙二醇型　　轻负荷/重负荷　　发动机冷却液

乙二醇型和丙二醇型发动机冷却液与冰点的对应关系如表 3-18 所列。

表 3-18　乙二醇型和丙二醇型发动机冷却液与冰点的对应关系

规格	浓缩液	-25 号	-30 号	-35 号	-40 号	-45 号	-50 号
冰点(℃)不高于	-37	-25	-30	-35	-40	-45	-50

3) 冷却液的选用

在选用冷却液时,选用冰点要比车辆运行地区的最低气温低 10℃左右。

关于乙二醇冷却液的最低和最高使用浓度,一般规定最低使用浓度为 33.3%(V/V),此时冰点不高于-18℃。低于此浓度时则冷却液的防腐蚀不够,最高使用浓度为 69%(V/V),此时冰点为-68℃,高于此浓度时则冰点反而会上升。全年使用冷却液的车辆其最低使用浓度以 50%(V/V)左右为宜。

除选好冷却液外,使用时应特别注意以下几点。

(1) 加注冷却液前应对发动机冷却系进行清洗,最简单的方法是打开散热器放水阀,用自来水从加水口冲洗。

(2) 冲洗后,加注冷却液,并检查冷却液的密度(在散热器加水口就可以)。

(3) 乙二醇—水型冷却液在使用中蒸发的一般是水,应及时添加适量的水。但时间长了以后(如每年入冬前)应检查冷却液的密度,如密度变小,就说明乙二醇含量不足,冰点高,应及时加充冷却液(或浓缩型冷却液)。

(4) 在使用乙二醇型冷却液时,应注意乙二醇有毒,切勿用口吸。

(5) 冷却液在使用一定时间后,应更换。因为使用过程中要消耗冷却液中的添加剂。一般规定 2~3 年,或按照冷却液使用说明执行。

(6) 不同牌号冷却液不可混用。

4. 动力转向传动液和减震器液压油

1) 常用的动力转向传动液及使用注意事项

(1) 常用品牌及规格。现代越来越多的轿车采用电动助力转向系统,省去了液压系统,结构简单、维护维修也方便,但一些大型 SUV 车辆还是采用液压助力转向系统(因为液压系统助的力大)，此类车型多选用 ATF 液力传动油或合成液力传动油作为动力转向液，这些油品的使用性能好，寿命也长。动力转向液的选择和更换，用户一般还是应根据汽车厂商的车辆维护手册中的规定进行。例如：丰田公司针对卡罗拉、花冠系列轿车的动力转向系统规定：每 1 万 km 检查转向液面，液体有无发白、起泡现象。奥迪售后服务规定：每行驶 4 万~6 万 km 需要清洗维护一次动力转向系统。若遇转向困难，系统渗漏，则在更换动力转向机有关配件后，还须清洗维护一次动力转向系统。

(2) 使用注意事项。

① 油液品质应符合规定。液压动力转向系统所使用的油液牌号，应符合原厂规定。油液应具备良好的黏温特性、耐磨性、抗氧化性和润滑性等性能，并无杂质和沉淀物等。

② 定期检查转向油罐的液面高度。结合维护周期检查转向油罐液面高度是否在规定刻线之间，不足时应添加，添加的油液要经过滤清，品种要与原油液相同。

③ 应适时换油。因液压动力转向系统的油液是在高温高压下工作的，易变质，所以要定期更换，一般一年更换一次，或按原厂规定进行更换。

④ 应及时排除系统内的空气。在转向系统加油时或转向系统混入空气时，需要将空气排出。排气的方法是先将油液加注到油罐规定的液面高度，然后启动发动机，在怠速状态下左、右打转向盘到极限位置(在极限位置停留不得超过 5s，以防油泵发热而被烧坏)，反复几次，并不断往油罐补充油液。同时，松开系统中的放气螺钉，直到油液充满整个系统，放气口没有气泡冒出，油罐内油面不再下降为止，最后拧紧放气螺钉即可。

2) 常用的减震器液压油及使用注意事项

(1) 常用品牌及规格。汽车减震器油一般是用深度精制的矿物油作为基础油料，再加入油性剂等功能添加剂调制而成的。例如：上海产的 190 型汽车减震器油，以深度精制的不同黏度的低凝点矿物油和合成油为基础油，加入各类质量稳定的能提高油品性能的添加剂配制而成，具有优良的抗剪切稳定性、低温性能、抗磨性和低蒸发性等性能，而且与橡胶等密封件有较好的配伍性，适用于各类中高级轿车、面包车、大型货车的减震器。该产品按黏度指数分为三个等级，用户可根据使用说明来选用。表 3-19 为 190 型汽车典型技术数据，选用时，可作为参考依据。

表 3-19 190 型汽车减震器油典型数据

项目	典型数据	试验方法
外观	黄色透明液体	目测
运动黏度(40℃)/(mm^2/s)	10.68	GB/T 265
黏度指数	132	GB/T 1995
闪点(开口)/℃	163	GB/T 3536
凝点/℃	−48	GB/T 510
腐蚀试验(100℃,3h,T2)级	1b	GB/T 5096

(2) 使用注意事项。应保持减震器密封良好，无渗漏现象，不要放置于严寒或温度超过 60℃的地方，要防止水分、机械杂质混入。

5. 汽车空调制冷剂

汽车制冷剂是空调装置的工作介质，通过压缩和膨胀蒸发吸收热量，从而产生制冷效应。

1）对汽车空调制冷剂的技术要求

（1）对人体无毒无害，泄漏时能发出使人觉察的气味。

（2）不易燃，不爆炸。

（3）蒸发潜热大，且易于液化。

（4）化学性质稳定，无腐蚀性，对金属零件、橡胶密封元件无侵蚀作用。

（5）与润滑油无亲和作用，可与冷冻机油以任意比例相容。

（6）有利于环境保护。

2）制冷剂的品种

目前我国车用制冷剂尚无专门的分类，从环保无公害的角度看，汽车空调制冷剂主要分为两类：一类是对大气臭氧层有破坏作用的 R-12（CFC-12），另一类是环保无公害的汽车制冷剂，主要有 R-134a（HFC-134a）。其中 R 是制冷剂（refrigerant）的第一个字母。

R-12 和 R-134a 制冷剂都是氟利昂（CFCs）制冷剂，各自的特性如下：

（1）R12 制冷剂是早期广泛使用的制冷剂，具有制冷能力强、化学性质稳定、与冷冻机油相容性好及安全性好等优点。但是研究表明，R-12 制冷剂的组成元素内含氯与大气中的臭氧（O_3）反应，导致大气中臭氧层被破坏，太阳紫外线辐射得不到节制，强度过高，对人类和生物带来危害，严重危害地球生态环境。

（2）R-134a 制冷剂是 R-12 制冷剂的替代产品，其分子组成中不含元素氯，是一种不破坏臭氧层的绿色环保的制冷剂。

在使用 R-12 制冷剂时应注意：制冷剂容器避免日光直射，火炉烘烤，以防意外；避免与人的皮肤直接接触，以防冻伤，尤其避免误入眼睛，以防造成失明；尽管 R-12 制冷剂是无毒或低毒，但与火焰接触时，会产生毒气；操作现场应通风良好。

在使用 R-134a 制冷剂时，除了要注意上述问题外，还应注意：干燥剂应用 XH-7，并增加用量；冷冻机油应用适于 R-134a 制冷剂的专用油；制冷系统密封材料应用专用材料。

在进行维修或加注制冷剂时，要特别注意绝对避免 R-12 与 R-134a 制冷剂混用。在使用新型制冷剂的汽车发动机和压缩机上必须以醒目的标记加以提示。新型空调系统的使用与维修也必须按照专门的操作规程操作。

我国有关部门对汽车空调制冷剂替代工作已有明确规定。到 2010 年以新的制冷剂 R-134a 全面淘汰 R-12 制冷剂，新的汽车空调装置制冷剂的加注接口采用不同规格的螺纹。新制冷剂空调装置及其配件应采用绿色标志。

虽说 R-134a 制冷剂使用了这么多年，但因其 GWP（全球变暖的潜能值）高达 1400，在越来越严格的环境保护法规的约束下，最终会成为历史，被新型制冷剂，如 R1234yf、R744（CO_2）制冷剂所取代。欧盟委员会决定自 2017 年 1 月 1 日起不再允许采用 R-134a 制冷剂的车辆上市销售。例如：目前最新的第五代奥迪 A8 轿车已采用 R744（CO_2）制冷剂来取代 R-134a 制冷剂。

（七）汽车轮胎

轮胎是汽车行驶系统的主要组成部分之一。轮胎的合理使用，关系到汽车安全、能源节约和运输成本的降低。轮胎的技术状况可使汽车油耗在 10%～15%范围内变化，轮胎费用约占汽车运输成本的 10%以上。

1. 轮胎的分类及规格

1）轮胎的分类

轮胎按用途可分为轿车轮胎、货车轮胎、大客车轮胎和越野汽车轮胎，按胎体结构可分为实心轮胎、充气轮胎和特种轮胎。

现代汽车广泛采用充气轮胎，按不同的分类方法，有很多类型。

（1）按照结构不同，可分为有内胎轮胎和无内胎轮胎。

（2）按充气压力的大小可分为高压胎（气压为0.5~0.7 MPa），低压胎（气压为0.2~0.5MPa）和超低压胎（气压为0.2MPa以下）。目前，轿车、载货汽车多采用低压胎，因为低压胎弹性好、断面宽，与道路接触面大，壁薄而散热性良好。这些特点可提高汽车行驶平顺性和操纵稳定性。此外，还可以延长轮胎和道路的使用寿命。超低压胎适用于在坏路条件下行驶的越野汽车，能提高汽车的通过性。

（3）按照胎面花纹可分为普通花纹轮胎、混合花纹轮胎和越野花纹轮胎。

（4）按照胎体中帘线排列方向，可分为普通斜交轮胎和子午线轮胎。

子午线轮胎结构如图3-11所示。子午线轮胎由帘布层、带束层、胎冠、胎肩和胎圈组成，并以带束层箍紧胎体。胎体帘布层帘线相对胎面中心线呈垂直方向排列，即90°角（或接近90°角）。它的结构特点：胎冠角为0°，这种帘线排列方向与受力方向一致，使帘线强度能得到充分利用，帘布层数比普通斜交轮胎减少40%~50%；设有带束层，带束层的帘线与胎面中心线交角很小，一般在20°以内，对帘布起箍紧约束作用，并使胎面强度显著提高。

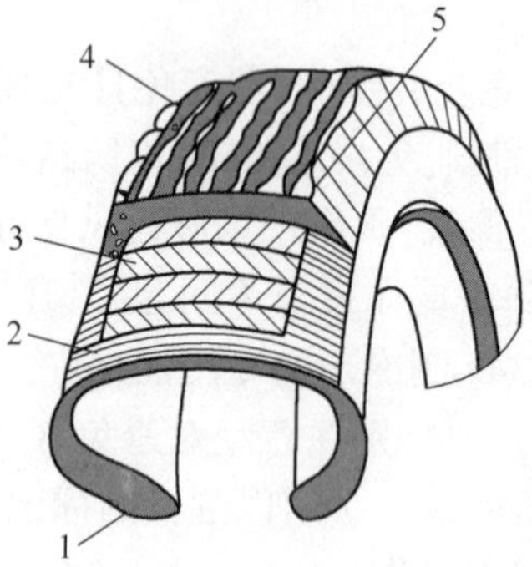

1—胎圈；2—帘布层；3—带束层；4—胎冠；5—胎肩。

图3-11　子午线轮胎结构

子午线轮胎和普通斜交轮胎骨架的区别如图3-12所示。

子午线轮胎与普通斜交轮胎相比，子午线轮胎的优点如下：

（1）使用寿命长。子午线轮胎耐磨性好，比普通斜交轮胎使用寿命可延长30%~50%。

（2）滚动阻力小，节约燃料。由于胎冠具有强度较高的带束层，胎面的刚性大，轮胎滚动时弹性变形小，波动阻力比普通斜交轮胎可减小25%~30%，油耗可降低8%左右。

（3）承载能力大。由于子午线轮胎的帘线强度能得到充分利用，故承载能力大，比普通斜交轮胎提高约为14%。

（4）缓冲能力强，附着性能好。由于胎侧部分比较柔软，胎体弹性好，能吸收冲击能量，故缓冲能力强。附着性好是由于轮胎接地面积大、胎面滑移小的缘故。

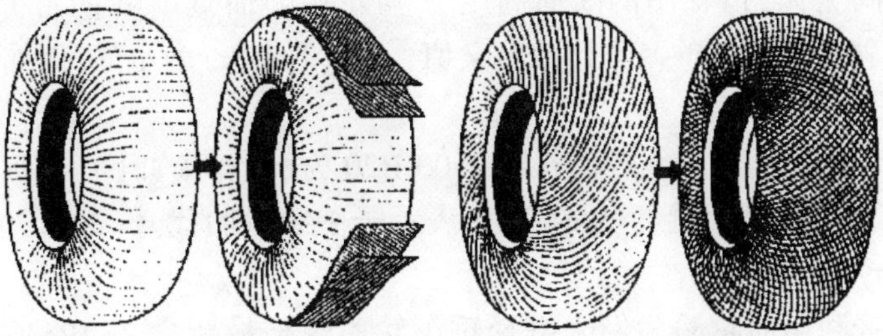

（a）子午线轮胎　　（b）普通斜交轮胎

图 3-12　子午线轮胎和普通斜交轮胎骨架的区别

子午线轮胎的缺点：胎侧易裂口、制造技术要求高、成本高、翻新困难。

由于子午线轮胎的综合性能明显优越于普通斜交轮胎，因此，其应用越来越广泛。

2）轮胎的规格及其表示方法

轮胎的主要尺寸（图 3-13）是轮胎断面宽度 B、轮辋名义直径 d、轮胎断面高度 H、胎外直径 D、负荷下静半径、滚动半径和高宽比等。

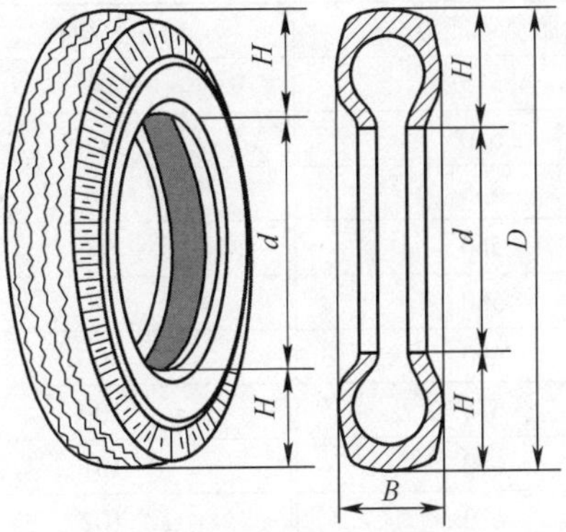

图 3-13　轮胎的主要尺寸

（1）轮胎面宽度 B，指轮胎按规定气压充气后，轮胎外侧面间的距离。

（2）轮辋名义直径 d，指轮辋规格中直径大小的代号，与轮胎规格中相对应的直径一致。

（3）轮胎断面高度 H，指轮胎按规定气压充气后，轮胎外直径与轮辋名义直径之差的一半。

（4）轮胎外直径 D，指轮胎按规定气压充气后，在无负荷状态下胎面最外表的直径。

（5）负荷下静半径，指轮胎在静止状态下只承受法向负荷作用时，由轮轴中心到支承平面的垂直距离。

（6）轮胎滚动半径，指车轮旋转运动与平移运动的折算半径。滚动半径 r 按下式计算：

$$r = \frac{S}{2\pi n_w}$$

式中　S——车轮移动的距离（mm）；

n_w——车轮转过的圈数。

（7）轮胎的高宽比，指轮胎的断面高度 H 与轮胎断面宽度 B 的百分比，表示为 H/B（%）。轮胎系列就是用轮胎的高宽比的名义值大小（不带%）表示的，例如："80"系列"75"系列和"70"系列等。

以载货汽车普通断面子午线轮胎符号 9.00 R20 为例，解释如下：

9.00 表示轮胎名义断面宽度（9in①），R 表示子午线轮胎代号（radial 缩写），20 表示轮辋名义直径（20in）。

以丰田花冠普利司通轮胎为例来解释轿车轮胎规格最新含义：195/60 R15 88H，其中 195 表示轮胎名义断面宽度（195mm），60 表示轮胎系列（高宽比），R 表示子午线轮胎代号，15 表示轮辋名义直径（15in），88 表示负荷指数（最大承载质量为 530kg），H 表示速度级别（最高行驶速度为 210km/h）。

轮胎负荷指数是指在规定条件（轮胎最高速度、最大充气压等）下轮胎负荷能力的数字符号。轮胎负荷指数用 LI 表示，轮胎负荷能力用 TLCC 表示。轮胎负荷指数目前有 0，1，2，…，279 共 280 个，表 3-20 摘录了一部分轮胎负荷指数（LI）与轮胎负荷能力（TLCC）的对应关系。

表 3-20　轮胎负荷指数（LI）与轮胎负荷能力（TLCC）的对应关系

轮胎负荷指数	轮胎负荷能力/kg	轮胎负荷指数	轮胎负荷能力/kg
85	515	94	670
86	530	95	690
87	545	96	710
88	560	97	730
89	580	98	750
90	600	99	775
91	615	100	800
92	630	101	825
93	650	102	850

轮胎的速度级别是指将轮胎最高速度（km/h）分为若干级，用字母表示。我国轿车轮胎的速度级别符号及对应的最高行驶速度如表 3-21 所列。

表 3-21　速度符号标志

速度标志	速度/（km/h）	速度标志	速度/（km/h）	速度标志	速度/（km/h）	速度标志	速度/（km/h）
A1	5	B	50	L	120	U	200
A2	10	C	60	M	130	H	210
A3	15	D	65	N	140	V	240
A4	20	E	70	P	150	W	270
A5	25	F	80	Q	160	Y	300
A6	30	G	90	R	170	Z	300 以上
A7	35	J	100	S	180		
A8	40	K	110	T	190		

① 1in≈2.54cm。

（8）轮胎的生产日期。轮胎的生产日期由四位数字“AABB”组成，其中“AA”表示一年中的第几周，“BB”表示年份，如图 3-14 所示的轮胎生产日期为 2014 年第 15 周。

图 3-14　轮胎的生产日期

（9）轮胎上的其他标记。在图 3-15 中圆圈部分的三角形标记，对应轮胎上黄色箭头所示的凸台，这些是轮胎的磨损标志。当轮胎磨损接近该标志时，需要对轮胎进行更换。凸台和三角尖所对应的高度均为 1.6mm，即轮胎磨损极限为 1.6mm，这是轿车轮胎的磨损极限。

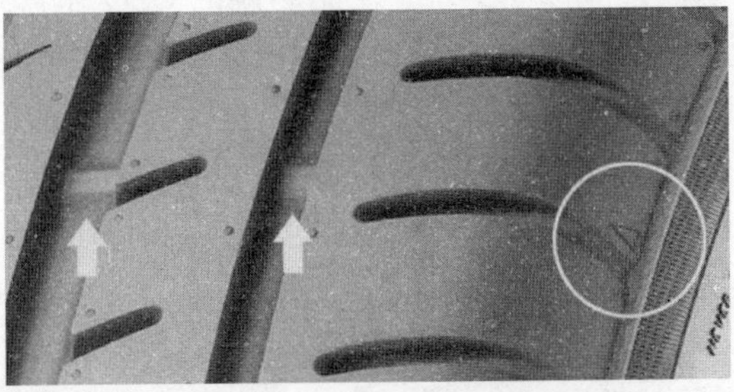

图 3-15　轮胎磨损标记

如果轮胎上出现 M+S+雪花标记，表示这是冬季用轮胎，其磨损极限为 4mm，如图 3-16 所示。

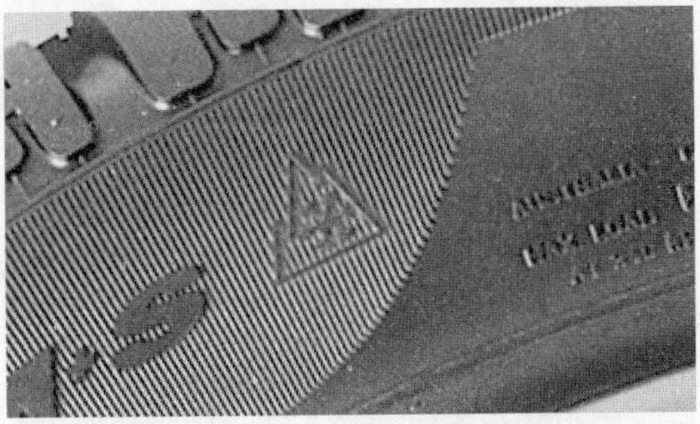

图 3-16　冬季轮胎标记

在轿车轮胎的胎侧还可以看到 3T 标识。3T 是指 treadwear（耐磨指数）、traction（牵引性能)和 temperature(温度级别)这三种标识。如图 3-17 所示,TREADWEAR 300 表示轮胎的耐磨指数为 300,耐磨指数反映轮胎耐磨程度,数值越大越耐磨,而且橡胶越硬,舒适度越差;反之数值越小,则耐磨度越低,橡胶越软,舒适度越好,一般耐磨指数在 280~320 是比较适中的。TRACTION 中 A 表示抓地力,A 级证明抓地力比较强。抓地力从高到底依次是 AA、A、B、C 四级。TEMPERATURE 中 A 表示轮胎的温度级别,A 级表示轮胎耐高温的级数比较高。轿车轮胎的温度级别由高到低依次是 A、B、C。

图 3-17　轮胎上的 3T 和 CCC 标识

除了要注意 3T 标识外,还应该注意轿车轮胎胎侧的 CCC 标志,如图 3-17 中所示。如果没有这个标识,那么意味着没有获得国家的强制认证,不适合国内路况,尤其是购买进口轿车轮胎的时候应该特别注意这个标识。否则,会严重影响车辆的正常使用。

有的轮胎侧面有环保标识,如图 3-18 所示,从左到右的标志分别表示节油、低排放、寿命长和低噪声。

图 3-18　轮胎上的环保标志

如果是非对称轮胎则要求正确安装的方向,才能提供最佳性能。通常用"outside"或"inside"来标识,"outside"表示外侧"inside"表示内侧,如图 3-19 所示。

有些品牌的轮胎采用单一方向旋转的轮胎,称为单向胎,通常在轮胎的侧壁上用箭头来进行标注,如图 3-20 所示。图中箭头方向应与车辆前进时轮胎的旋转方向一致,由此可确保轮胎具有防止出现滑水现象、提高附着能力、减少行驶噪声和延长耐磨寿命等方面最佳的行驶性能。如果逆规定的转动方向安装某个轮胎,则务必谨慎驾驶,因为此轮胎不能再按规定使用,尤其在湿滑的道路上行驶要格外注意,必须尽快更换此轮胎,或按正确的转动方向安装此轮胎。

图 3-19　轮胎上的内外标识

图 3-20　轮胎上的旋向标识

(10) 备胎。汽车的备胎分为全尺寸和非全尺寸两种,各自的特点如下:

如图 3-21 所示为非全尺寸备胎,能节省行李箱空间,减轻重量,但是不能高速长距离行驶(小于等于 200km),最高车速 80km/h(50 mph),胎压也较高,如德系轿车胎压高达 4.2 bar。全尺寸备胎如图 3-22 所示,它的大小性能和正常车轮一样,能随时替换损坏的轮胎,但是占有空间大,重量也大。

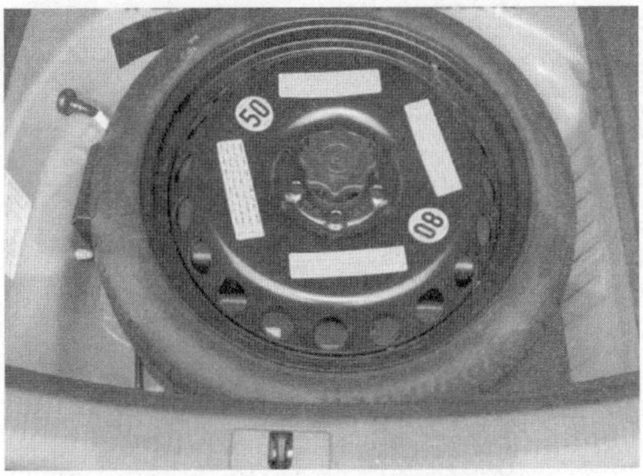

图 3-21　非全尺寸备胎

图 3-22　全尺寸备胎

2. 轮胎的使用与维护

1) 影响轮胎的使用寿命的因素

轮胎气压、轮胎负荷、汽车行驶速度、气温、道路条件、汽车技术状况、驾驶方法、维修质量和管理水平等因素对轮胎使用寿命影响很大。

(1) 轮胎气压的影响。“气压是轮胎的生命”,轮胎气压不同,所承受的负荷就不同。轮胎气压偏离标准是轮胎早期损坏的主要原因,尤以气压不足对轮胎的危害最大。

轮胎气压越低,胎侧变形越大,使胎体帘线产生较大的交变应力。由于帘线能承受较大的伸张变形,而承受压缩变形的能力较差,故周期性的压缩变形会加速帘线的疲劳破坏。轮胎以低压状态滚动时,除增大胎体的应力外,还因摩擦加剧而使轮胎温度升高,降低了橡胶和帘线的抗拉强度。试验表明,轮胎气压降低 20%,轮胎使用寿命降低 15%以上。

当轮胎气压过高时,造成轮胎接地面积小,增大了单位面积上的负荷,同时轮胎弹性小,因胎体帘线过于伸张，应力增大，由此造成胎冠磨损增加。例如：汽车在不良路面上行驶时，由于车轮承受的动负荷大，则易使胎面剥离或爆胎。气压过高对轮胎的磨损强度虽比气压不足时要小，但爆裂的可能性却增大了。

常用气压单位换算公式如下：

1kg（压力）= 1 bar = 101325Pa（1 个大气压）= $1kg/cm^2$ = 0.1 MPa = 10^{-4}GPa = 10^5Pa = 14.5 psi

1 psi = 6.895kPa，式中：psi，即 pounds per square inch（$1b/in^2$）。例如：丰田威驰轿车前轮胎标准气压是 2.3 bar，后轮胎是 2.1 bar。

（2）轮胎负荷的影响。轮胎所承受的最大负荷，设计时已经限定。超载时，外胎损坏特点与气压低时类似，胎侧弯曲变形大。但轮胎超载时受力和变形状态比气压低时更恶化，轮胎的损坏就更加严重。

（3）汽车行驶速度和气温的影响。汽车行驶速度过高，轮胎使用寿命缩短。原因是高速行驶时轮胎面与路面摩擦频繁，滑移量大，使胎体温度升高，导致轮胎气压增高；汽车高速行驶时，动负荷大，会造成轮胎的损伤。

气温对轮胎使用寿命的影响也很大，尤其在气温和车速均高时，轮胎使用寿命会明显缩短。其根本原因都是造成了轮胎气压急剧升高。

（4）道路条件的影响。影响轮胎使用寿命的道路因素主要是路面材料和平坦度。它们关系到摩擦力和动负荷的大小，影响轮胎的使用寿命。

（5）汽车技术状况的影响。汽车底盘（尤其是行驶系统）的技术状况不良，会造成轮胎的异常磨损。例如：轮辋变形、轮毂轴承松垮、车轮不平衡，会造成轮胎磨损成多边形或波浪形，轮辋偏心、轮毂与转向节轴偏心会造成轮胎一侧局部磨损等。

（6）驾驶方法的影响。轮胎的使用寿命与汽车驾驶方法紧密相关，例如：起步过猛使驱动轮上的负荷骤然增加，轮胎与地面发生强烈的摩擦，并易发生滑转现象，增加轮胎磨损。紧急制动时，轮胎由滚动变为滑移，局部胎面受到剧烈摩擦产生高温，使胎面胶软化而加剧磨损。同时，在缓冲层和帘布层中产生较大的剪切应力，会使胎面花纹发生崩裂，胎面胶脱或胎体脱层。转弯过急，使车轮侧向滑移，增加胎面磨损，并使胎侧过度变形，在胎圈部位产生很大应力，可使胎圈破裂、胎体脱层，甚至爆破。行驶中轮胎碰撞障碍物，使轮胎受到强烈冲击，引起过度变形，损坏帘布层。

（7）轮胎维护质量的影响。不认真执行轮胎强制维护的原则，就不能保持轮胎的良好技术状况，也会影响轮胎的使用寿命。

（8）轮胎管理技术的影响。不执行轮胎装运技术要求，轮胎保管条件不良或方法不当，也将引起轮胎早期损坏。轮胎与矿物油、酸类物质和化学药品接触，会使橡胶、帘布层遭受腐蚀。保管期间受阳光照射，室温过度或空气过分干燥，会加速轮胎老化；空气中水分过多，轮胎受潮，会使帘布层霉烂变质。

2）汽车轮胎的正确使用

轮胎的合理使用是延长使用寿命的根本途径，使用中应注意以下事项。

（1）保持轮胎气压正常。

（2）防止轮胎超载。

（3）合理搭配轮胎。合理搭配轮胎的目的是使整个汽车上的几条轮胎尽量磨损一致，使其同等寿命。搭配轮胎的原则：装用新轮胎时，同一车轴上装配同一规格、结构、层级和花纹的轮胎;货车双胎并装的后轮,还需加上同一品牌。装用成色不同的轮胎时,前轮尽量使用最好的轮胎,备用轮胎使用较好的轮胎,直径较大的轮胎应该装在双胎并装的后轮外挡,翻新轮胎不得用于转向轮。

(4) 精心驾驶车辆。驾驶操作要领:起步平稳,避免轮胎滑转;均匀加速,中速行驶,避免急加速和急减速;选择路面,避免在不良路面上行驶;转弯减速,避免高速转弯引起的轮胎横向滑移;以滑代制,避免紧急制动造成的轮胎拖磨。

(5) 保持良好的底盘技术状况。轮胎的异常磨损与底盘技术状况有关,如前轮定位中的前轮外倾与前轮前束配合不当、轮毂轴承松垮、转向传动机构间隙过大、车轮不平衡、轮辋变形、悬架与车架变形或制动技术状况不良等。

前轮外倾与前轮前束配合不当将产生侧向力,使轮胎横向滑移而引起磨损。

轮毂轴承松旷、转向传动机构间隙过大、车轮不平衡、轮辋变形等,会使汽车行驶中轮胎发生纵向地跳动或横向地摆动,使车轮非正常磨损加剧。

悬架与车架变形,将使车轮定位发生变化,使车轮着地位置发生变化或产生侧向力,引起轮胎的磨损。

当车轮制动器调整不当,各轮制动力不均匀或制动力不易解除,造成胎面磨损加剧。

(6) 做好日常维护。日常维护包括出车前、行车中和收车后的检视。其主要是检视轮胎气压是否符合规定;检查轮胎螺母有无松动;清理轮胎夹石和有无不正常的磨损和损伤,并及时消除造成不正常磨损和损伤的因素。检查轮胎的重要性如图 3-23 所示。

(7) 备胎使用。

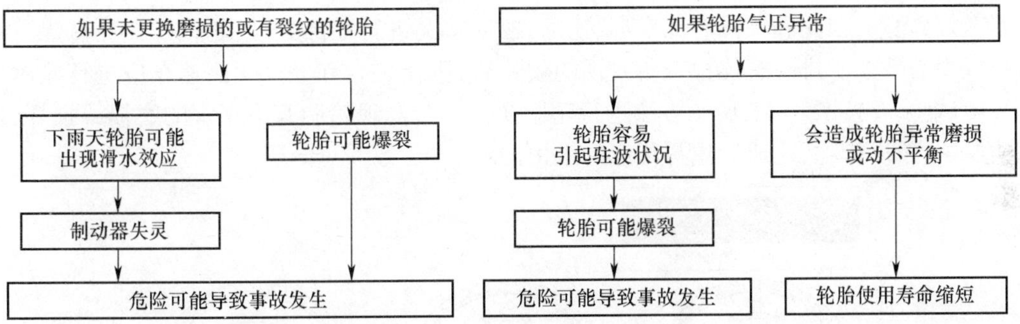

图 3-23 检查轮胎的重要性

3) 汽车轮胎的维护

(1) 一级维护。检查轮胎螺母是否紧闭,气门嘴是否漏气,气门帽是否齐全,如发现损坏立即修理补齐。挖出夹石和花纹中的石子、杂物。检查轮胎气压,按标准补足,如果轮胎气压不正常,则会导致形成如图 3-24 所示的轮胎异常磨损结果。检查轮胎有无与其他机件刮碰现象,备胎架是否完好、紧固,如不符合要求应予排除,完成上述操作后应填写维护记录。

(2) 二级维护。除执行一级维护的各项作业外,还应拆卸轮胎,按轮胎标准测量胎面花纹磨耗、周长及断面宽的变化,作为换位和拆卸的依据。轮胎解体检查:胎冠、胎肩、胎侧及轮胎内有无内伤、脱层、起鼓和变形等现象,内胎、垫带有无咬伤、折皱现象,气门嘴、气门芯

轮胎磨损指示		
车辆类型	普通	高速公路
客车	1.6mm	1.6mm
小型货车	1.6mm	2.4mm
货车型公共汽车	1.6mm	3.2mm

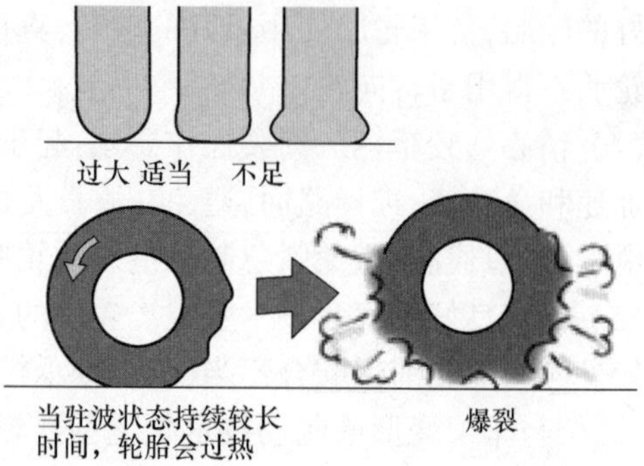

为何轮胎异常地磨损

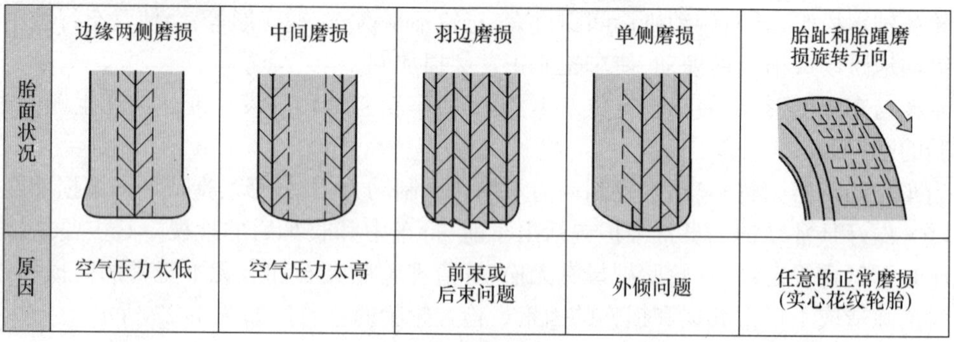

图 3-24　轮胎磨损指示

是否充好，轮辋、挡圈和锁圈有无变形、锈蚀，根据情况进行涂漆处理，轮辋螺栓孔有无过度磨损或损裂现象。排除解体检查所发现的故障后，进行装合和充气。高速车应进行轮胎的动平衡试验，并按图 3-25 所示方法进行轮胎换位。若发现轮胎有不正常的磨损或损坏，应查明原因，予以排除，完成后填写相应的维护记录。

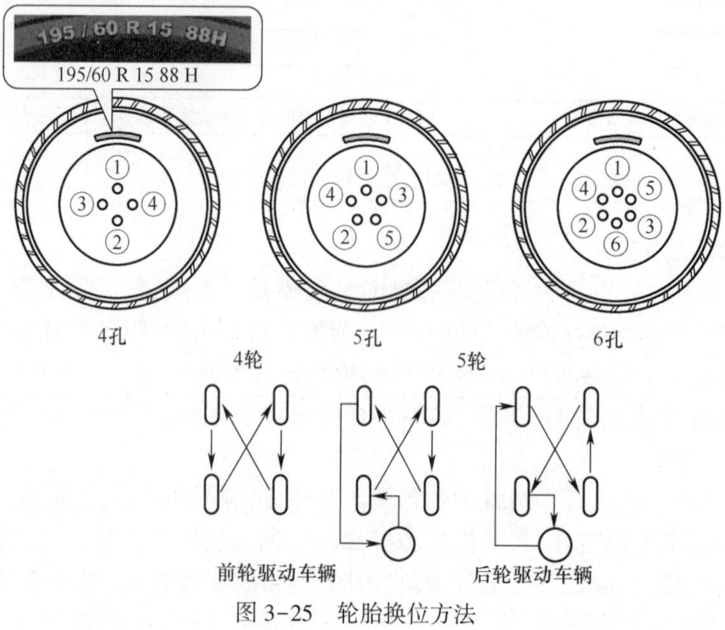

图 3-25　轮胎换位方法

注意:在拆卸或紧固轮毂螺母时应按如图 3-25 指定的对角交叉顺序进行,因为有必要均匀地进行紧固或拆卸。

(八) 车用蓄电池

蓄电池是一种将化学能转变为电能的装置,在发动机启动时向起动机供给 200~600A 起动电流(柴油机达 1000A),同时向点火系统供电。在发电机不发电或电压较低时可向用电设备供电;发电机超载时,蓄电池协助发电机供电。当发电机端电压高于蓄电池电压时,将发电机的电能转变为蓄电池的化学能储存起来。蓄电池还可吸收发电机的过电压,保护车用电子元件,同时也是 ECU 内存的不间断电源。

1. 正确使用

启动汽车时每次启动时间不超过 3s,再次启动间隔不少于 15s,避免长时间连续使用启动发动机。汽车运行过程中应注意充电系统是否工作正常。避免在发动机熄火状态下长时间使用音响等用电设备。长期不用的汽车,每隔 25 天左右应将汽车发动起来,控制发动机以中等转速运转 20min 左右对蓄电池充电,避免因停驶时间过长,蓄电池亏电导致汽车无法启动。将蓄电池从汽车上拆下时,应先拆负极再拆正极,装时与此相反。不要随便给汽车更换比原蓄电池容量大的蓄电池,因为汽车上的发电机发电量是固定的,发电量不会增大,如果换了容量大的蓄电池,会使新蓄电池充不足电,蓄电池长期亏电会损坏得更快。应注意保持蓄电池清洁和牢靠。

2. 电极螺栓连接的注意事项

如果未正确固定蓄电池,可能导致其损坏,因为使用中的振荡损伤会缩短蓄电池的使用寿命,并存在爆炸危险。如果蓄电池电极接线端未正确插入并拧紧,就可能导致烧坏线路,造成严重的电气设备故障,从而无法确保汽车的安全运行。检查蓄电池安装是否牢固,必须用手晃动电极连接端,必要时以规定的拧紧力矩紧固螺栓。

只允许用手插上蓄电池电极连接端,且不能用力过度;蓄电池电极上不能有油脂;在安装蓄电池电极接线端后,蓄电池电极应与接线端平齐或者从接线端中露出电极。用规定的拧紧力矩拧紧蓄电池接线端后不允许对此螺栓连接再拧紧。

3. 静态电压低的原因

蓄电池静态电压与充电程度和蓄电池状态的关系如表 3-22 所列。造成蓄电池静态电压过低的原因可能有驾驶习惯(如经常短距离驾驶车辆,频繁启动发动机),或长期停放没有断开蓄电池连接造成蓄电池过度放电,或车辆本身存在隐秘的耗电器,造成静态放电电流过大或者是蓄电池本身损坏等。

表 3-22　蓄电池静态电压与充电程度关系

静态电压/V	充电程度	蓄电池状态
11.70	0%	放电,已用尽所有电量
12.20	50%	逐渐形成固体状的硫酸盐晶体,硫酸盐晶体只能通过较多的能量供给才能再次溶解。同时活化的块状物迅速膨胀,产生裂纹,并由此导致正极栅格腐蚀加剧
12.35	65%	对于带指示孔的蓄电池,显示会从绿色变成黑色;对于新车或库存车,应给蓄电池充电
12.70	100%	全电量

4. 电眼颜色含义

目前汽车上普遍用免维护蓄电池。该类电池与传统蓄电池相比,具有无需添加任何液体,对接线桩头、电线和车身腐蚀轻,抗过充电能力强,启动电流大,电量储存时间长等优点。免维护蓄电池虽然称为“免维护”,但也并非完全可以放任不管。厂商建议每 3 万 km 检查一次蓄电池,每 8 万 km 进行一次维护。免维护蓄电池上一般装有温度补偿型密度计,可以指示蓄电池的存放电状态和电解液液位的高度,密度计的指示孔俗称为电眼,如图 3-26 所示。当电眼呈现绿色时,表明充电已足,蓄电池正常;当电眼呈现绿色很少或为黑色,表明蓄电池必须充电;当电眼呈现淡黄色或无色,表明蓄电池已报废,需要进行更换。

注意:严禁检测或者充电淡黄色显示的蓄电池。严禁进行辅助启动! 在进行检测、充电或辅助启动时存在爆炸危险,因此必须更换此类蓄电池。有些蓄电池指示孔的颜色含义是不同的,如蓝色表示电量充足,黑色表示必须充电,白色表示报废,因此具体颜色看说明。另外,当蓄电池使用超过 5 年或指示孔颜色消失时,需要更换蓄电池。

图 3-26　蓄电池密度计指示孔颜色

对于普通干荷式蓄电池而言,应保持电解液的液位在规定刻度线范围。日常行车中应经常检查盖上的小孔是否通气,若蓄电池盖小孔被堵,产生的氢气和氧气排不出去,电解液膨胀时,则会把蓄电池外壳撑破,壳体受损可能会导致电解液流出。流出的蓄电池电解液可能会对车辆造成严重损坏,应迅速用电解液中和剂或肥皂液处理电解液接触到的所有部件。

5. 蓄电池识别码

我国国家标准蓄电池,以型号为 6-QW-54a 的蓄电池为例,说明如下:

(1) 6 表示由 6 个单格电池组成,每个单格电池电压为 2V,即额定电压为 12V。

(2) Q 为汽车启动用蓄电池,M 为摩托车用蓄电池,JC 为船舶用蓄电池,HK 为航空用蓄电池,D 表示电动车用蓄电池,F 表示阀控型蓄电池。

(3) W 表示蓄电池的类型,A 表示干荷型蓄电池,W 表示免维护型蓄电池,若不标,则表示普通型蓄电池。

(4) 54 表示蓄电池的额定容量为 54Ah(充足电的蓄电池,以 54A 的电流放电,可以连续放电 1h)。

(5) 角标 a 表示对原产品的第一次改进,名称后加角标 b 表示第二次改进,依次类推。注:①型号后加 D 表示低温启动性能好,如 6-QA-54D。②型号后加 HD 表示高抗振型。

对于日本 JIS 标准的蓄电池而言,其上有识别码,如“34B19R”。具体含义如下:34 表示蓄电池的容量参数,数字越大,表示蓄电池可以存储的电量就越多;B 表示蓄电池的宽度和高度代号,蓄电池的宽度和高度组合是由 8 个字母(A~H) 中的一个表示的,字符越接近 H,表示蓄电池的宽度和高度值越大;19 表示蓄电池的长度约为 19 cm;R 表示正极端子的位置,从远离蓄电池极柱看过去,正极端子在右端的标 R,正极端子在左端的标 L。

对于德国 DIN 标准的蓄电池而言,其上有识别码,如“55414MF”。具体含义如下:

554 含义:开头 5 表示蓄电池额定容量在 100Ah 以下,开头 6 表示蓄电池额定容量在 100Ah 与 200Ah 之间,开头 7 表示蓄电池额定容量在 200Ah 以上。554 34 蓄电池额定容量为 44Ah,610 17 蓄电池额定容量为 110Ah,700 27 蓄电池额定容量为 200Ah。

14 表示蓄电池尺寸组号。不同蓄电池型号最大外形尺寸如表 3-23 所列。

MF 表示免维护型。

表 3-23　不同型号蓄电池外形尺寸

蓄电池型号	最大外形尺寸/mm		
	长度	宽度	高度
544 34	210	175	190
554 14	293	175	175
610 17	513	189	223
700 27	518	291	242

对于美国 BCI 标准的蓄电池而言,其上有识别码,如“58430(12V 430A 80min)”。具体含义如下:

58 表示蓄电池尺寸组号,430 表示冷启动电流为 430A,80min 表示蓄电池的储备容量。美国标准的蓄电池还可以这样表示:78-600,其中 78 表示蓄电池尺寸组号,600 表示冷启动电流为 600A。

在给蓄电池充电的过程中如果发现以下情况,请立即停止充电:蓄电池充电中电压和比重没有变化;没有产生气体,并且温度急速上升。

6. AGM 蓄电池

AGM 蓄电池是指隔板采用的是超细玻璃棉材料的蓄电池,多用于带自动启停功能的车辆。当今车辆的电气设备因日益增长的能量需求,所以要求蓄电池提供更强大的电力,即使车辆停止不动,能量消耗也是巨大的,AGM 蓄电池就满足了这种需求。AGM 蓄电池是密封的,电池盖上有排气阀,属于免维护蓄电池,但它没有电眼,需要用专用的蓄电池检测仪来检测电压、容量、温度和状态等参数。与普通蓄电池相比,AGM 蓄电池价格较高,但具有以下优点。

(1) 循环充电能力比铅酸蓄电池高 3 倍,具有更长的使用寿命。

(2) 在整个使用寿命周期内具有更高的电容量稳定性。

(3) 低温启动更加可靠。

(4) 降低事故风险,减少环境污染风险(由于酸液 100%密封装)。

7. 蓄电池辅助启动

当利用蓄电池进行辅助启动时,如图 3-27 所示,操作步骤如下:

(1) 关闭两车点火开关。

(2) 将红色电缆的一端连接到缺电蓄电池 A 汽车的正极接线柱上。

(3) 将红色电缆的另一端连接到供电蓄电池 B 的正极接线柱上。

(4) 将黑色电缆的一端连接到供电蓄电池 B 的负极接线柱上。

(5) 将黑色电缆的另一端连接到缺电蓄电池 A 汽车的合适接地点上。例如:可连接到发动机缸体上或与发动机缸体牢固连接的实心金属部件上,连接点必须尽可能远离汽车蓄电池。

(6) 妥善安置跨接电缆,注意勿使电缆与发动机舱内的运动部件接触。

(7) 启动供电蓄电池汽车的发动机,中速运转。

(8) 启动缺电蓄电池汽车的发动机,等 1~2min,直至发动机平稳运转。

(9) 发动机运转状态下,按上述相反顺序拆卸跨接电缆。

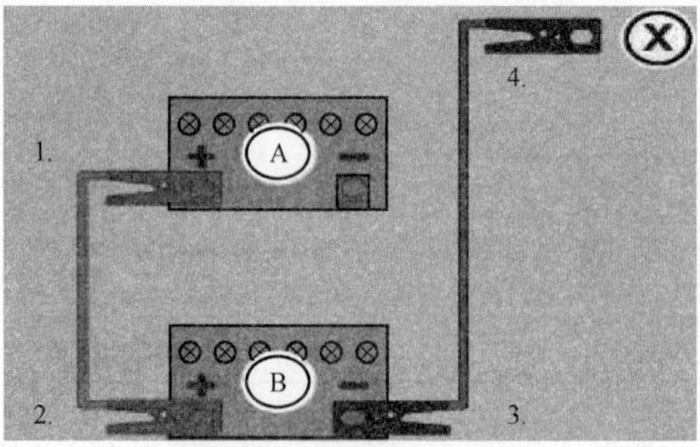

Ⓐ—缺电蓄电池;Ⓑ—充电蓄电池。

图 3-27　蓄电池辅助启动

四、自我测试题

(一) 判断题

1. 汽油的抗爆性在很大程度上取决于碳氢燃料的结构。其中,闭链结构比开链结构燃料的抗爆性强,饱和结构比不饱和结构燃料的抗爆性强。(　　)

2. 按汽车的压缩比选用汽油牌号,以汽油机在正常条件下运行不发生爆燃为原则。(　　)

3. 评定柴油机燃烧性的指标是十六烷值,十六烷值低的柴油,柴油机工作柔和。(　　)

4. 机油的黏度指数越高,黏温特性越差。(　　)

5. 机油牌号中第一个字母 S 表示汽油机机油,D 表示柴油机机油。(　　)

6. 对于多级油来讲,其代表冬季用部分的数字越小,代表夏季部分的数字越大,说明其黏温特性越好。(　　)

7. 保持正常油位,常检查,勤加油。正常油位应位于油尺的满刻度标志和 1/2 刻度标志之间,不可过多或过少。(　　)

8. 使用润滑脂的缺点是冷却作用差、启动摩擦力矩大及不能起到密封作用。(　　)

9. 锥入度值越大,稠度越大;反之,稠度越小。(　　)

10. 不要采用“满毂润滑”，即把润滑脂添满整个轮毂内腔，这样不科学，又浪费。 ( )

11. 制动液沸点如果太低，易使制动系统管路产生气阻，导致制动失效。 ( )

12. 在选用冷却液时，选用冰点要比车辆运行地区的最低气温低 20 ℃左右。 ( )

13. 在使用乙二醇型冷却液时，应注意乙二醇有毒，切勿用口吸。 ( )

14. 动力转向油可以替代制动液来使用。 ( )

15. 轿车、载货汽车多采用低压胎，高压胎适用于坏路条件下行驶的越野汽车。( )

（二）单项选择题

1. 关于汽油下列说法错误的是( )

A. 汽车所用的燃料都是由石油经现代提炼技术加工而成。

B. 抗爆性表示汽油在气缸中燃烧时防止爆燃的能力。

C. 汽油中加锰是为了提高抗爆性。

D. 用辛烷值较低的汽油代替辛烷值较高的汽油时，应适当提前点火。

2. 关于柴油下列说法错误的是( )

A. 柴油的燃烧性主要是抗粗爆的能力。

B. 评定柴油雾化和蒸发性的主要指标是运动黏度、馏程、闪点和密度。

C. 闪点高，说明柴油中轻质馏分多，蒸发性好。

D. 柴油的安定性不好就会氧化结胶，在燃烧室内生成积炭、胶状沉积物。

3. 关于机油下列说法错误的是( )

A. 能抑制积炭、漆膜和油泥生成或将这些沉积物清除的性能称为机油的清净分散性。

B. 我国发动机润滑油采用 API 使用性能分类法和 SAE 黏度分类法。

C. 机油在规定条件下冷却时，能够流动的最低温度，称为机油的倾点。

D. 多级油代表冬季用部分的数字越大，代表夏季部分的数字越小，说明黏温特性越好。

4. 常用馏程来评价汽油的挥发性，错误的是( )

A. 10%蒸发温度。 B. 50%蒸发温度。

C. 75%蒸发温度。 D. 90%蒸发温度。

5. 下列哪一项不是评定柴油雾化和蒸发性的主要指标( )

A. 十六烷值。 B. 馏程。

C. 闪点。 D. 运动黏度。

6. 关于车辆齿轮油下列说法错误的是( )

A. 车辆齿轮油是指汽车驱动桥、变速器、转向器等齿轮传动机构用的润滑油。

B. 有些齿轮传动所承受的压力高达 2.5~4.0 GPa，要求齿轮油具有良好的极压抗磨性。

C. 齿轮油在低温下应能保持必要的流动性。

D. 汽车齿轮油的工作温度变化范围很大，因此应具有良好的黏温特性。

7. 关于润滑脂的使用特点下列说法错误的是( )

A. 与相似黏度的润滑油相比，润滑脂有较高的承受负荷能力和较好的阻尼性。

B. 润滑脂易附着在金属表面，保护表面不锈蚀，并可防止滴油、溅油污染产品。

C. 润滑脂冷却散热性能好、启动摩擦力矩小并且更换方便。

D. 轴承润滑中，润滑脂还可起到密封作用。

8. 关于制动液下列说法错误的是(　　)

A. 如果制动液沸点太高，高温时蒸发成蒸气，使制动系管路产生气阻。

B. 黏度合适可保持制动液具有良好的流动性和一定的润滑能力。

C. 制动液对橡胶零件有溶胀作用，将使皮碗的体积增加，导致制动失效。

D. 要求制动液不腐蚀金属。

9. 关于发动机冷却液的使用下列说法错误的是(　　)

A. 在选用冷却液时，选用冰点要比车辆运行地区的最低气温低 10℃左右。

B. 加注冷却液前应对发动机冷却系进行清洗。

C. 在使用乙二醇型冷却液时，应注意乙二醇有毒，切勿用口吸。

D. 不同牌号的冷却液可以相互兼用。

10. 关于轮胎符号：195/60 R15 88H，下列说法错误的是(　　)

A. 195 是指轮胎断面宽度 195mm。

B. 60 是指轮胎的高宽比，R 表示子午线轮胎。

C. 15 表示轮胎的直径是 15 inch。

D. 88 表示轮胎的负荷指数。

(三) 简答题

1. 发动机润滑油的作用是什么？我国发动机润滑油采用什么分类法？SF 10W/30 的含义是什么？

2. 液力传动油的使用注意事项有哪些？

3. 92 号汽油的含义是什么？

4. 空毂润滑的含义是什么？

5. 制动液的技术要求是什么？分哪些类型？

6. 冷却液应具有什么样的使用性能？

7. 动力转向液的使用注意事项是什么？

8. 国六排放标准与国五排放标准有何不同？

9. 汽车轮胎如何正确使用？

10. 车用蓄电池如何正确使用？

项目四　汽车维护作业中基本功能检查

一、项目描述

通过车辆在举升位置 1(举升位置的含义如图 4-24 所示)时的油液、灯光、喷洗、制动、转向、扬声器、车身螺栓和螺母、减振器和球节的检查,使学生达到以下要求。

1. 知识要求

(1) 了解汽车维护作业时的举升位置含义。

(2) 熟悉汽车维护的基本维修操作。

(3) 理解 5S 管理方法的含义。

2. 技能要求

(1) 能够正确着装与摆放工具。

(2) 能够使用车辆保护套与正确检测机油等油液的含量。

(3) 能够使用车内外各种照明灯开关并检查喷洗器的压力与喷洒区。

(4) 能够检查制动功能、转向盘和扬声器。

(5) 能够检查车身螺母及螺栓的紧固情况。

(6) 能够检查减振器的阻尼状态与备胎的使用状况。

(7) 能够检查球节。

(8) 能够使用举升机。

3. 素质要求

(1) 掌握 5S 管理方法的理念。

(2) 重视劳动保护与安全操作。

(3) 注意环境保护。

(4) 培养团队协作精神。

二、项目实施

任务一　车内部检查

1. 训练内容

(1) 在驾驶员位置处完成相关的检查工作。

(2) 完成并填写学习工作单的相关项目。

(3) 学习汽车二级维护的相关知识。

2. 训练目标

(1) 掌握车辆在驾驶员位置处的工作内容。

（2）熟悉轿车常用功能的检查方法。

3. 训练设备

轿车及维修手册、常用工具、车辆保护套、车轮挡块和举升器。

4. 训练步骤

1）准备工作

开始工作前准备好翼子板布、前格栅布、方向盘套、座椅套、脚垫和车轮挡块，作业位置顺序按图 4-1 所示进行。

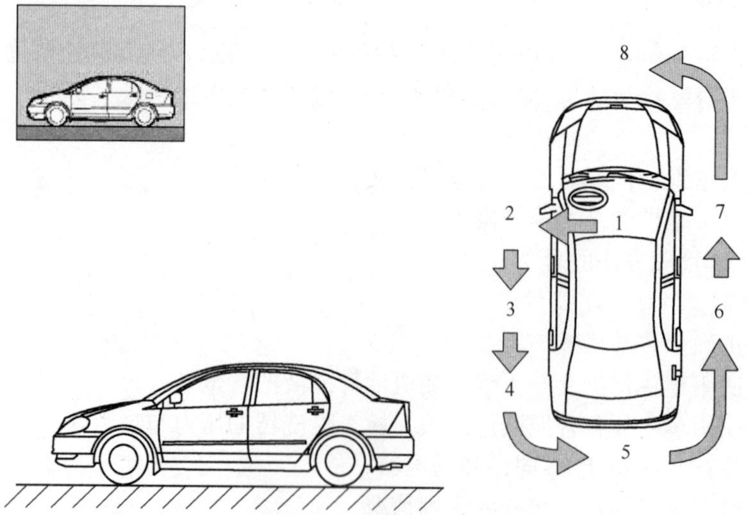

1—驾驶员座位；2—左侧前门；3—左侧后门；4—燃油箱盖；5—车后部；
6—右侧后门；7—右侧前门；8—车前部。

图 4-1　工作顺序图

2）预检工作

在驾驶员座椅处放上座椅套、地板垫、方向盘罩，并打开发动机盖，在车辆前部放上翼子板布和前格栅布，并用车轮挡块挡住车轮，如图 4-2 所示。

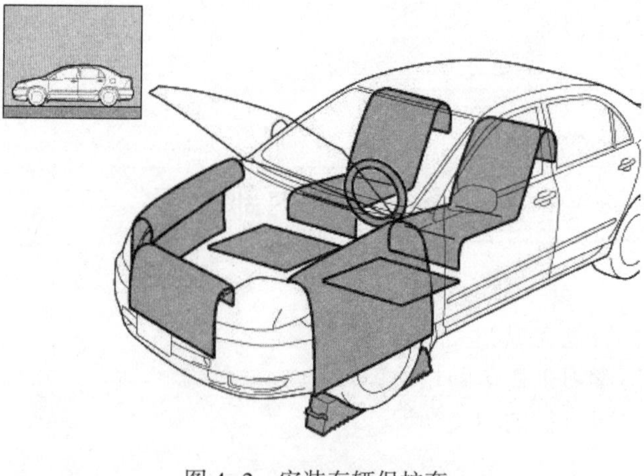

图 4-2　安装车辆保护套

3）发动机室油液检查(图 4-3)

检查机油油位时,抽出机油标尺 2 用干净的布擦净后再次插回油底壳,然后抽出读数,注意油尺不要上扬;发动机冷却液的液位、制动液的液位通过目测储液罐,不可用手摇晃,喷洗液液位检查时,标尺 4 拉出到能看见标记状态即可;拆卸机油加注口盖 5(以便排放发动机机油)。

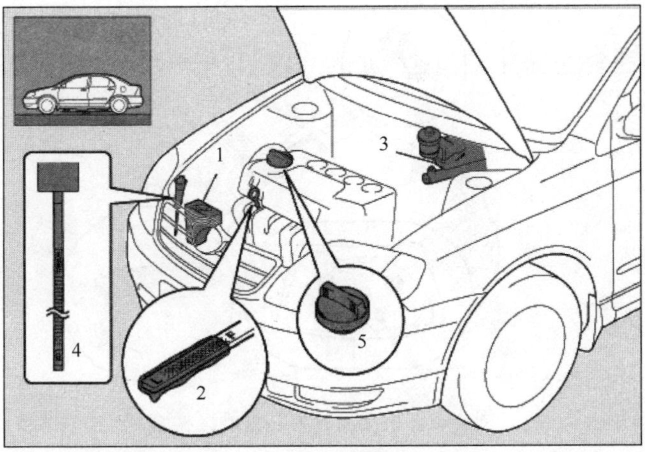

1—冷却液储液罐;2—机油标尺;3—制动液储液罐;4—标尺;5—机油加注口盖。

图 4-3　发动机室油液检查

4）灯光检查(图 4-4)

请两位学生互相配合,一人在车内依次检查灯光(大灯近光和指示灯点亮、大灯远光和指示灯点亮、大灯闪光和指示灯点亮、转向信号灯和指示灯点亮、危险警告灯和指示灯点亮、前雾灯和指示灯点亮、后雾灯和指示灯点亮、制动灯点亮、倒车灯点亮、示宽灯点亮、牌照灯点亮、尾灯点亮、仪表板照明灯点亮、顶灯点亮和组合仪表警告灯点亮),另一人在车前方和后方示意车灯点亮情况。

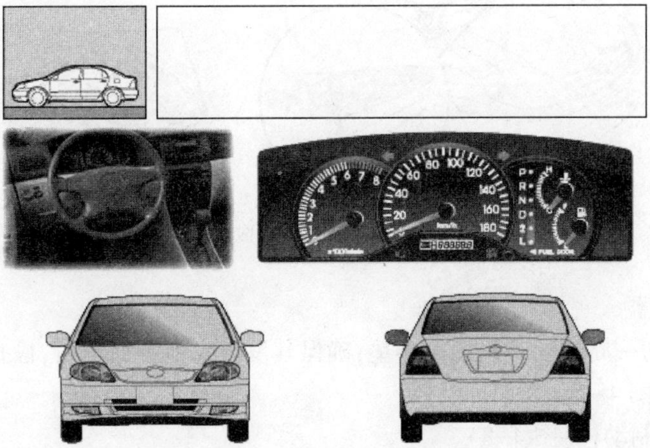

图 4-4　灯光检查

5）检查喷洗器的压力、喷洒区位置和刮水效果(图 4-5)

启动发动机,检查挡风玻璃喷洗器喷洒压力是否足够,如果车辆配备有挡风玻璃喷洗联动刮水器功能,检查刮水器是否协同工作;检查喷洗喷洒区是否集中在刮水器工作范围内,必要时进行调整。

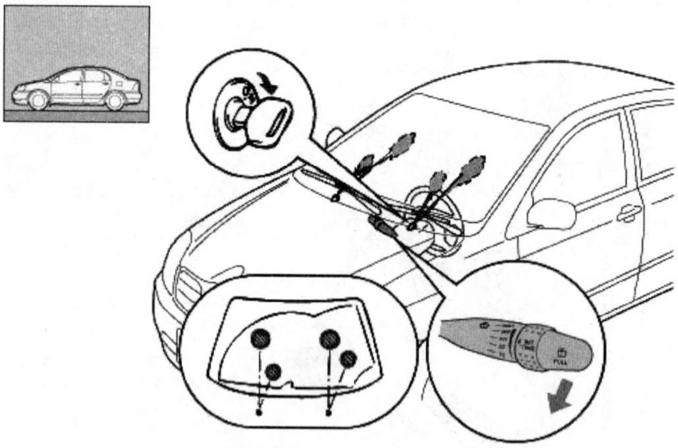

图 4-5　喷洗器压力和喷洒区检查

检查刮水器各挡位的工作情况是否正常;检查刮水效果好坏,不要出现图 4-6(a)或图 4-6(b)所示的刮水痕迹;关闭刮水器后,其摆臂的停留位置应在前挡玻璃的下沿。如果车辆带有天窗,还要清洁天窗导轨并涂油脂润滑。

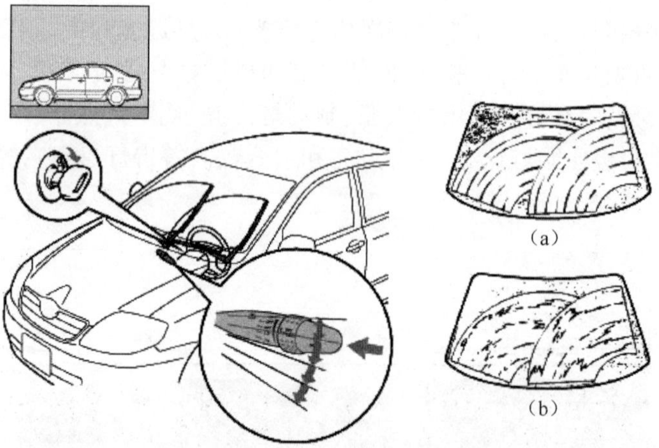

图 4-6　刮水效果检查

6）检查扬声器

在方向盘转动一周的同时按扬声器垫,确保其发声来检查扬声器,检查扬声器的音量和音调是否稳定,如图 4-7 所示。

7）检查驻车制动杆(图 4-8)

拉动驻车制动杆时,驻车制动杆行程在预定的槽数内(拉动时可以听到咔嗒声)。如果不符合标准,调整驻车杆的行程。在点火开关位于 ON 时,检查以确保当驻车制动杆操作时,在拉动驻车杆到达第一个槽口前,指示灯就已经发光。

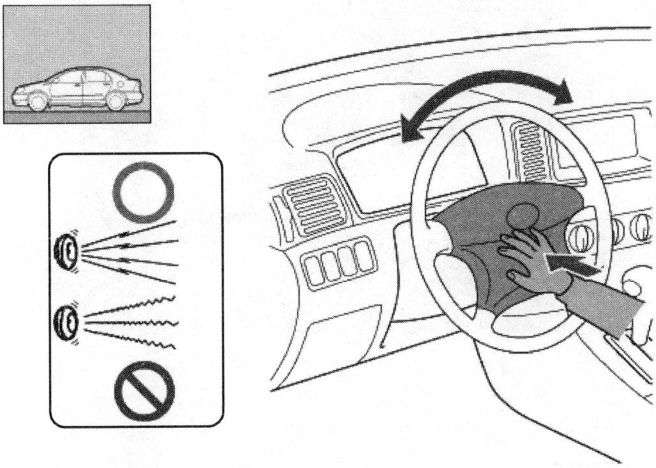

图 4-7 扬声器检查

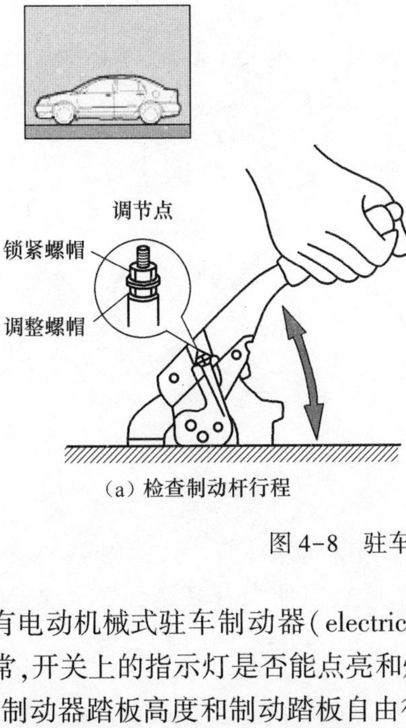

(a) 检查制动杆行程

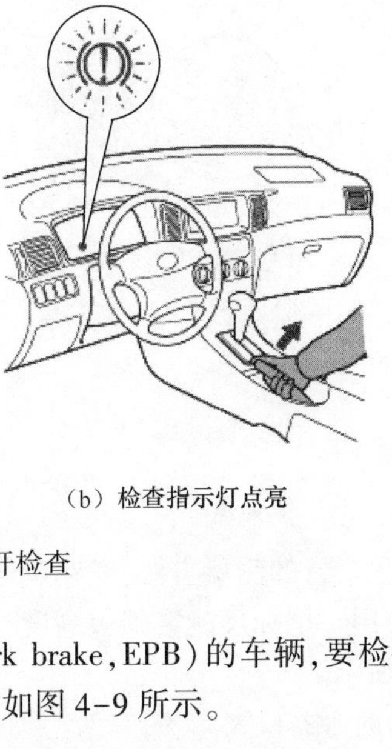

(b) 检查指示灯点亮

图 4-8 驻车制动杆检查

对于带有电动机械式驻车制动器(electrical park brake,EPB)的车辆,要检查驻车制动开关是否正常,开关上的指示灯是否能点亮和熄灭,如图 4-9 所示。

8) 检查制动器踏板高度和制动踏板自由行程

在踩下制动器踏板的过程中应无异常噪声或过度松动的现象;制动器踏板应踩不到底,每次返回的高度无变化,如图 4-10(a)所示;使用一把直尺测量制动踏板高度,如图 4-10(b)所示,如果超出规定范围,调整踏板高度。注意:测量从地面到制动踏板上表面的距离。如果必须要从地毯表面开始测量,则从标准值中扣除地毯的厚度。

当发动机停止后,踩下制动踏板几次,以便解除制动助力器。然后,使用手指轻轻按压制动踏板并且使用一把直尺测量制动踏板自由行程,如图 4-11(a)所示。注意:对于配备了液压制动助力器的车辆,至少要踩下制动踏板 40 次。

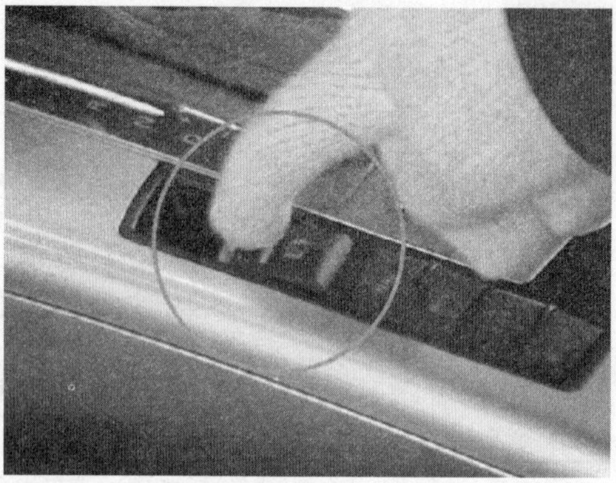

图 4-9　电动机械式驻车制动开关检查

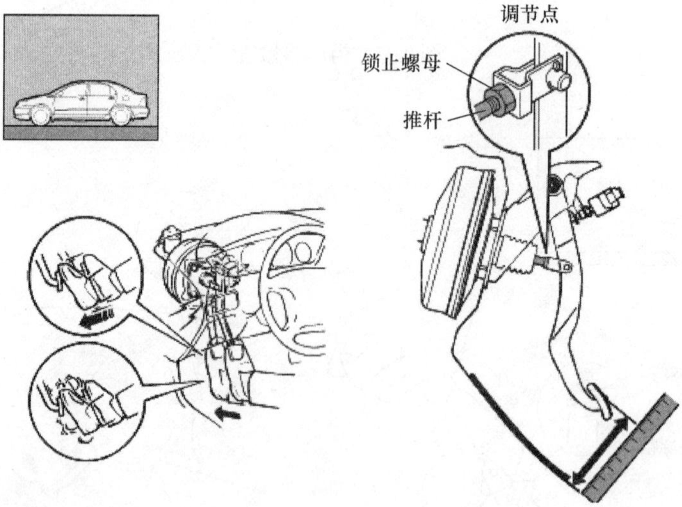

（a）　　　　　　　　　　（b）

图 4-10　制动器踏板高度测量

踏板行程余量的测量方法：发动机运转和驻车制动器松开时，使用 490N 的力踩下制动踏板，然后使用一把标尺测量踏板高度（行程余量），以便检查其是否处于规定的范围内，如图 4-11(b)所示。

9）制动助力器检查

不启动发动机时，用力踩住制动踏板，然后启动发动机，制动踏板应持续下沉，发动机运行一两分钟后，用力踩住制动踏板，关闭发动机，保持踩住 30s，30s 内制动踏板应无上抬现象，说明真空助力器中真空压力无泄漏；松开制动踏板，再踩几次应越踩越高，最后高度无变化，说明制动助力器气密性良好。

10）检查转向盘和测量转向盘自由行程（图 4-12）

在配备动力转向系统的车辆上，启动发动机，启车辆笔直向前。轻轻移动方向盘在车轮就要开始转动时，使用一把直尺测量方向盘的移动量（单方向自由行程），一般轿车单方向

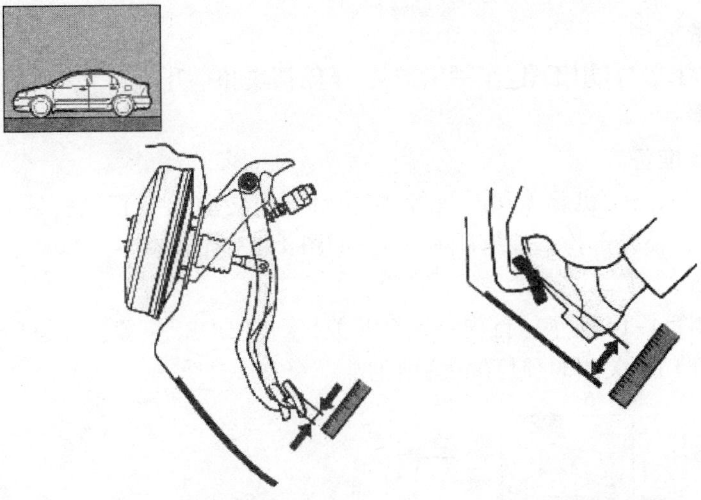

(a) 制动踏板自由行程　　　　　　(b) 制动踏板行程余量

图 4-11　制动器踏板自由行程测量

自由行程最大值 30mm，总自由行程最大 60mm，该项检查必须双人配合。用两手握住方向盘，轴向地、垂直地或者向两侧移动方向盘，移动方向盘，确保其没有松动或者摆动。

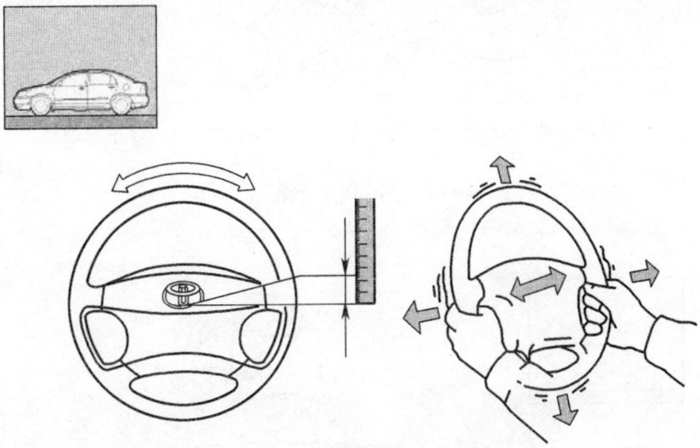

图 4-12　转向盘自由行程测量

任务二　车外部检查

1. 训练内容

(1) 在举升位置 1(图 4-24)完成车辆外部检查工作。

(2) 完成并填写学习工作单的相关项目。

(3) 学习汽车二级维护的相关知识。

2. 训练目标

(1) 掌握在举升位置 1 的车辆外部检查内容。

（2）熟悉轿车的外部检查的方法。

3. 训练设备

轿车及维修手册、常用工具、车辆保护套、车轮挡块和举升器。

4. 训练步骤

1）外部检查准备

打开行李厢门、发动机舱盖和油箱盖，将顶灯开关转动至“门”，将换挡杆设置为空挡，释放驻车制动杆以便外部检查能够顺利进行，如图 4-13 所示。

2）顶灯检查

检查顶灯如图 4-14 所示。首先将顶灯开关打到“DOOR”位置，然后打开一扇车门时顶灯变亮，而所有车门均关闭时顶灯熄灭，则正常。

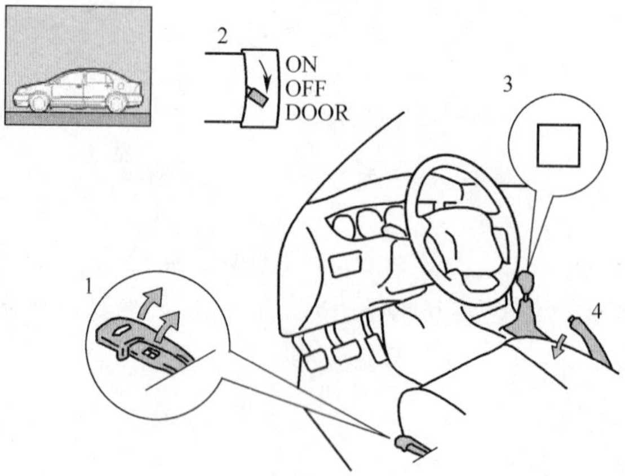

1—行李厢和油盖开关；2—顶灯开关；3—换挡杆；4—驻车制动杆。

图 4-13　外部检查准备工作

图 4-14　顶灯检查

3）螺栓和螺母的紧固检查（图 4-15）

按左前、左后、行李厢、右后、右前，引擎盖的顺序检查座椅安全带的螺栓和螺母是否松动，检查座椅的螺栓和螺母是否松动，检查车门的螺栓和螺母是否松动，检查后备厢门的螺栓和螺母是否松动，以及检查发动机舱盖的螺栓和螺母是否松动。

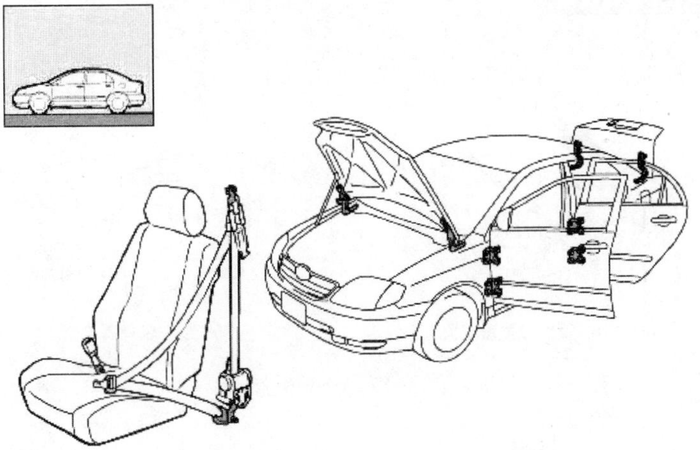

图 4-15　螺栓和螺母的紧固检查

4）油箱盖检查（图 4-16）

通过检查确保油箱盖或者垫片都没有变形或者损坏，同时检查真空阀是否锈蚀或者黏住；通过检查确保油箱盖能够被正确上紧，进一步上紧油箱盖，确保油箱盖发出咔嗒声而且能够自由转动。

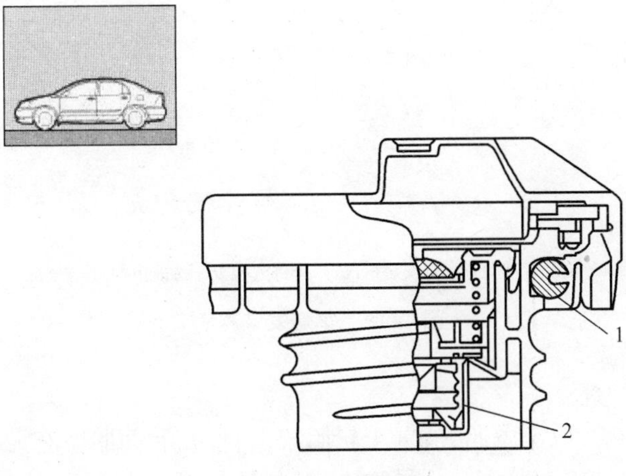

1—垫片；2—真空阀。

图 4-16　油箱盖检查

5）悬架检查（图 4-17）

通过上下摇动车身确定减震器的缓冲力大小，并且检查车身停止摇动需要花多长时间；目测检查车辆是否倾斜，如果有倾斜，则要检查轮胎气压、左右轮胎或车轮尺寸的偏差、车辆不均匀的负荷分配。

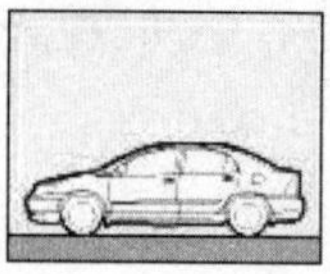

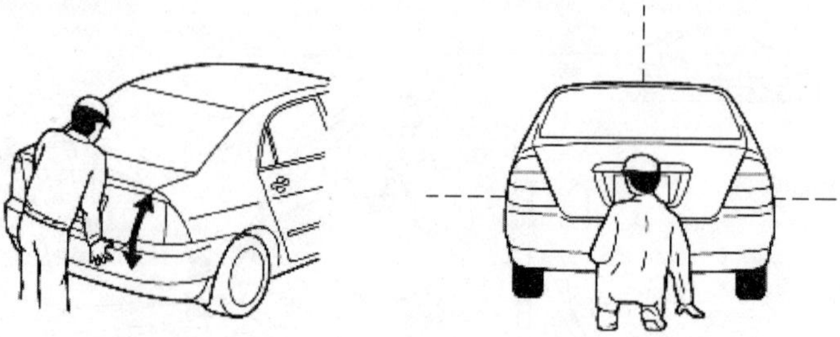

（a）检查减震器减振力　　（b）车辆倾斜检查

图 4-17　悬架检查

6）车灯安装检查(图 4-18)

用手检查车灯安装是否松动;通过检查确保各灯的灯罩和反光镜没有褪色或者因为碰撞而损坏。同时,检查灯内是否有污物或者有水进入。

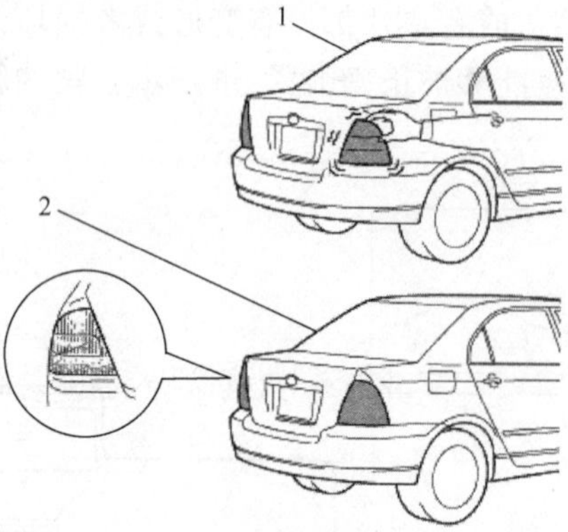

1—用手轻推检查车灯安装情况；2—目测检查车灯的污物/损坏情况。

图 4-18　车灯安装检查

7）备胎和轮胎检查

打开汽车行李厢盖,取出备胎,放置于轮胎架上;检查胎面胎壁有无裂纹、割伤或其他损坏,如图 4-19(a)所示;检查胎面有无异物嵌入,如图 4-19(b)所示,如有异物要清除;用深度规测量胎面沟槽深度,如图 4-19(c)所示;检查胎面有无异常磨损,如图 4-20(a)所示;用气压表测量备胎压力,如图 4-20(b)所示;检查是否漏气和检查轮辋是否损坏或腐蚀,如图 4-20(c)所示。此外,还要检查四个车轮的轮胎胎压是否正常,必要时补气。

8）随车工具检查

检查轿车随车工具如拖车环、可换工具头的螺丝刀、轮辋锁适配器、千斤顶、钩子、轮胎套筒、轮胎防盗螺栓适配接头、三角警示牌等是否齐全,工具的使用功能是否正常,如图 4-21 所示。

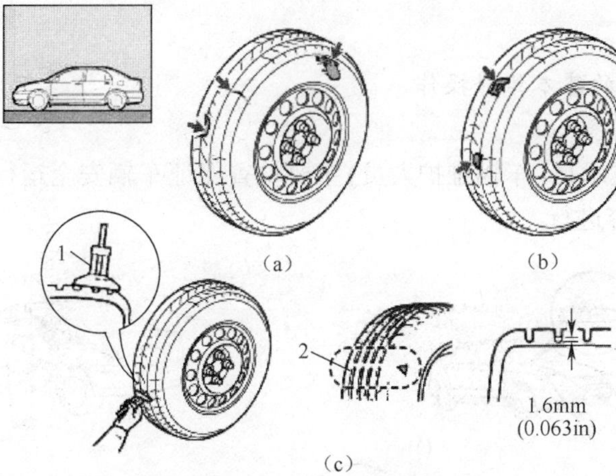

1—轮胎深度规；2—胎面磨损指示标记。

图 4-19　备胎检查(一)

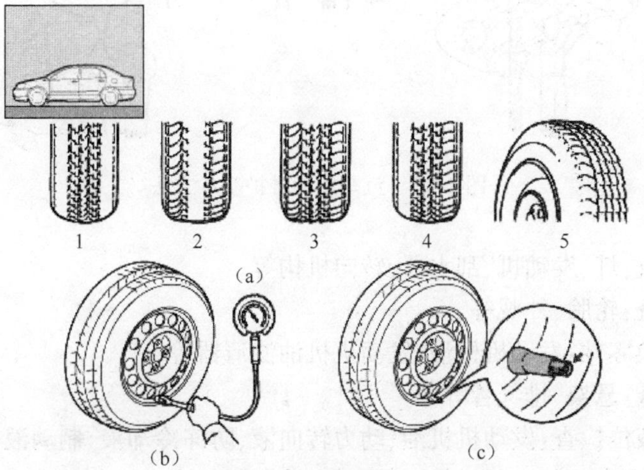

1—双肩磨损；2—中间磨损；3—薄边磨损；4—单肩磨损；5—跟部磨损。

图 4-20　备胎检查(二)

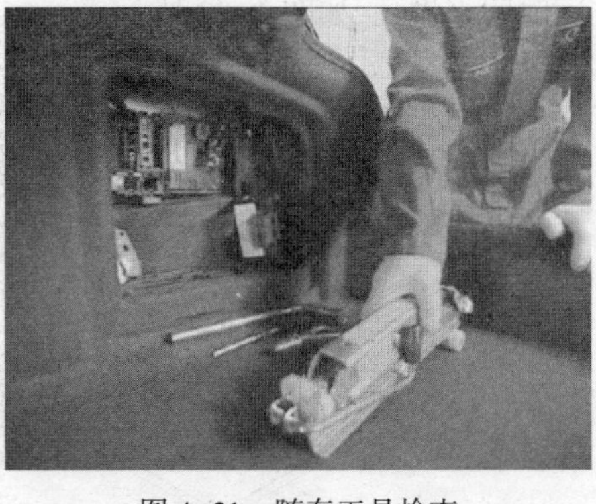

图 4-21　随车工具检查

三、相关知识

(一)维护与维护的基本维修操作

1. 概述

维护与维护时,技术员(车辆维护人员)主要检查保证车辆安全运行所必须的功能。检查按图 4-22 所示内容进行。

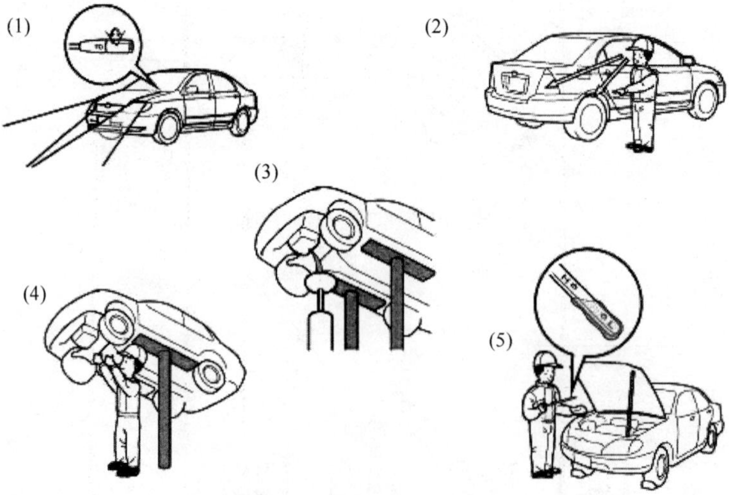

图 4-22　汽车定期维护基本方法

(1) 工作检查:灯、发动机、刮水器、转向机构等。

(2) 目视检查:轮胎、外观等。

(3) 定期更换零件:发动机机油、发动机机油滤清器等。

(4) 紧固检查:悬架、排气管等。

(5) 机油和液位检查:发动机机油、动力转向液、防冻冷却液、制动液等。

注意:必须选用合适的运行材料,并及时正确地添加或更换各种油液。

2. 工作效率

为有效地进行工作,可以通过缩短行程距离,减少走动次数,减少不合理的工作地点,减少吊升操作的次数,限制空闲时间来做到,如图 4-23 所示。

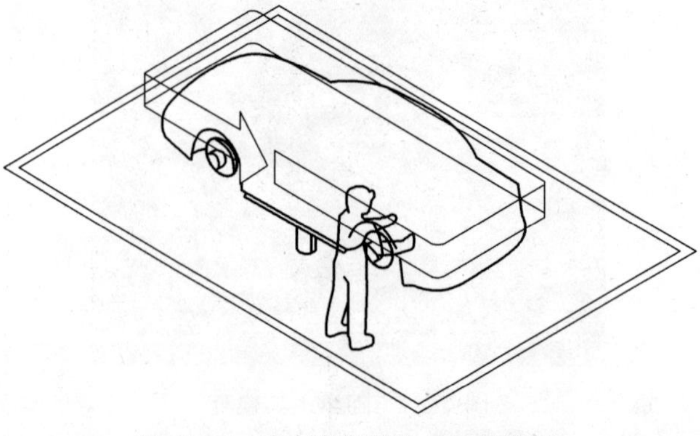

图 4-23　汽车定期维护的工作路线

(1) 将尽可能多的工作集中在同一地点,并一次做完。

(2) 车辆周围的运动路线应该始于驾驶员的座位,终于技术员围绕车辆工作一次的结束地点。

(3) 工具、仪器和更换部件应该提前准备好并置于易拿取的地方。

(4) 站式的姿势是操作的基础,所以要努力尽可能地减少蹲式或弯腰。

(5) 限制空闲时间,把事情组合起来做,如油的排放和发动机加热。

(6) 通过提高工作时的位置和集中工作来把工作项目分类,这样在相同位置做的所有工作可以同时进行。

3. 举升位置及路径

图 4-24 是丰田轿车在各个顶起位置上工作活动路线图。作为一条规律,下面概述的 9 个举升位置已可使技术员完成全部操作,所以通过减少抬升操作的次数来完成高效的检查工作。丰田轿车维护作业分为 9 个顶起位置是划分最细的,其他品牌车辆维护作业一般为 4 个举升位置,分别对应丰田的位置 1、位置 3、位置 4 和位置 7。

(1) 举升位置 1(举升器未升起)。

(2) 举升位置 2(举升器升至低位)。

(3) 举升位置 3(举升器升至高位)。

(4) 举升位置 4(举升器降至中位)。

(5) 举升位置 5(举升器降至低位)。

(6) 举升位置 6(举升器升至中位)。

(7) 举升位置 7(举升器降至低位,轮胎触及地面)。

(8) 举升位置 8(举升器升至高位)。

(9) 举升位置 9(举升器未升起)。

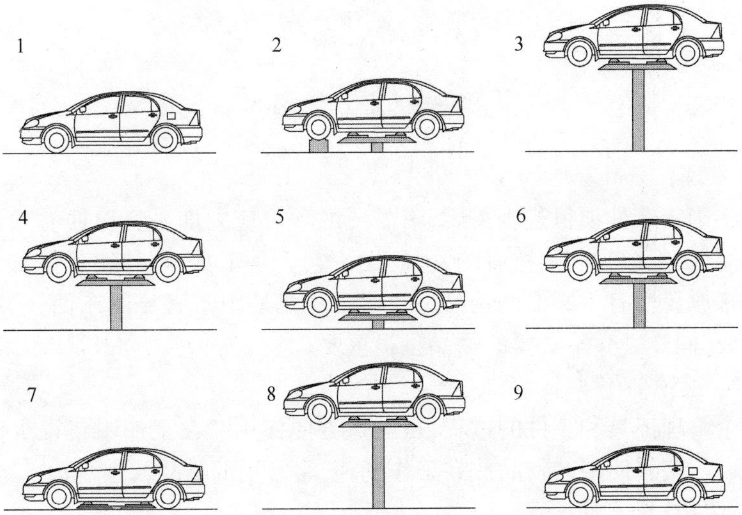

图 4-24　汽车定期维护作业中的举升位置

(二) 5S 的含义

5S 的理念是丰田公司首先提出的,其含义如图 4-25 所示。它是确保车间环境,实现轻松、快捷和可靠(安全)工作的关键点。确保汽车维修的质量,其前提就是要保持工作场地整洁、有序。

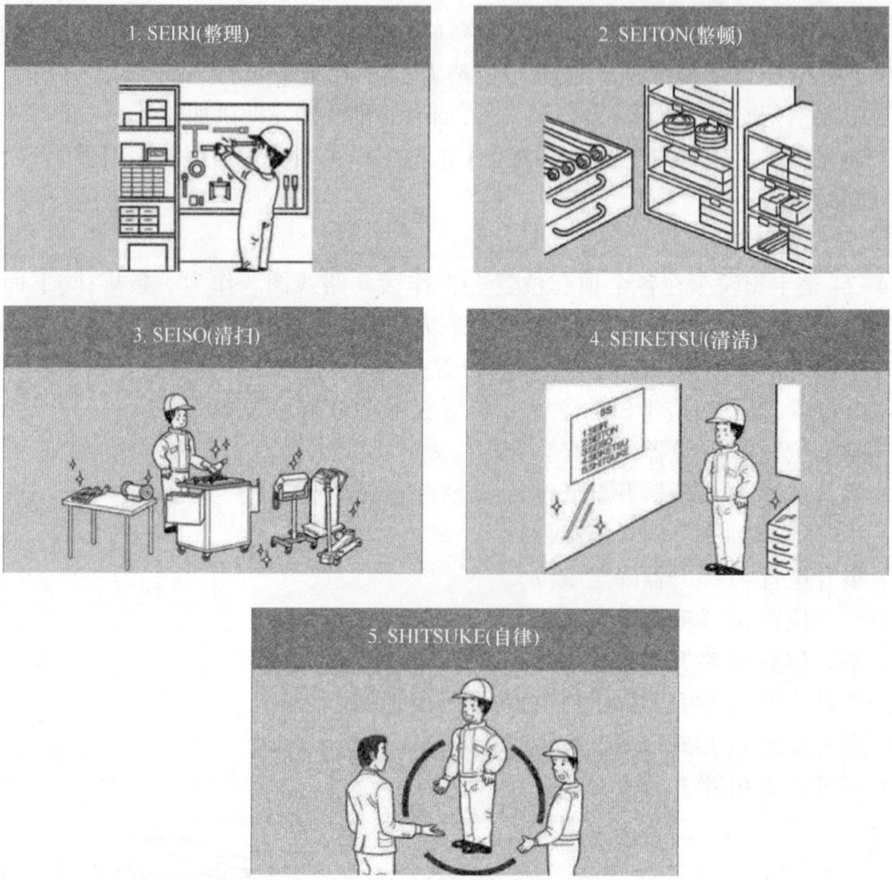

图 4-25　5S 的含义

1. SEIRI(整理)

整理过程将确定某种项目是否需要,不需要的项目应立即丢弃以便有效利用空间。在工作中按照必要性,组织和利用所有的资源,无论它们是工具、零件还是信息。在工作场地指定一处地方来放置所有不必要的物品。收集工作场地中不必要的东西,然后丢弃。小心存放物品很重要,同样丢弃不必要的物品也很重要。

2. SEITON(整顿)

整顿是一个整理工具和零件的过程,目的是方便使用。在工作中将很少使用的物品放在单独的地方。将偶尔使用的物品放在工作场地,将常用的物品放在身边。

3. SEISO(清扫)

清扫是一个使工作场地内所有物品保持干净的过程。永远使设备处于完全正常的状态,以便随时可以使用。一个肮脏的工作环境是工作者缺少自信的反映。要养成保持工作场地清洁的好习惯。

4. SEIKETSU(清洁)

清洁是一个努力保持整理、整顿和清扫状态的过程,目的是防止任何可能问题的发生。这也是一个通过对各种物品进行分类,清除不必要的物品使工作场所保持干净的过程。任何事情都是有助于使工作环境保持清洁的因素,如颜色、形状,各种物品的布局、照明、通风、陈列架,以及个人卫生。如果工作环境变得清新明亮,则能够给顾客带来良好的心情。

5. SHITSUKE(自律)

自律是学习规章制度方面的培训。通过这个培训,员工会尊重他人、使他人感到舒心,但并非刻意行为。这是形成企业文化的基础同时也是确保与社会协调一致的最起码要求。

四、自我测试题

(一) 判断题

1. 检查车辆灯光需要两人配合,如果前部灯光正常,则无需检查后部灯光。 ( )
2. 检查雨刮器之前要先在前挡玻璃上喷洒清洗液。 ( )
3. 制动器踏板自由行程、踏板行程余量和踏板高度测量均在发动机未启动时检测。 ( )
4. 车辆使用中液力传动油一般不会减少。 ( )
5. 检查门控灯开关:当车门开时,车内顶灯关闭;当车门关时,车内顶灯亮。 ( )
6. 为检查减振器的减振力,用举升器升起汽车。 ( )
7. 轮胎换位是为了平衡胎压。 ( )
8. 为检查灯的安装质量,用手晃灯,然后检查它们是否安装松动。 ( )
9. 站式的姿势是操作的基础,所以要努力尽可能减少蹲式或弯腰。 ( )
10. 实施定期维护,可使车辆保持在符合法律规定的状态中,并可延长车辆使用寿命,使顾客享受既经济又安全的驾车体验。 ( )

(二)单项选择题

1. 关于丰田轿车9个顶起位置说法正确的是( )

A. 举升位置1需要完成对发动机的维护作业。

B. 举升位置3需要完成对车辆底盘的维护作业。

C. 举升位置5需要完成对车轮制动器的检查。

D. 举升位置7需要完成对车辆灯光、雨刮的检查。

2. 汽车4S店售后服务中有哪几项评价指标是最重要的( )

A. 维修质量、服务态度、地理位置、公司性质。

B. 维修质量、维修价格、地理位置、公司性质。

C. 维修质量、服务态度、维修价格、时效性。

D. 维修质量、服务态度、维修价格、地理位置。

3. 以下说法代表了5S概念的是( )

A. SEIRI(整理)就是把需要的工具和部件与不需要的分开,并把那些不需要的存放在工作车间内不影响工作的地方。

B. SEITON(整顿)就是弃置不需要的工具和部件。

C. SEISO(清扫)就是使工作车间内的所有东西保持在干净状态,这样它们在任何时候都能保持功能正常。

D. SHITSUKE(自律)是经过培训,让员工遵守企业的规章。

4. 关于检查/更换时间表的说法的正确是( )

A. 汽车部件的检查和更换取决于时间,而与型号和使用状况无关。

B. 部件随行驶的距离而老化,所以汽车的所有的部件更换取决于行驶距离。

C. 对于靠观察能够判断老化的部件没有固定的检查/更换时间表。

D. 检查/更换时间表是根据型号和使用状况来设定的,所以按规定的行驶距离或时间来检查/更换是必要的。

5. 关于定期维护工作下列说法错误的是( )

A. 将尽可能多的工作分散在不同的地点,并一次做完。

B. 工具、仪器和更换部件应置于方便拿取的地方,并提前准备好。

C. 站式的姿势是操作的基础,所以要努力尽可能地减少蹲式或弯腰。

D. 限制空闲时间,把事情组合起来做,如油的排放和发动机加热。

6. 关于维护基本维修操作的构成说法正确的是( )

A. 工作检查、目视检查、定期更换零件、紧固检查、机油和液位检查。

B. 工作检查、目视检查、定期更换零件、紧固检查。

C. 工作检查、定期更换零件、紧固检查、机油和液位检查。

D. 工作检查、目视检查、定期更换零件、机油和液位检查。

7. 关于轮胎的异常磨损下列说法正确的是( )

A. 轮胎中间磨损,因为气压太低。

B. 轮胎边缘两侧出现磨损,因为气压太高。

C. 轮胎出现羽边磨损,因为外倾角不对。

D. 轮胎的胎趾与胎踵磨损,因为质量不好。

8. 关于子午线轮胎,下列说法错误的是( )

A. 子午线轮胎承载能力大。

B. 子午线轮胎寿命长。

C. 子午线轮胎滚动阻力小。

D. 子午线轮胎结构简单,维修方便。

9. 关于汽车维护,下列说法错误的是( )

A. 进口轮胎不一定适用于国内道路。

B. 新购的蓄电池电量并不太满,也要充电。

C. 不要随意在车内加装电气设备。

D. 发动机冷却液的温度应控制在 80~90℃。

10. 关于汽车维护,下列说法正确的是( )

A. 车上机件在发动机启动至稳定阶段之间磨损最轻。

B. 碰见水箱“开锅”,应立即停车,让发动机保持怠速空转继续散热。

C. 为防止发动机和变速器磨损,汽车要尽量少跑。

D. 夏季天气热,水箱如果出现“开锅”现象,应立即熄火加水。

(三)简答题

1. 车辆9个顶起位置的含义是什么？
2. 5S管理方法的含义是什么？
3. 制动踏板自由行程与行程余量的测量方法是什么？
4. 转向盘自由行程的检测方法是什么？
5. 真空助力器的检查方法是什么？

项目五　底盘维护

一、项目描述

通过发动机机油排放以及对传动皮带、驱动轴护套、转向连接机构、制动管路、燃油管路、排气管、悬架、车辆底部螺栓和螺母的检查，使学生达到以下要求：

1. 知识要求

（1）掌握工具、量具的分类与用途。

（2）掌握常用工具的使用方法。

（3）掌握悬架的构成与分类。

（4）掌握转向系统的结构与组成。

2. 技能要求

（1）能识别各种工具与量具。

（2）能使用成套套筒扳手、梅花扳手、开口扳手和扭力扳手等工具。

（3）能检查传动皮带、驱动轴护套、悬架和转向连接机构。

（4）能检查制动管路、燃油管路和排气管及安装件。

（5）能排放发动机机油、安装机油滤清器及排放塞。

（6）能按规定力矩紧固车辆底部螺栓和螺母。

3. 素质要求

（1）掌握5S管理方法的理念。

（2）重视劳动保护与安全操作。

（3）注意环境保护。

（4）培养团队协作精神。

二、项目实施

任务一　工具的选择与使用

1. 训练内容

（1）识别常用工具与量具。

（2）练习紧固轮胎螺栓。

（3）练习举升器的使用。

2. 训练目标

（1）能选出合适的工具。

(2) 掌握各种常用工具的使用方法。

(3) 掌握举升器的使用方法。

3. 训练设备

轿车及维修手册、常用工具、接油器、高压气源、举升器。

4. 训练步骤

1) 识别工具与量具

将工具车上的常用工具展示出,识别成套套筒扳手、梅花扳手、开口扳手、扭矩扳手、风动扳手、滑动手柄、旋转手柄、套筒接合器、万向节、加长杆、轮胎深度规、火花塞间隔规、皮带张紧计、比重计、塞尺、起子、锤子、游标卡尺、千分尺、百分表、卡规等,如图 5-1 所示。

图 5-1　常用维修工具

2) 紧固轮胎螺栓

用扭矩扳手紧固 4 个车轮的轮胎螺栓,拧紧力矩为 103N · m。选择合适的套筒和加长杆,按照对角线的顺序,以正确的姿势紧固轮胎螺栓,如图 5-2 所示。

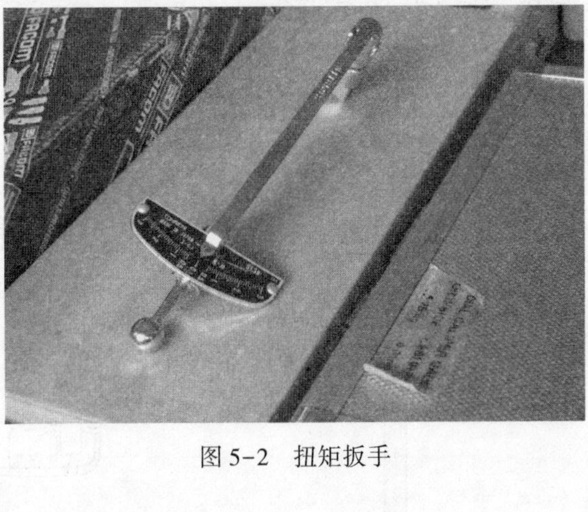

图 5-2　扭矩扳手

3) 举升器的使用

按照规范的流程(详见相关知识)操练举升器的使用,如图 5-3 所示。

图 5-3　剪式举升器

任务二　底盘检查

1. 训练内容

（1）车辆在举升位置 3 的检查工作。

（2）完成并填写学习工作单的相关项目。

（3）学习汽车底盘构成的相关知识。

2. 训练目标

（1）掌握车辆在举升位置 3 的工作内容。

（2）掌握底盘检查的正确方法。

3. 训练设备

车辆及维修手册、常用工具、工作灯、举升器。

4. 训练步骤

1）举升车辆至位置 3

将车辆举升至位置 3，如图 5-4 所示。

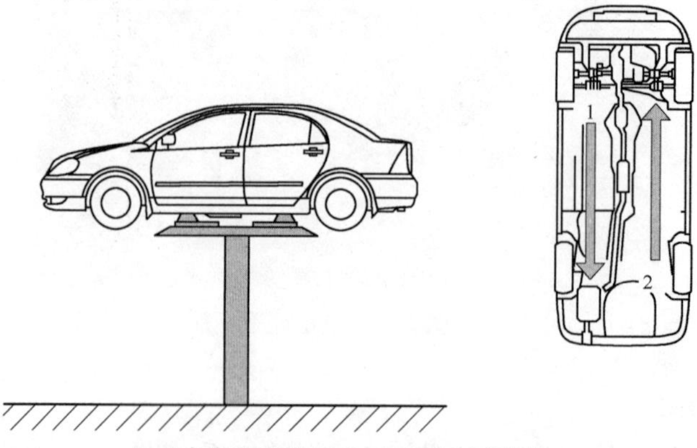

1—从左前至左后检查；2—从右后至右前检查。

图 5-4　举升车辆至位置 3

2）发动机机油排放

在排放机油之前首先检查发动机各种区域的接触面、油封和排放塞处是否有漏油现象。准备好接油工具，然后拆卸排放塞和垫片，排放发动机机油，如图 5-5 所示。

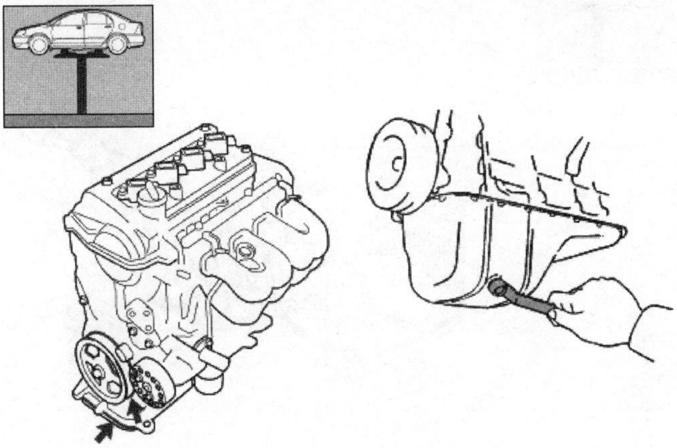

图 5-5　发动机机油排放

3）手动变速器液检查

检查变速器的壳体接触面、轴和拉索伸出的区域、油封和排放塞和加注塞处是否有漏油迹象。检查油位时，须从变速器上拆卸油加注塞，将手指插入塞孔，检查油与手指接触的位置，如图 5-6 所示。

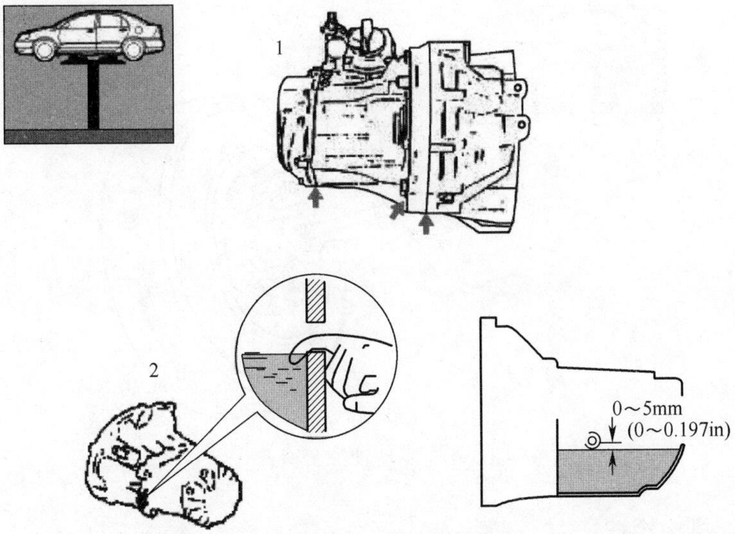

1—接触面检查；2—油位检查。

图 5-6　手动变速器液检查

4）自动变速器液检查

确保自动变速器各个部分均无液体渗漏现象，需要检查壳体的各接触面、轴和拉索伸出的区域、油封、排放塞和加注塞，以及管道和软管接头处是否有漏油迹象。还要检查油冷却软管是否有裂纹、隆起或者损坏，如图 5-7 所示。

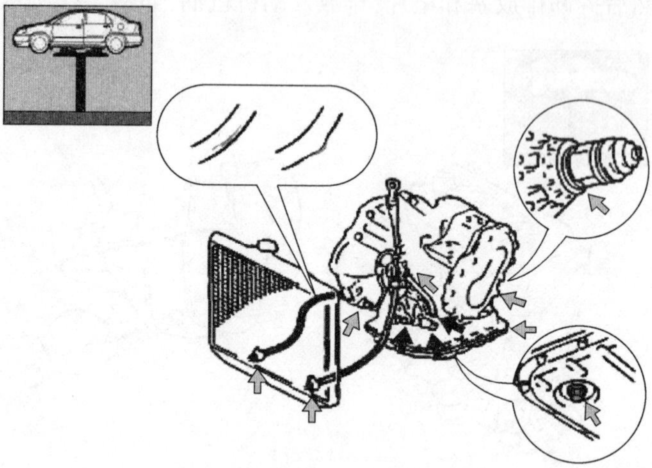

图 5-7　自动变速器液检查

5）驱动轴护套检查

先在检查驱动轴护套时用手动转动轮胎以便它们被完全转向一侧，然后检查驱动轴护套的整个外围是否有任何裂纹或者其他损坏。检查护套卡箍，确保已经正确安装并且没有损坏。最后检查护套是否有任何油脂渗漏现象，如图 5-8 所示。

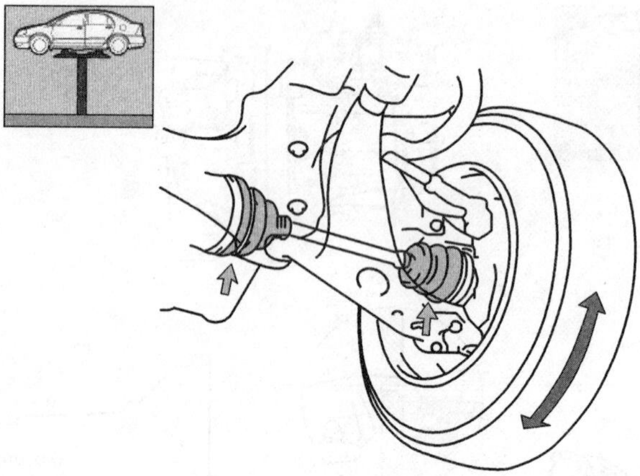

图 5-8　驱动轴护套检查

6）转向连接机构检查

如图 5-9 所示，在检查转向连接机构时用手摇晃转向连接机构，检查是否松动或者摆动；检查转向连接机构是否弯曲或者损坏；检查转向横拉杆球头销护套是否有裂纹或者破损。

7）转向器总成检查

检查齿轮齿条式或循环球式转向器总成是否有润滑脂或者机油渗漏（或者浸润），如

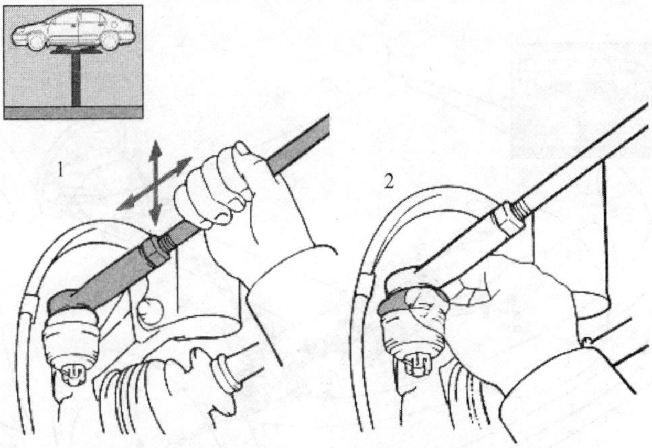

1—上下左右晃动转向横拉杆；2—检查转向横拉杆球头销护套。

图 5-9　转向连接机构检查

图 5-10 所示。如果是齿轮齿条式转向器，转动轮胎以便方向盘向左和向右转，同时检查齿条护套是否有裂纹或者破损。

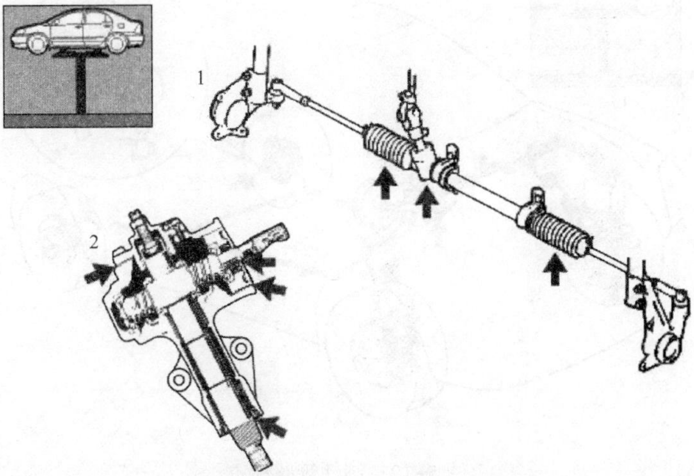

1—齿轮齿条式转向器；2—循环球式转向器。

图 5-10　转向器检查

8）动力转向液检查

检查转向器总成、叶轮泵、管路和连接点处是否有液体渗漏，并检查软管是否有裂纹或其他损坏，如图 5-11 所示。

9）制动管路检查

首先检查制动管路连接部分是否有液体渗漏，然后检查制动管路是否有凹痕或者其他损坏，以及制动管路软管是否扭曲、磨损、开裂、隆起等，如图 5-12 所示。注意：如果底盘保护盖上有飞石的痕迹，则制动管路可能有相同的损坏；最后检查制动管道和软管的安装情况，确保车辆运动或者方向盘完全转动到任何一侧时，不会因为振动而与车轮或者车身接触。

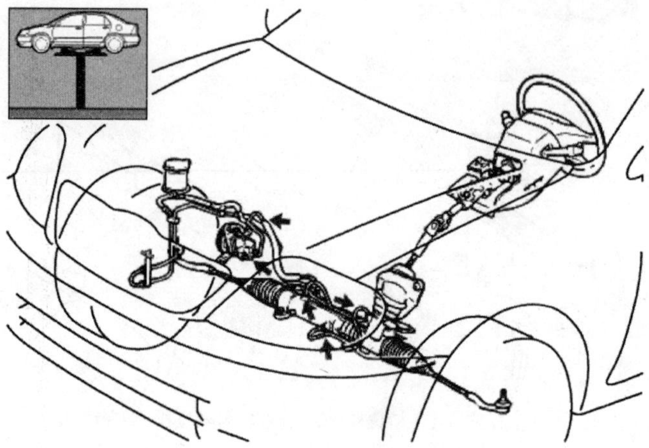

图 5-11　动力转向液检查

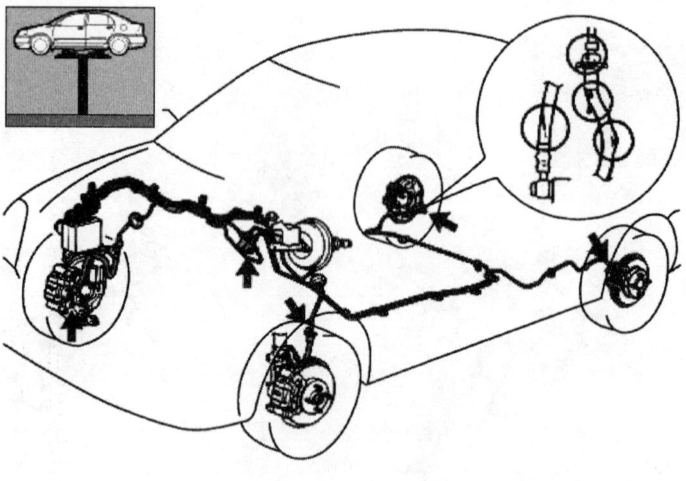

图 5-12　制动管路检查

10）燃油管路检查

检查燃油管路是否有液体渗漏和损坏，如图 5-13 所示。注意：如果底盘保护盖上有飞石的痕迹，则燃油管路可能有一定程度的损坏。

11）排气管及安装件检查

依次检查排气管是否损坏、消声器是否损坏、排气管支架上的 O 形圈是否损坏或者脱离、垫片是否损坏，如图 5-14 所示。通过观察接头周围是否存在任何炭黑，检查排气管连接部分是否泄漏废气。

注意：检查排气管必须戴手套，避免烫伤。

12）螺栓和螺母的检查

检查图 5-15～图 5-17 所示底盘连接螺栓和螺母是否松动。

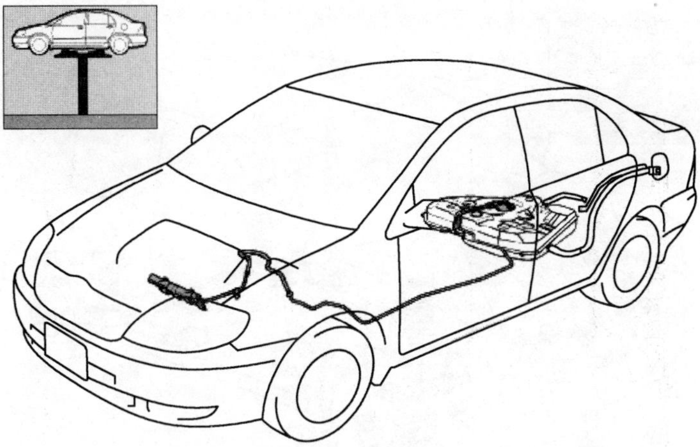

图 5-13　燃油管路检查

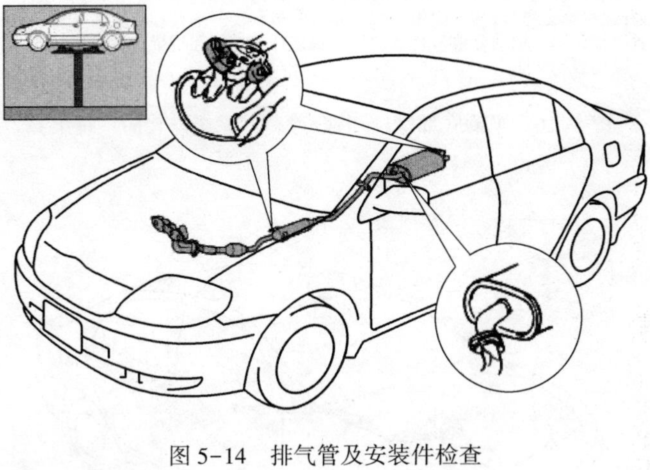

图 5-14　排气管及安装件检查

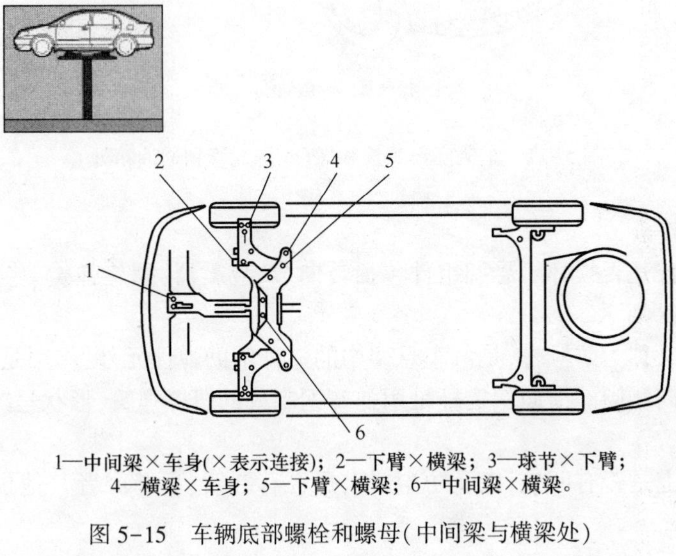

1—中间梁×车身(×表示连接)；2—下臂×横梁；3—球节×下臂；
4—横梁×车身；5—下臂×横梁；6—中间梁×横梁。

图 5-15　车辆底部螺栓和螺母(中间梁与横梁处)

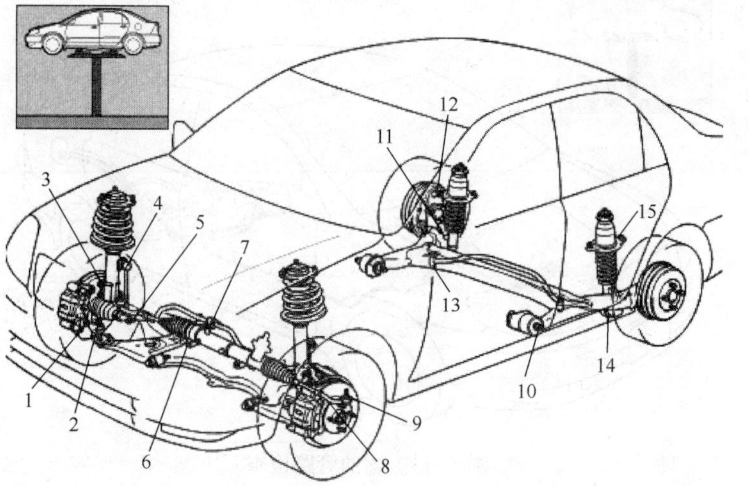

1—盘式制动器扭矩板×转向节；2—球节×转向节；3—减震器×转向节；4—稳定杆连接杆×减震器；5—稳定杆×稳定杆连接杆；6—转向机外壳×横梁；7—稳定杆×车身；8—横拉杆端头锁止螺母；9—横拉杆端头×转向节；10—拖臂和桥梁×车身；11—拖臂和桥梁×后轮毂；12—制动分泵×背板；13—稳定杆×拖臂和桥梁；14—减震器×拖臂和桥梁；15—减震器×车身。

图 5-16　车辆底部螺栓和螺母(行驶系统与转向系统中)

1—排气管；2—燃油箱。

图 5-17　车辆底部螺栓和螺母(排气管和燃油箱处)

13）悬架的检查

检查悬架组件是否损坏。悬架组件包括转向节、减震器、螺旋弹簧、稳定杆、下臂、拖臂与横梁，如图 5-18 所示。

横向稳定杆又称为防倾杆，是汽车悬架中的一种辅助弹性元件，作用是防止车身在转弯时发生过大的横向侧倾。横向稳定杆是用弹簧钢制成的扭杆弹簧，形状呈“U”形，横置在汽车的前端和后端。

检查减震器上是否有凹痕，以及防尘罩上是否有裂纹、裂缝或者其他损坏；检查减震器有无油泄漏现象;通过用手摇晃悬架接头上的连接,检查转向节球头销衬套是否磨损或者有裂纹,并且检查是否摆动,同时检查连接是否损坏,如图 5-19 所示。

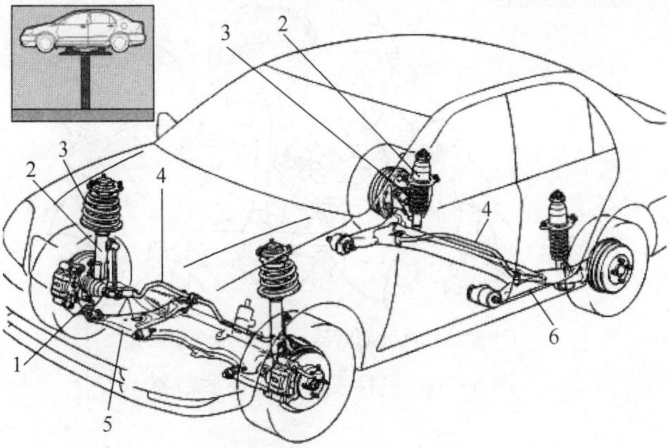

1—转向节;2—减震器;3—螺旋弹簧;4—横向稳定杆;5—下臂;6—拖臂与横梁。

图 5-18 悬架构成

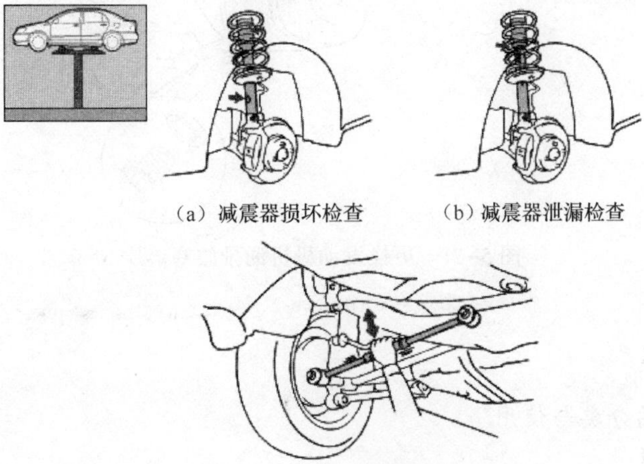

(a) 减震器损坏检查 (b) 减震器泄漏检查

(c) 连接摆动检查

图 5-19 悬架检查

14) 更换发动机机油滤清器

使用维修专用工具(机滤扳手)拆卸机油滤清器,如图 5-20 所示。第一检查和清洁机油滤清器安装表面,第二在新的机油滤清器垫片上涂清洁的发动机机油,轻缓地拧动机油滤清器使其就位,第三上紧直到垫片接触底座,第四使用专用维修工具再次上紧 3/4 圈。

15) 更换发动机机油排放塞

发动机机油排放完毕后,需要安装一个新的垫片,如图 5-21 所示。排放塞按标准扭矩拧紧,如丰田花冠轿车是 37N · m。

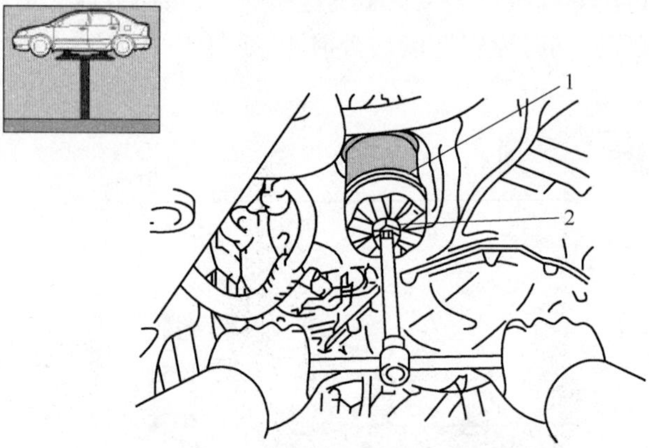

1—发动机机油滤清器；2—专用维修工具。

图 5-20　更换发动机机油滤清器

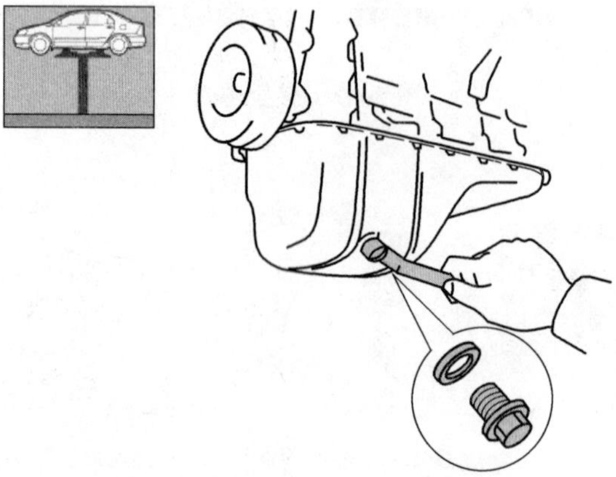

图 5-21　更换发动机机油排放塞垫片

三、相关知识

(一) 举升器的分类与使用

1. 举升器类型

图 5-22(a)是摆臂型举升器，使用时注意：一是调整支架直到车辆保持水平为止，二是始终要锁住臂。图 5-22(b)是 4 柱提升型举升器，使用时要用到车轮挡块和安全机构。图 5-22(c)是板条型举升器，使用时要将板提升附件位置对准车辆被支撑部位，切勿让板提升附件伸出板外。

另外，还有一种是剪式举升器，如图 5-23 所示。该种举升器最大优点是不占用空间，用时展开，不用时可收缩平齐于地面，因此一般用于 4S 店售后服务的预检工位。

2. 举升器的规范操作

举升前应该实施以下规范操作：

(1) 清除举升器附近妨碍作业的器具和杂物，并检查操纵手柄、安全保险装置、钢丝绳、储油缸等是否正常。

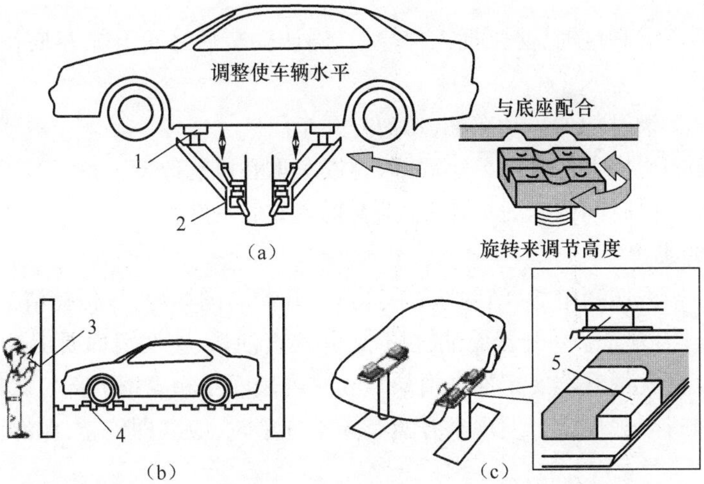

1—支撑架块；2—锁紧机构；3—操纵机构；4—车轮挡块；5—车辆垫块。

图 5-22　举升器的类型

(2) 将所有的行李从车上搬出。

(3) 核实载荷,切勿提升超过举升器提升极限的车辆。

(4) 正确停放车辆。以摆臂式举升器为例,首先将车辆重心置于举升器起吊中心,然后把摆臂固定到修理手册所标示的位置上,如图 5-23 所示阴影部分。

(5) 待举升的车辆驶入后,将举升器支撑架块调整移动对正该车辆可承力部位。

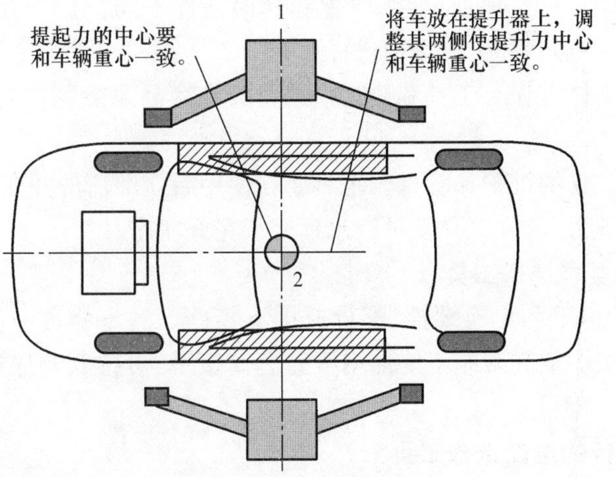

1—起吊中心；2—车辆重心。

图 5-23　举升器的作用

举升时应该实施以下规范操作：

(1) 举升器应由一人操作,在抬升和降下举升器前要先进行安全检查,并向其他人发出举升器即将启动的信号。

(2) 举升时人员离开车辆。一旦轮胎稍离地,则要检查车辆支撑是否合适,确认无问题后继续举升。

(3) 举升到所需高度时,必须插入保险销,确认安全后才可开始车底作业,有人作业时严禁升降举升器。

(4) 在提升车辆时切勿移动车辆,切勿打开车门。

(5) 在拆除和更换大部件时要小心,因为汽车重心可能改变。

(6) 如果在一段时间内未完成作业,则要把车放低一些。

3. 举升器的维护

(1) 作业完毕后切断电源,清除杂物,打扫举升器周围场地,以保持清洁。

(2) 定期(半年)排除举升器储油缸积水,并检查油量,按润滑面要求进行注油。

(3) 对于摆臂式举升器要定期在滑块与立柱内表面互相摩擦的部位涂抹润滑脂。

(4) 严格执行限载规定。发现举升器有异常现象时,应立即停止,派专职维修人员排除故障。

(二) 工具的合理选择与正确使用

1. 基础知识

汽车修理要求使用各种工具和测量仪器。这些工具有特殊的使用方法,只有使用得当才能保证工作安全和准确,使用工具和测量仪器需牢记以下基本原则。

(1) 了解正确的用法和功能。学习每件工具和测量仪器的功能和正确用法。如果用于规定之外的用途,工具或测量仪器会损坏,并且零件也会损坏或者导致工作质量降低。

(2) 了解使用的正确方法。每件工具和测量仪器都有规定的操作程序。要确保在工作部件上正确使用工具,用在工具上的力要恰当,工作姿势也要正确。

(3) 正确地选择工具。根据尺寸、位置和其他条件不同,有不同的工具可用于松开螺栓。因此,要根据零件形状和工作场地选择适合的工具。

(4) 力争保持安排有序。工具和测量仪器要放在容易拿到的位置,使用后要放回原来的正确位置。

(5) 严格坚持工具的维护和管理。工具要在使用后立即清洗并在需要的位置涂油。如需要修理就要立即进行,这样工具就可以永远处于完好状态。

2. 根据工作的类型选择工具

图 5-24 所示为拆下和更换螺栓、螺母或拆下零件。汽车修理中使用成套套筒扳手比较普遍。如果由于工作空间限制不能使用成套套筒扳手,可按其顺序选用梅花扳手或开口扳手。

3. 根据工作进行的速度选择工具

套筒扳手的用处在于能旋转螺栓、螺母而不需要重新调整,这就可以迅速转动螺栓、螺母。套筒扳手可以根据所装的手柄以各种方式工作,如图 5-25 所示。

注意:

(1) 棘轮手柄适合在狭窄空间中使用,但是限于棘轮的结构,它不可能获得很高的扭矩。

(2) 滑动手柄要求较大的工作空间,但能提供最快的工作速度。

(3) 旋转手柄在调整好手柄后可以迅速工作,但此手柄很长,很难在狭窄空间使用。

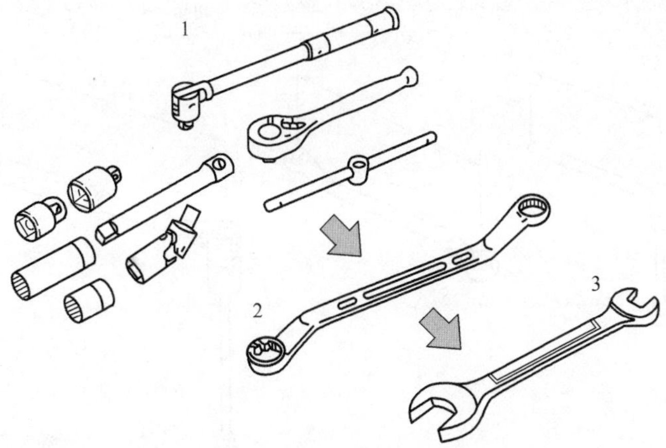

1—套筒扳手；2—梅花扳手；3—开口扳手。

图 5-24 工具选择

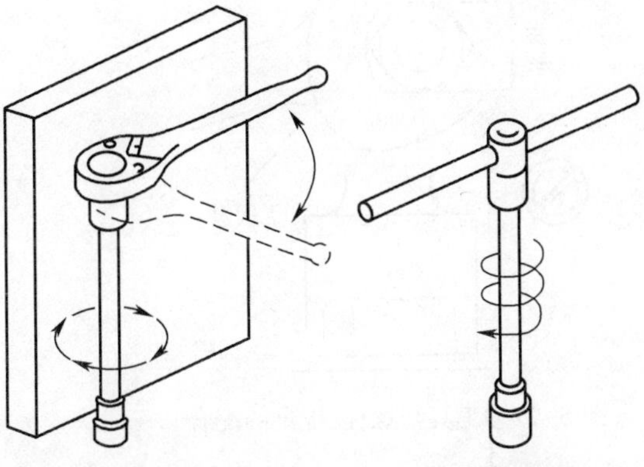

(a) 棘轮手柄　(b) 滑动手柄　(c) 旋转手柄

图 5-25 根据工作速度选择工具

4. 根据旋转扭矩的大小选用工具

如果最后拧紧或开始拧松螺栓、螺母需要大扭矩，那么使用允许施加大扭矩的扳手，如图 5-26 所示。须要注意：可以施加力的大小取决于扳手手柄的长度。手柄越长，用较小的力得到的扭矩越大。如果使用了超长手柄，就有扭矩过大的危险，螺栓有可能折断。

5. 操作时的注意事项

(1) 工具的大小和应用。确保工具的直径与螺栓、螺母的头部大小相配合适。要使工具与螺栓、螺母完全配合，如图 5-27 所示。

(2) 用力强度。使用工具时要始终转动工具，以便拉动它。注意：尽可能拉动工具，如果由于空间限制无法拉动工具，则用手掌推它，如图 5-28(a) 所示。对拧得很紧的螺栓、螺母可以通过手施加冲击力轻松松开，但是不能使用锤子和管子(用来加长轴)来增加扭矩，如图 5-28(b) 所示。最后的拧紧始终用扭力扳手来完成，以便将其拧紧到标准值，如

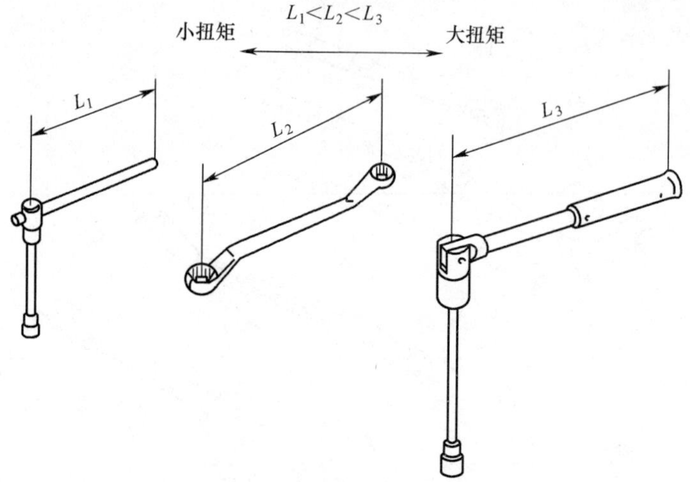

图 5-26　根据扭矩大小选择工具

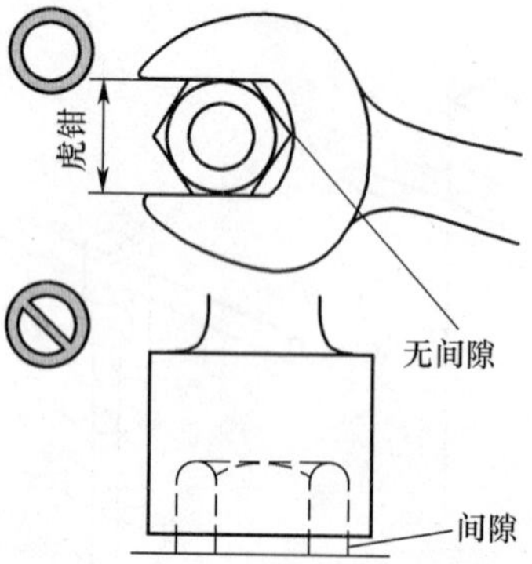

图 5-27　工具与螺栓/螺母的配合

图 5-28(c)所示。

6. 套筒(成套套筒扳手)

成套套筒扳手根据工作状态装上不同手柄和套筒后可以很轻松地拆下并更换螺栓/螺母,如图 5-29 所示。这种工具利用一套套筒扳手夹持住螺栓、螺母,将其拆下或更换。

(1) 套筒尺寸。有大和小两种尺寸。大的一种可以获得比小的一种更大的扭矩。

(2) 套筒深度。有两种类型:标准的和深的。深的套筒比标准的套筒深 2~3 倍。较深的套筒可用于螺栓突出的螺帽。

(3) 钳口。有两种类型:双六角形和六角形。钳口的六角部分与螺栓、螺母的表面有很大的接触面,这样就不容易损坏螺栓、螺母,因此优先选用六角形套筒。

7. 套筒接合器(成套套筒扳手)

套筒接合器如图 5-30 所示,它是一个改变套筒方形套头尺寸的连接器。

注意:超大力矩会将负载施加在套筒本身或小螺栓上,力矩要根据规定的拧紧极限施加。

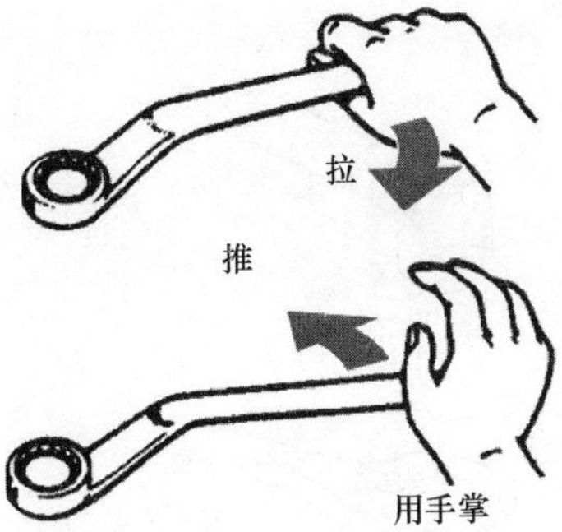

（a）

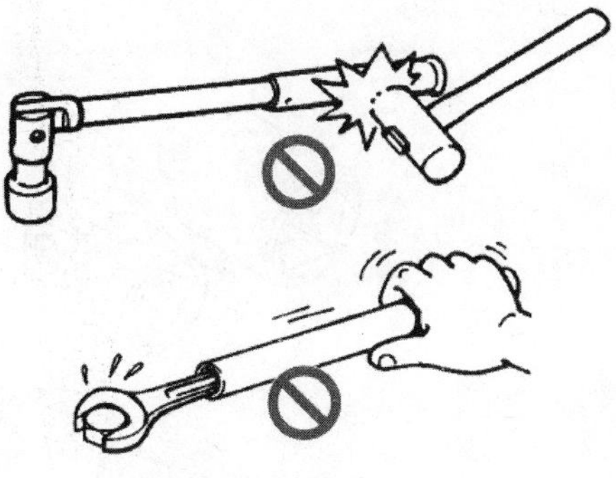
（b）

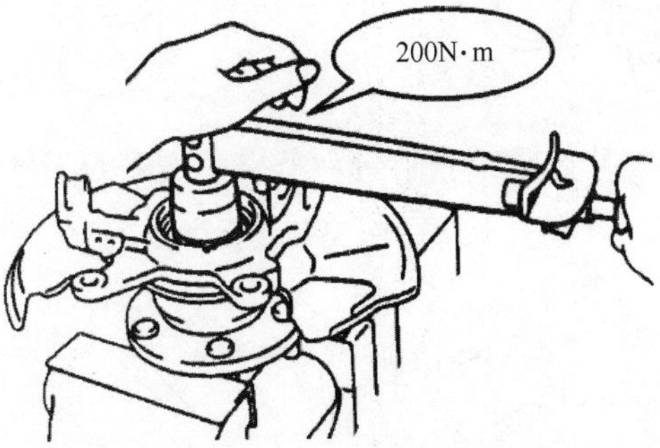

（c）

图 5-28　工具的用力强度

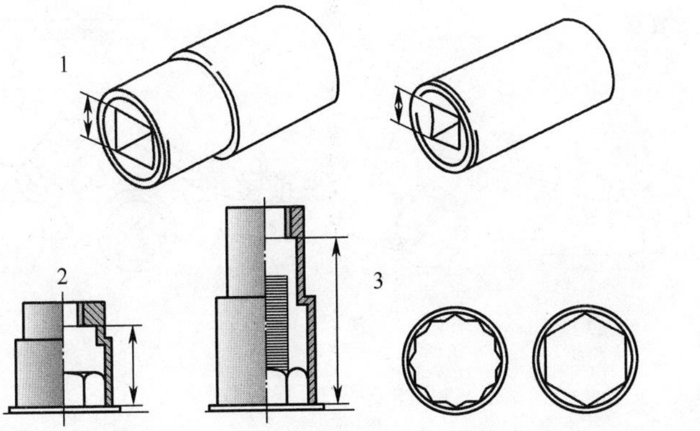

1—大小两种尺寸套筒；2—标准型和深型套筒；3—双六角形和六角形套筒。

图 5-29　套筒

8. 万向节(成套套筒扳手)

万向节如图 5-31 所示。套筒的方形套头部分可以前后或左右移动，手柄和套筒扳手之间的角度可以自由变化，使其成为在有限空间内工作的有用工具。

注意：① 不要使手柄倾斜较大角度来施加扭矩，如图 5-31(a)所示。

② 勿用于风动工具。球节由于不能吸收旋转摆动而脱开，并造成工具、零件或车辆损

坏,如图 5-31(b)所示。

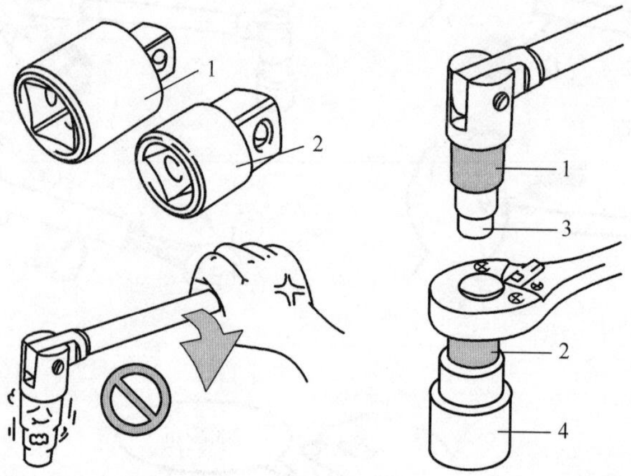

1—套筒结合器(大转小);2—套筒结合器(小转大);3—小尺寸套筒;4—大尺寸套筒。

图 5-30 套筒接合器

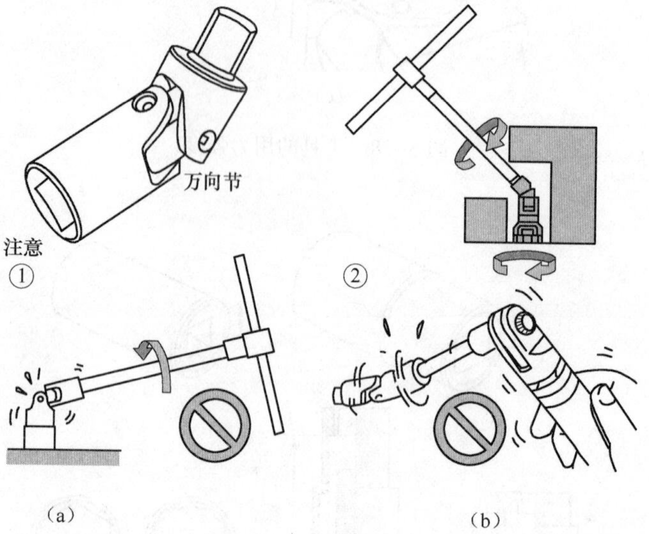

图 5-31 万向节

9. 加长杆(成套套筒扳手)

加长杆可用于拆下和更换装得太深不易接触的螺栓、螺母,如图 5-32 所示;也可用于将工具抬离平面一定高度,便于使用,不伤到手。

10. 旋转手柄(成套套筒扳手)

旋转手柄用于拆下和更换要求用大力矩的螺栓、螺母,如图 5-33 所示。套筒扳手头部可做铰式移动,这样可以调整手柄的角度使与套筒扳手相配合。手柄也能滑动,允许改变手柄长度。

注意:滑移手柄直到碰到使用前的锁紧位置,如果不在锁紧位置上,手柄在工作时可以滑进滑出，则会改变维修人员的工作姿势并造成人身伤害。

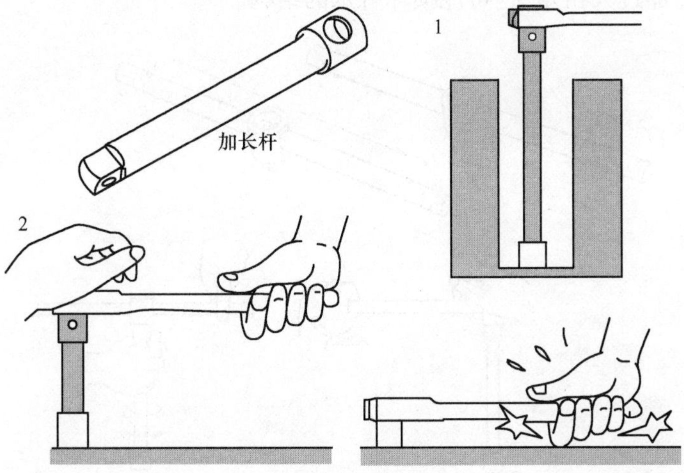

1—拆卸深的螺栓；2—抬高工具。

图 5-32　加长杆

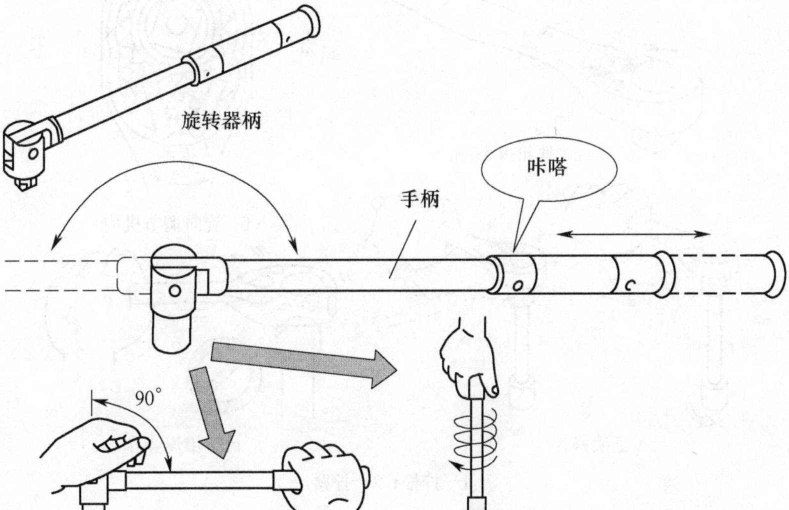

图 5-33　旋转手柄

11. 滑动手柄(成套套筒扳手)

滑动手柄通过滑动套筒的套头部分，将手柄变成 L 形可以增加扭矩，将手柄变成 T 形可以增加速度，如图 5-34 所示。

12. 棘轮扳手

通过旋向调节机构，棘轮手柄顺时针转动可以拧紧螺栓、螺母，也可以松开它们，如图 5-35 所示。螺栓、螺母可以不需要使用套筒扳手而单方向转动。套筒扳手可以以小的回转角锁住,可以在有限的空间中工作。

注意:不要施加过大扭矩,这可能损坏棘爪的结构。

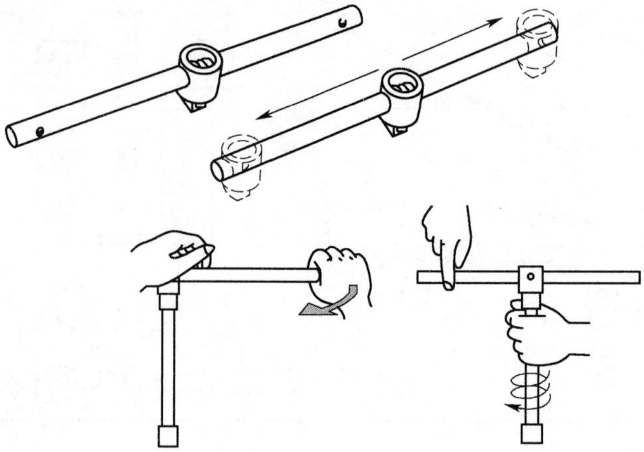

图 5-34　滑动手柄

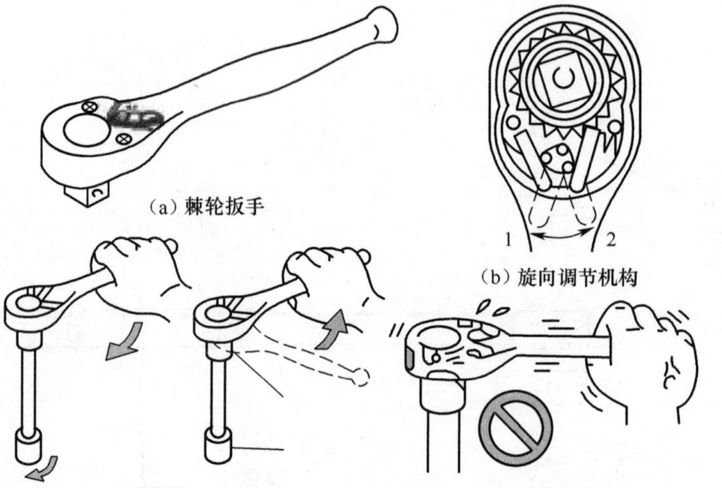

1—拧松; 2—拧紧。

图 5-35　棘轮扳手

13. 梅花扳手

梅花扳手因可以对螺栓、螺母施加大扭矩,所以用在补充拧紧和类似操作中,如图 5-36(a)所示。其特点如下:

(1) 因为梅花扳手钳口是双六角形的,所以可以容易地装配螺栓、螺母,并在一个有限空间内重新安装,如图 5-36(b)所示。

(2) 由于螺栓、螺母的六角形表面被包住,因此没有损坏螺栓角的危险,并可施加大扭矩,如图 5-36(c)所示。

(3) 由于轴是有角度的,因此可用于在凹进空间里或在平面上旋转螺栓、螺母,如

图 5-36(d)所示。

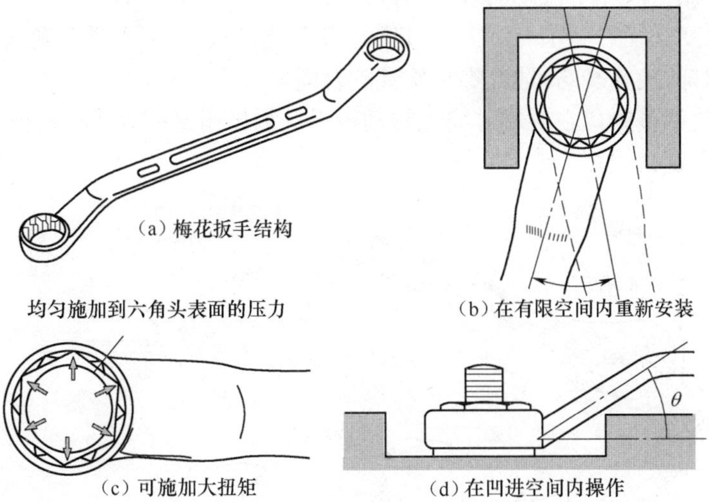

图 5-36　梅花扳手

14. 开口扳手

开口扳手用在不能用成套套筒扳手或梅花扳手拆除或更换螺栓、螺母的位置,如图 5-37(a)所示。其特点如下:

(1) 开口扳手钳口以一定角度与手柄相连。这意味着通过转动开口扳手可在有限空间中进一步旋转,如图 5-37(b)所示。

(2) 为防止相对的零件也转动,在拧松一根燃油管时,用两个开口扳手去拧松一个螺母,如图 5-37(c)所示。

(3) 扳手不能提供较大扭矩,因此不能用于最终拧紧。

注意:不能在扳手手柄上接套管,这会造成超大扭矩,损坏螺栓或开口扳手,如图 5-37(d)所示。

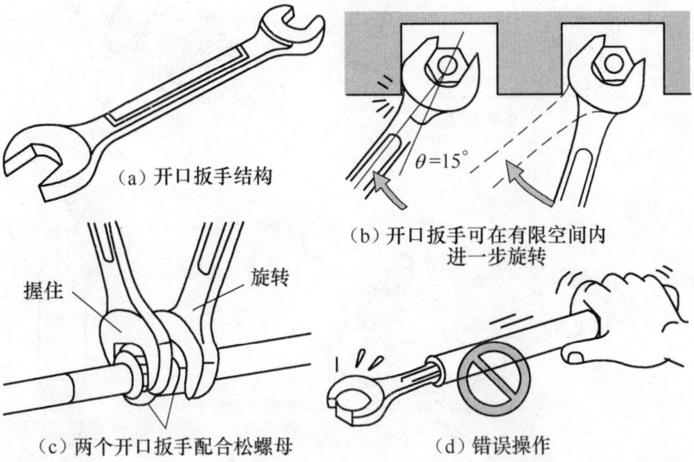

图 5-37　开口扳手

15. 可调扳手

可调扳手适用于尺寸不规则的螺栓、螺母或压紧SST(专用维修工具),如图5-38所示。旋转调节螺杆改变孔径。一个可调扳手可代替多个开口扳手,但不适于施加大扭矩。操作时要转动调节螺杆,使孔径与螺栓、螺母头部配合完好。

注意:不要使调节钳口在旋转方向上转动扳手。如果用这种方法转动扳手,压力将作用在调节螺杆上,会使其损坏。

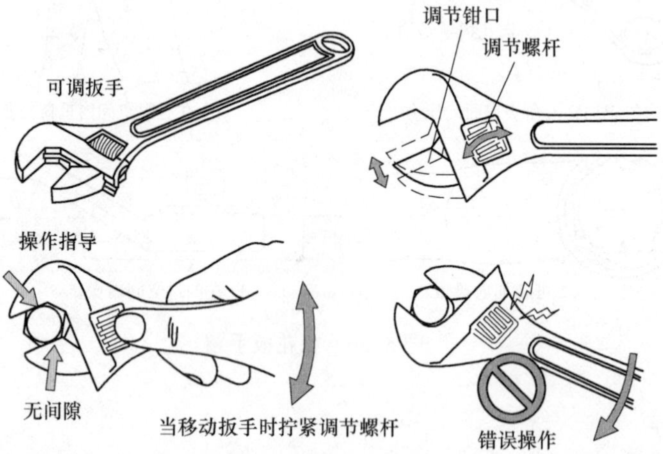

图5-38　可调扳手

16. 火花塞扳手

火花塞扳手专用于拆卸及更换火花塞,如图5-39所示。火花塞扳手有大小两种尺寸,要配合火花塞尺寸。扳手内装有一块磁铁,以保持住火花塞不坠落。

注意:① 磁性可保护火花塞,但仍要小心不要使其坠落。② 为确保火花塞正确地插入,首先要用手仔细地安装,然后用扭矩扳手紧固规定的转矩18 N·m至25 N·m)。

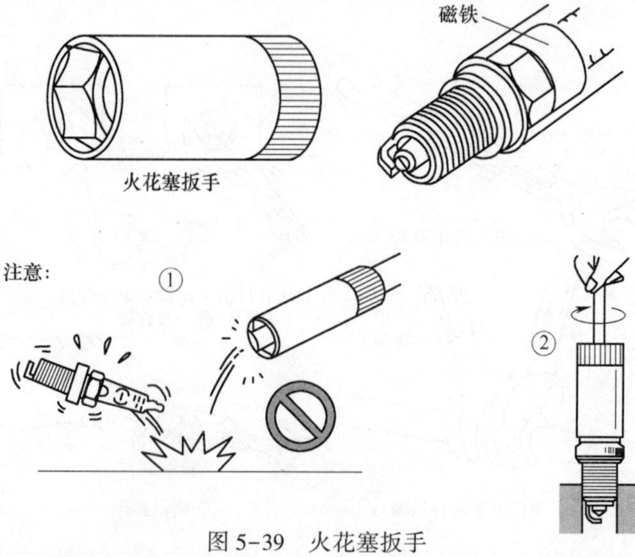

图5-39　火花塞扳手

17. 扭矩扳手

如图5-40所示,扭矩扳手用以拧紧螺栓、螺母达到规定的转矩,分以下类型。

(1) 预置型。通过旋转套筒可预设所要求的扭矩。当螺栓达到所设定扭矩拧紧时,会听到咔嗒声,表明已达到规定的扭矩,如图5-40(a)所示。

(2) 板簧式。如图5-40(b)所示,此扭转矩扳手通过弯曲梁板,借助作用到旋转手柄上的力进行操作,此梁板由钢板弹簧制成。作用力可通过指针和刻度读出,以便取得规定的扭矩。图5-40(c)所示为小扭矩扳手,最大值约为0.98 N·m,用于测量预负荷。

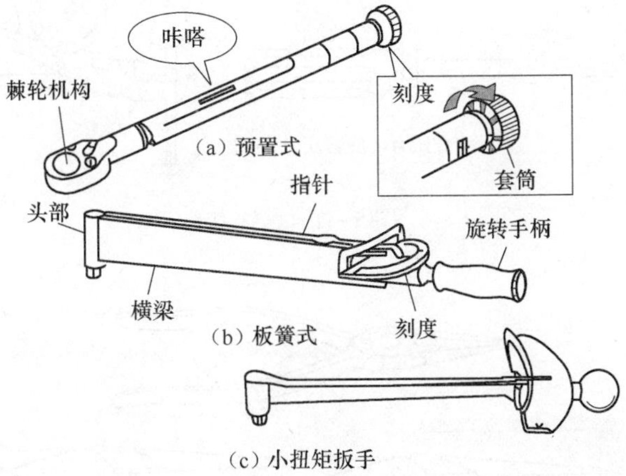

图5-40　扭矩扳手

注意:① 用其他扳手在扭矩扳手拧紧前预先拧紧,这样工作效率高。如果从一开始就用扭矩扳手拧紧,则工作效率较低。② 如果拧紧几个螺栓,在每个螺栓上均匀施加扭力,重复2次或3次。③ 如果专用维修工具与转矩扳手一起使用,则要按照修理手册中的说明计算扭矩。④ 钢板弹簧型的注意事项:使用到扭矩扳手上刻度的50%~70%量程,以便施加均匀的力;不要用力太大使手柄接触到杆。如果压力不是作用在销上,则不能获得精确的扭矩测量值。

18. 螺丝刀

螺丝刀用于拆卸和更换螺钉,分正负型号,取决于尖部的形状,如图5-41所示。操作时要使用尺寸合适的螺丝刀,与螺钉的槽大小合适。保持螺丝刀与螺钉尾端成直线,边用力边转动。

注意:切勿用鲤鱼钳或其他工具过度施加扭矩,因为可能会刮削螺钉的凹槽或损坏螺丝刀尖头。

19. 尖嘴钳

尖嘴钳用在密封的空间里操作或夹紧小零件,如图5-42所示。钳子是长而细的,适合在密封空间里使用。其包括一个朝向颈部的刀片,可以切割细导线或从电线上去掉绝缘层。

注意:切勿对钳子头部施加过大的压力,否则可能成U形打开,使其不能用以做精密工作。

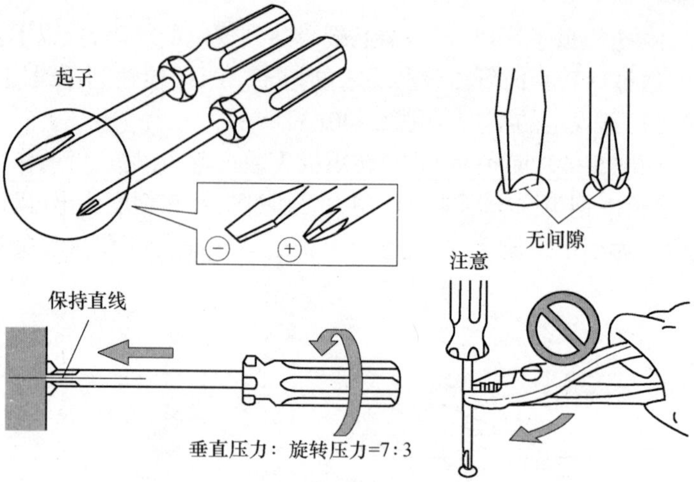

图 5-41　螺丝刀

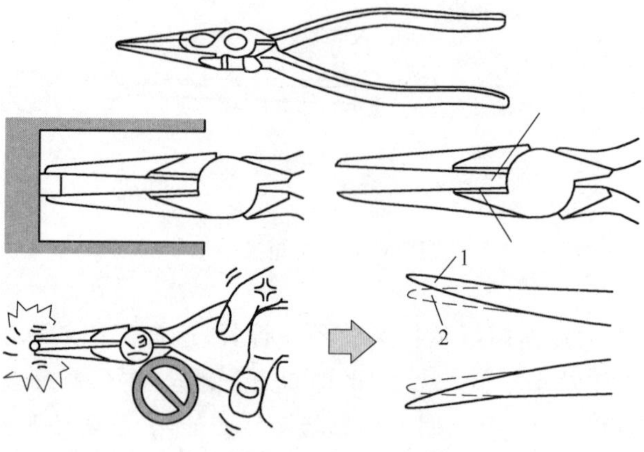

1—变形；2—变形前。

图 5-42　尖嘴钳

20. 鲤鱼钳

鲤鱼钳是用来夹东西，如图 5-43 所示。可以通过调节钳口打开的程度来改变支点上孔的位置。除此之外也可用钳口夹紧或拉动，或在颈部切断细导线。

注意：在用钳子夹紧前，须用防护布或其他防护罩遮盖易损坏件。

21. 剪钳

剪钳用于切割细导线，如图 5-44 所示。由于其刀片尖部为圆形，因此可用来切割细线，或者只要选择所需的线从线束中切下。

注意：不能用以切割硬的或粗的线，这样做会损坏刀片。

22. 锤子

锤子可通过敲击来拆卸和更换零件，并且根据声音来测试螺栓的松紧度，如图 5-45 所示。有以下类型可供使用，它取决于应用或材料。

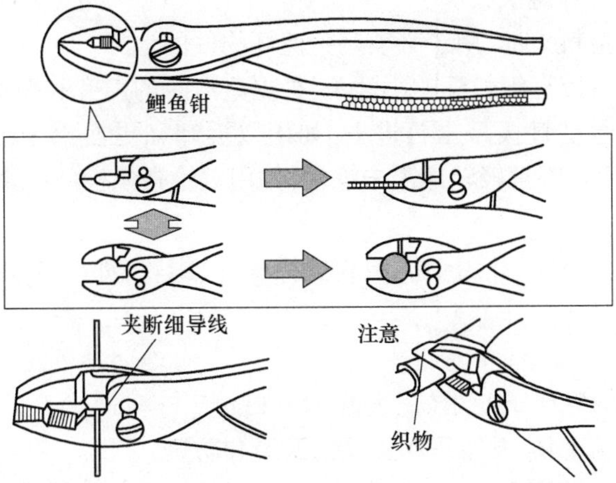

图 5-43　鲤鱼钳

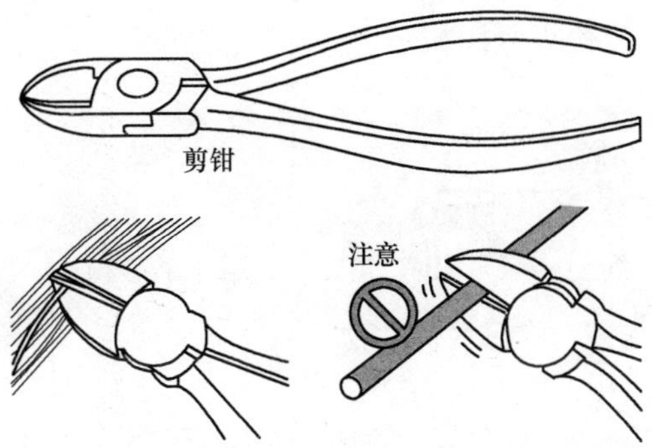

图 5-44　剪钳

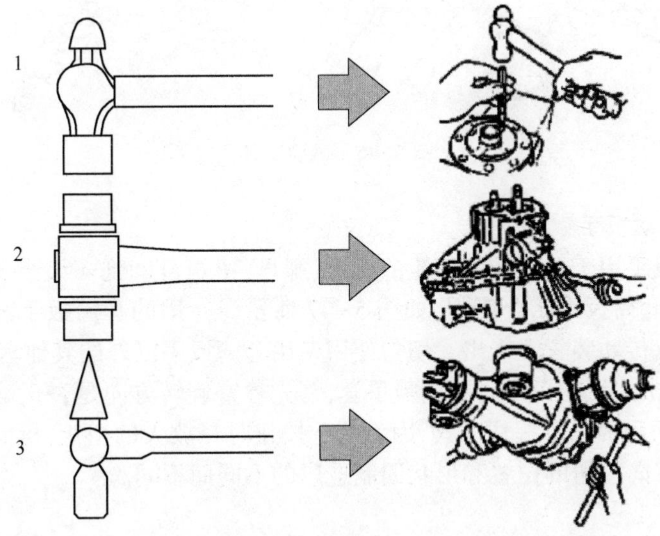

图 5-45　锤子

（1）球头销锤子。有铸铁头部。

（2）塑料锤。有塑料头部，用于必须避免撞坏物件的地方。

（3）检修用锤。用带有细长柄的小锤子，根据敲击时的声音和振动来测试螺栓、螺母的松紧度。图中 1 表示通过直接敲击打进去，如用以拆卸和更换销子；2 是通过直接敲击拆卸，如用以分开盖和壳体；3 是轻轻地敲击螺栓，如用以检查螺栓的松紧度。

23. 风动工具

风动工具使用压缩空气，并用于拆卸和更换螺栓、螺帽，如图 5-46 所示。它们能使工作很快完成。

操作警告：

（1）永远在正确的气压下使用（正确值：686 kPa（7 kg/cm^2））。

（2）定期检查风动工具，并用风动工具油润滑和防锈。

（3）如果用风动工具从螺丝上完全取下螺母，则旋转力可使螺母飞出。

（4）往往先用手将螺母对准螺栓。如果一开始就打开风动工具，则螺纹会被损坏。注意不要拧得过紧。使用较小的力拧紧。

（5）最后使用扭矩扳手检查紧固扭矩。

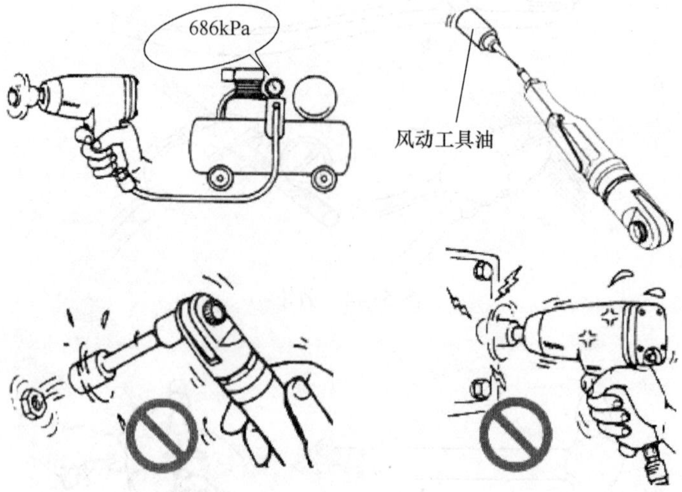

图 5-46　风动工具

24. 冲击式风动扳手

冲击式风动扳手用于要求较大扭矩的螺栓、螺母，扭矩可调到 4 级至 6 级，旋转方向可以改变，与专用的套筒扳手结合使用，如图 5-47 所示。专用的套筒扳手经过专门加工，特点是能防止零件从传动装置上飞出。切勿使用专用套筒扳手以外的其他套筒扳手。

注意：操作冲击式风动扳手时不能戴手套，首先检查旋转方向是否正确（不能带套筒检查）；在操作时必须用两只手握住工具，因为按下按钮时释放大的扭矩，可能引起振动；扭矩调整按钮和旋转方向按钮的位置和形状因制造厂的不同而不同。

25. 游标卡尺

游标卡尺是一种较精密的量具，能较精确地测量工件的长度、宽度、深度及内、外圆直径等尺寸。其常用的规格有 0～125mm、0～150mm、0～200mm、0～300mm、0～500mm 等。游标卡尺按精度可分为0.1mm、0.05mm、0.02mm。

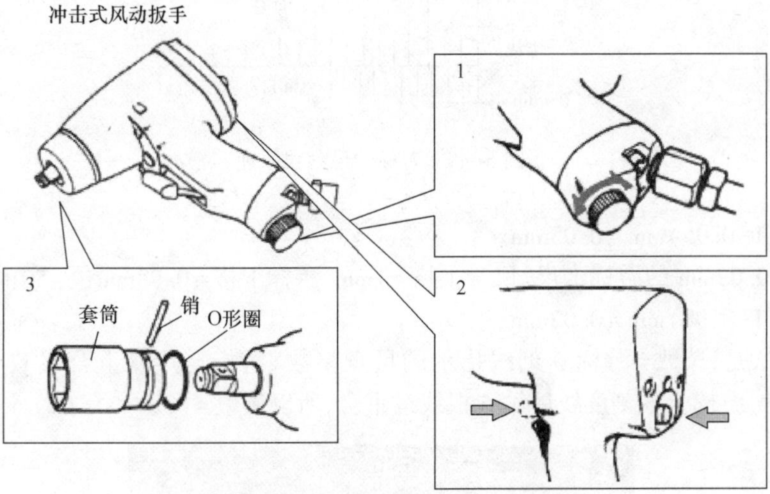

1—调节扭矩；2—改变旋转方向；3—专用套筒。

图5-47　冲击式风动扳手

1）游标卡尺的构造

游标卡尺由尺身、游标、外测量爪、刀口内测量爪、深度尺、紧固螺钉等组成，如图5-48所示。

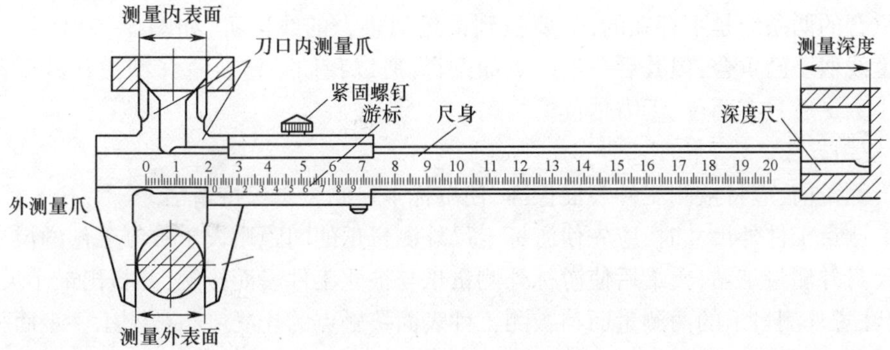

图5-48　游标卡尺

内、外固定测量爪与尺身制成一体，而内、外径活动测量爪和深度尺与游标制成一体，并可在尺身上滑动。尺身上的刻度为每格1mm，游标上的刻度每格不足1mm。当内、外测量爪合拢时，尺身与游标上的零线应重合；在内、外测量爪分开时，尺身与游标上的刻线会相对错动。测量时，根据尺身与游标错动情况即可在尺身上读出整数毫米数，在游标上读出小数毫米数。为了使测好的尺寸不致变动，可拧紧坚固螺钉使游标不再滑动。

2）读数方法

以精度为0.1mm的游标卡尺为例，刻线原理是，尺身1格=1mm，游标1格=0.9mm，共10格，尺身、游标每格之差=(1-0.9)mm=0.1 mm，如图5-49所示。

精度为0.05mm的游标卡尺，尺身1格=1mm，游标1格=0.95mm，共20格，尺身、游标

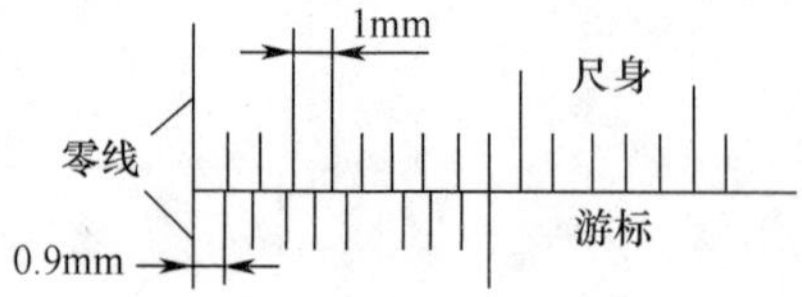

图 5-49　游标卡尺刻线原理

每格之差=(1-0.95)mm=0.05mm。

精度为 0.02mm 的游标卡尺,尺身 1 格=1mm,游标 1 格=0.98mm,共 50 格,尺身、游标每格之差=(1-0.98)mm=0.02mm。

读数方法是,读数=游标 0 刻线指示的尺身整数+游标与尺身重合线数×精度值。如图 5-50 所示,游标上零刻度线后第 6 根线最重合,所以读数=(22+6×0.02)mm=22.12mm。

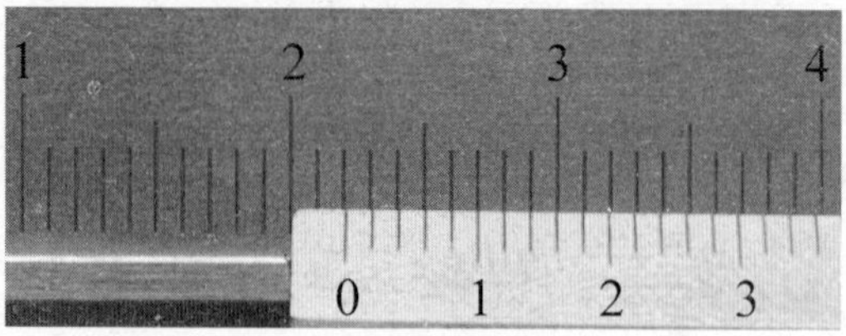

图 5-50　游标卡尺读数

注意:有的同学在读数时找不到游标与尺身重合的线,发现有很多线看上去都重合,其实绝对重合的两条线是不存在的,只要找到最近似重合的线即可,如图 5-50 所示,游标上的 1 刻度线似乎已重合,但其后一根线更加重合,所以我们一定要看仔细找到最重合的线。读数的小数点后只有两位,无需估读。

3) 使用方法

(1) 测量前,应将被测工件表面擦净,使游标卡尺测量爪保持清洁。

(2) 测量工件外尺寸时,应先使游标卡尺外测量爪的间距略大于被测工件的尺寸,再使工件与尺身外测量爪贴合,最后使游标外测量爪与被测工件表面接触,并找出最小尺寸。测量时,要注意外测量爪的两测量面与被测工件表面接触点的连线应与被测工件表面相垂直。

(3) 测量工件孔内尺寸时,应使游标卡尺内测量爪的间距略小于工件的被测孔径尺寸。将测量爪沿孔中心线放入,先使尺身内测量爪与孔壁一边贴合,再使游标内测量爪与孔壁另一边接触,找出最大尺寸。同时,注意使内测量爪两测量面与被测工件内孔表面接触点的连线与被测工件内表面垂直。

(4) 用游标卡尺的深度尺测量工件深度尺寸时,要使卡尺端面与被测工件的顶端平面贴合。同时,保持深度尺与该平面垂直。

4) 注意事项

(1) 检查零线。使用前,应先擦净卡尺,合拢测量爪,检查尺身与游标的零线是否对齐。如未对齐应记下误差值,以便测量后修正读数。

(2) 放正卡尺。测量内圆、外圆时,卡尺应垂直于轴线;测量内圆时,应使两测量爪处于直径处。

（3）用力适当。测量爪与测量面接触时，用力不宜过大，以免测量爪变形和磨损，导致读数误差大。

（4）视线垂直。读数时，视线要对准所读刻线并垂直尺面；否则，读数不准。

（5）防止松动。取出卡尺时，应使固定测量爪紧贴工件，轻取出，防止活动测量爪移动。

（6）勿测毛面。卡尺属于精密量具，不得用来测量毛坯表面。

（7）游标卡尺不能测量旋转中的工件。禁止把游标卡尺的两个测量爪当作扳手或刻线工具使用。

（8）游标卡尺受到损伤后，不允许用锤子、锉刀等工具自行修理，应交专门修理部门修理，经鉴定合格后才能再次使用。

26. 千分尺

千分尺又称为螺旋测微器，是比游标卡尺更为精确的一种精密量具，测量精度可达0.01mm，按其用途的不同可分为外径千分尺、内径千分尺、深度千分尺和螺纹千分尺等。本书只介绍常用的外径千分尺的构造和使用。

1）外径千分尺的构造

外径千分尺是用来测量工件外部尺寸的。图5-51为外径千分尺的结构图。其测量的范围分为0~25mm、25~50mm、50~75mm、75~100mm、100~125mm等。它由测砧、测微螺杆、螺纹轴套、固定套管、微分筒、调节螺母、测力装置、锁紧装置等组成。

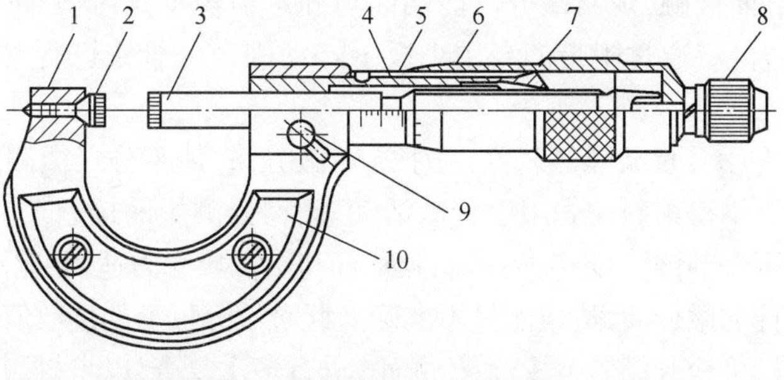

1—尺架；2—测砧；3—测微螺杆；4—螺纹套管；5—固定套管；6—微分筒；7—调节螺母；8—测力装置；9—锁紧装置；10—隔热装置。

图5-51 外径千分尺的结构

2）刻线原理

千分尺是利用螺旋副传动原理，借助螺杆与螺纹轴套的精密配合，将回转运动变为直线运动，以固定套管和微分筒（相当于游标卡尺的尺身和游标）所组成的读数机构，用以测量工件尺寸。

固定套管外面有尺寸刻线，上、下刻线每1格为1mm，相邻刻线之间距离为0.5mm。测微螺杆后端有精密螺纹，螺距是0.5mm。当微分筒旋转一周时，测微螺杆和微分筒一同前进（或后退）0.5mm，同时微分筒就遮住（或露出）固定套管上的1条刻线。在微分筒圆锥面上，一周等分成50条刻线。当微分筒旋转一格（一周的1/50）时，测微螺杆就移动0.01mm，故千分尺的测量精度为0.01mm。

3）读数方法

（1）读固定套管上的毫米数和半毫米数。

(2) 看微分筒上第几条刻线与固定套管的基线对正,即有几个 0.01 mm。注意此处需要估读一位,即小数点后有三位。

(3) 将两个读数值相加就是被测量工件的尺寸值。

在图 5-52 中,固定套管上露出来的数值是 28.50mm,微分筒上第 31 格线与固定套管上基线正对齐,估读数值为 0.310mm,此时千分尺的正确读数为 28.50mm+0.310mm=28.810mm。

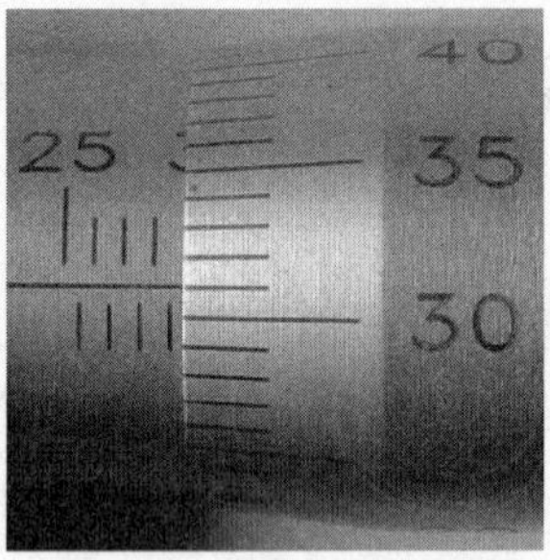

图 5-52　千分尺的读数示例

4) 使用方法与注意事项

(1) 测量前,先将测量面擦净,并检查零位。具体检查方法:用测力装置使测量面或测量面与标准棒两端面接触,观察微分筒前端面与固定套管零线、微分筒零线与固定套管基线是否重合;如不重合,应通过附带的专用小扳手转动固定套管来进行调整。图 5-52 为千分尺零位的调整。

(2) 测量时,左手拿尺架隔热装置,右手旋转微分筒,使千分尺微测螺杆的轴线与工件的中心线垂直或平行,不得歪斜。先用手转动活动套管,当测量面接近工件时,再改用测力装置的螺母转动,直到听到"咔咔"响声,表示测微螺杆与工件接触力适当,应停止转动,利用锁紧装置锁紧,此刻严禁拧动微分筒,造成测量不准确。此时千分尺上的读数值就是工件的尺寸。为防止一次测量不准,可松开锁紧装置、旋松棘轮,进行多次复查,以求得测量值的准确性。

(3) 读数要细心,必要时可锁紧后取下千分尺读出测量的数值。要特别注意,不要读错 0.5mm。

(4) 不准测量毛坯或表面粗糙的工件,不准测量正在旋转或温度较高的工件,以免损伤测量面或得不到正确的读数。

(5) 千分尺应保持清洁,用后要擦净涂油,并妥善保管。

27. 百分表

1) 结构特点

百分表是一种精度较高的齿轮传动式测微量具,如图 5-53 所示。它是利用齿轮齿条传动机构将测杆的直线移动转变为指针的转动,由指针指出测杆的移动距离。因百分表只有一个测量头,所以只能测出工件的相对数值。百分表主要用来测量机器零件的各种几何形状偏差和表面相互位置偏差(如平面度、垂直度、圆度和跳动量),也可测量工件的长度尺寸,也常用于工件的精密找正。它具有外形尺寸小、质量小、使用方便等特点。

2) 工作原理与读数方法

百分表工作原理是将测杆的直线位移经过齿条与齿轮传动转变为指针的角位移。百分表的刻度盘圆周刻成 100 等份,分度值为 0.01mm。若主指针 5 转动 1 周,则测杆的位移量为 1mm;主指针转一格,测杆的位移量为 0.01mm,此时读数为 0.01mm。表圈 2 和表盘 3 是一体的,可任意转动,以便使指针对正零位。小指针 4 用以指示大指针的回转圈数。常见百分表的测量范围为 0~3mm、0~5mm 和 0~10mm 等。

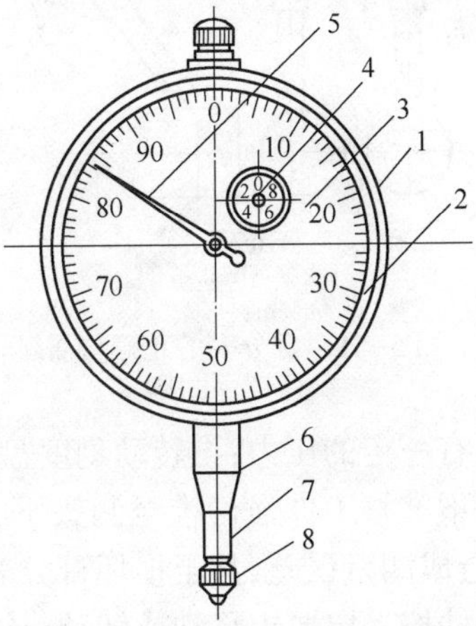

1—表体;2—表圈;3—表盘;4—小指针;5—主指针;6—装夹套;7—测杆;8—测头。

图 5-53　百分表

3）使用方法与注意事项

（1）使用磁性表座百分表测量工件时,必须将其固定在可靠的支架上,如图 5-54 所示。

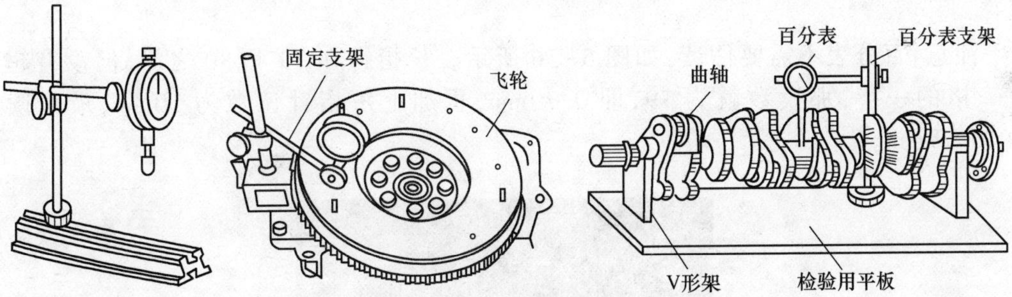

图 5-54　百分表的使用

（2）百分表的夹装要牢固,夹紧力应适当,不宜过大,以免装夹套筒变形,卡住测杆。

（3）夹装后应检查测杆是否灵活,夹紧后不可再转动百分表。

（4）测量时,测杆与被测工件表面必须垂直,否则,会产生测量误差。百分表的正确位置如图 5-55 所示。

（5）按被测工件表面的不同形状选用相应形状的测量头。例如:用平测量头测量球面工件,用球面测量头测量圆柱形或平面工件,用尖测量头或曲率半径很小的球面测量头测量凹面或形状复杂的表面。

（6）测量时,先应轻提测杆,缓慢放下,使量杆端部的测头抵在被测零件的测量面上,并

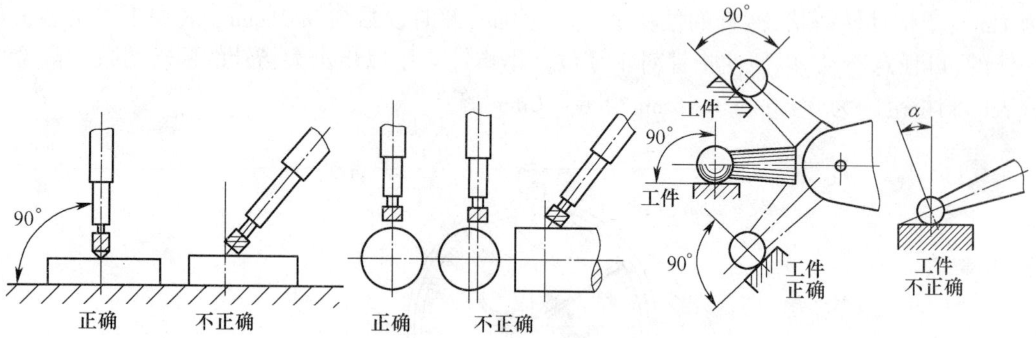

图 5-55　百分表的正确位置

要有一定的压缩量，以保持测头有一定的压力；再转动刻度盘，使指针对准零位。测量时，应注意不能使测头移动距离过大，不准将工件强行推至测头下，也不准急速放下测杆，使测头突然落到零件表面上；否则，将造成测量误差，甚至损坏百分表。

（7）测量时，使被测量的零件按一定要求移动或转动，从刻度盘指针的变化直接观察被测零件的偏差尺寸，即可测量出零件的平整程度或平行度、垂直度或轴的弯曲度及轴颈磨损程度等。

（8）使用中，应注意百分表与支架在表座上安装的稳固性，以免造成倾斜或摆动现象。

（9）对于磁性表座，一定要注意检查按钮的位置，测杆与测头不应黏有油污；否则，会降低其灵敏性。使用后，应将百分表从支架上拆下，擦拭干净，然后涂油装入盒中，并妥善保管。

注意：百分表不需要估读，如图 5-56 所示。长指针在 79 和 80 之间，但没有超过这一格的一半，那读数就为 79，即 0.79mm，再加上短指针读数为 10mm，最终读数为 10.79mm。

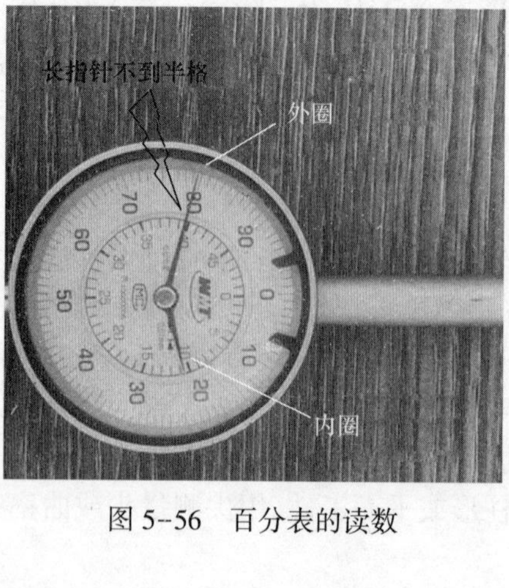

图 5-56　百分表的读数

四、自我测试题

(一) 判断题

1. 举升器在举升时由双人操作,举升前一定要发出指令,举升中车门要关闭。 (　　)

2. 检查手动变速器油位时,需从变速器上拆卸油加注塞,将手指插入塞孔,检查油与手指接触的位置。 (　　)

3. 安装新机油滤清器时,先轻缓地拧动使其就位,然后上紧直到拧不动,最后使用专用维修工具再次上紧 3/4 圈。 (　　)

4. 对拧得很紧的螺栓、螺母可以通过手对工具施加冲击力轻松松开。 (　　)

5. 使用万向节时要注意:不要使手柄倾斜较大角度来施加扭矩。 (　　)

6. 对棘轮扳手不要施加过大扭矩,否则可能损坏棘爪的结构。 (　　)

7. 冲击式风动扳手操作不能戴手套,首先戴套筒检查旋转方向是否正确。 (　　)

8. 排放发动机机油应在热车时进行。 (　　)

(二) 单项选择题

1. 关于举升器的维护下列说法错误的是(　　)

A. 作业完毕后切断电源,清除杂物,打扫举升器周围场地,以保持清洁。

B. 定期(半年)排除举升器储油缸积水,并检查油量,按润滑面要求进行注油。

C. 对于剪式举升器要定期在滑块与立柱内表面互相摩擦的部位涂抹润滑脂。

D. 严格执行限载规定。

2. 关于扳手的选择下列说法正确的是(　　)

A. 优先选用梅花扳手,其次是开口扳手,最后是活动扳手。

B. 优先选用成套套筒扳手,其次是梅花扳手,最后是活动扳手。

C. 优先选用成套套筒扳手,其次是梅花扳手,最后是开口扳手。

D. 优先选用成套套筒扳手,其次是开口扳手,最后是活动扳手。

3. 关于手柄的选择下列说法错误的是(　　)

A. 棘轮手柄适合在狭窄空间中使用。

B. 滑动手柄要求的工作空间大,但能提供最快的工作速度。

C. 旋转手柄在调整好手柄后可以迅速工作并可在狭窄空间使用。

D. 棘轮手柄不可能获得很高的扭矩。

4. 关于使用工具下列说法错误的是(　　)

A. 确保工具的直径与螺栓、螺母的头部大小相配合适。

B. 要使工具与螺栓、螺母完全配合。

C. 使用工具时要始终转动工具以便推动它,如果由于空间限制无法推动,则用手拉动它。

D. 对已经拧得很紧的螺栓、螺母可以通过手施加冲击力轻松松开。

5. 下列说法错误的是(　　)

A. 加长杆可用于拆下和更换装得太深不易接触的螺栓、螺母。

B. 加长杆可用于将工具抬离平面一定高度,便于使用,不伤到手。

C. 旋转手柄在使用时手柄也能自由滑动,目的是允许改变手柄长度。

D. 旋转手柄用于拆下和更换要求用大力矩的螺栓、螺母。

（三）简答题

1. 举升器的使用步骤是什么？
2. 工具和测量仪器需的选用原则是什么？
3. 如何正确排放发动机机油？如何更换机油滤清器？
4. 发动机排气系统如何检查？
5. 轿车底盘检查有哪些内容？

项目六　轮胎、制动器的检查与制动液的更换和排气

一、项目描述

通过检查车轮轴承、盘式制动器和鼓式制动器、轮胎以及进行制动液更换和排气，使学生达到以下要求：

1. 知识要求

(1) 了解制动系统的功用与组成。

(2) 熟悉制动系统的基本工作原理。

(3) 掌握盘式制动器的结构与检修内容。

(4) 掌握鼓式制动器的结构与检修内容。

(5) 掌握驻车制动器的结构与功用。

(6) 了解比例阀、限压阀等阀的作用。

2. 技能要求

(1) 能够检查车轮轴承。

(2) 能够拆卸车轮和检查轮胎的使用状况。

(3) 能够检查盘式制动器、鼓式制动器和盘鼓式制动器。

(4) 能够检查制动拖滞。

(5) 能够进行制动液更换和排气。

(6) 能够安装车轮。

3. 素质要求

(1) 掌握5S管理方法的理念。

(2) 重视劳动保护与安全操作。

(3) 注意环境保护。

(4) 培养团队协作精神。

二、项目实施

任务一　轮胎、制动器检查

1. 训练内容

(1) 车辆在举升位置4的检查工作。

(2) 完成并填写学习工作单的相关项目。

(3) 学习汽车制动系统的相关知识。

2. 训练目标

(1) 掌握车辆在举升位置 4 的工作内容。

(2) 熟悉常用量具的使用方法。

3. 训练设备

轿车及维修手册、常用工具、冲击扳手、轮胎深度规、千分尺、百分表、制动液更换工具和举升器。

4. 训练步骤

1) 举升车辆至位置 4,检查车轮轴承

在检查车轮轴承状况时分两步,如图 6-1 所示。第一步车轮摆动检查:将一只手放在轮胎上面,另一只手放在轮胎下面,紧紧地推拉轮胎以便检查是否有任何摆动,如图 6-1(a)所示。如果有摆动,则使用制动踏板压器进行制动,如图 6-1(b)所示,然后检查摆动状况,摆动消失说明车轮轴承有故障,摆动依然存在说明球节或悬架有故障。第二步转动噪声检查:用手转动轮胎以便检查其是否能够无任何噪声的平稳转动,如图 6-1(c)所示。

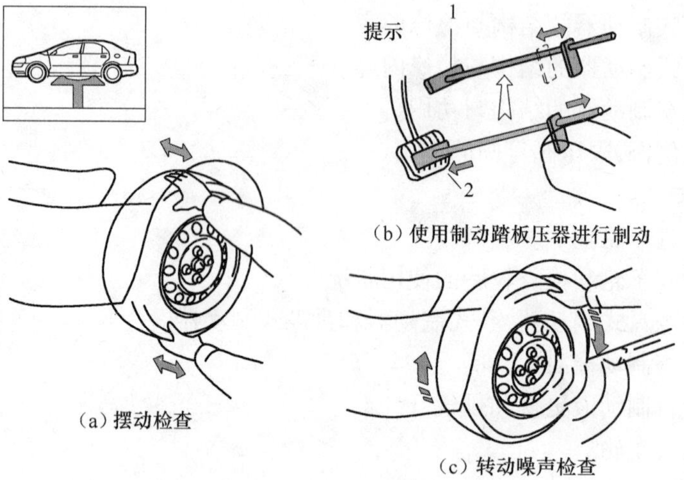

(a) 摆动检查

(b) 使用制动踏板压器进行制动

(c) 转动噪声检查

1—制动踏板压器;2— 安装制动踏板压器。

图 6-1 车轮轴承的检查方法

2) 拆卸车轮和检查轮胎的使用状况

如图 6-2 所示,在拆卸车轮时,使用一把冲击扳手,按照交叉顺序拆卸 4 个车轮螺母。然后,拆卸车轮。冲击扳手在使用时要注意旋向和连接;在拆最后一个车轮螺母时要用手按住轮胎,另一手拧下螺母。

在检查轮胎时,要检查以下内容,如图 6-3~图 6-5 所示。

(1) 裂纹或者损坏。检查轮胎胎面和胎壁是否有裂纹、割痕或者其他损坏。

(2) 嵌入金属微粒或者外物。检查轮胎的胎面和胎壁是否嵌入任何金属微粒、石子或者其他异物。

(3) 胎面沟槽深度。使用一个轮胎深度规测量轮胎胎面的沟槽深度;或同时通过观察与地面接触的轮胎表面的胎面磨耗指示标记轻易地检查胎面深度。

(4) 异常磨损。检查轮胎的整个外围是否有不均匀磨损和阶段磨损,如图 6-4 所示。

（5）气压。检查轮胎气压。

（6）漏气。检查气压后，通过在气门周围涂肥皂水检查是否漏气。

（7）轮辋损坏。检查轮圈和轮盘是否损坏、腐蚀、变形和跳动，如图 6-5 所示。

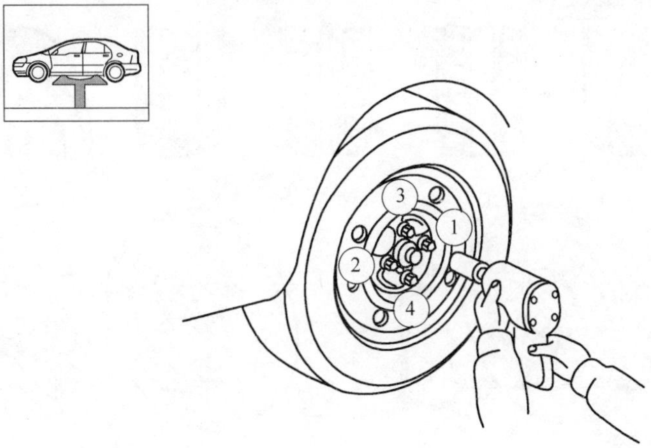

图 6-2　车轮的拆卸方法

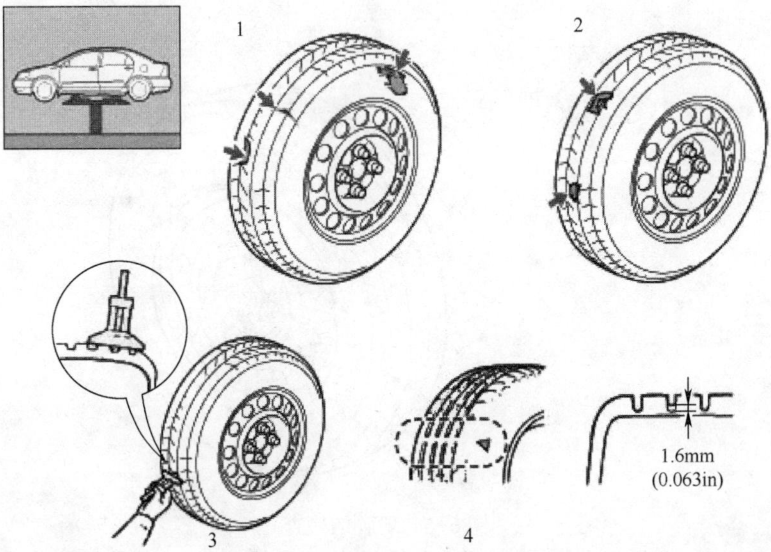

1—检查胎面有无裂纹；2—检查胎面有无异物；3—检查胎面沟槽深度；4—检查胎面异常磨损。

图 6-3　轮胎的检查(一)

3）检查盘式制动器

在拆下轮胎后，要依次检查以下内容，如图 6-6 所示。

（1）内侧摩擦片厚度。通过制动卡钳内的检查孔目测检查内制动器摩擦片的厚度，确保其与外制动器摩擦片没有明显的偏差。

（2）外侧摩擦片厚度。使用一把直尺测量外制动器摩擦片的厚度，至少测三点。如果制动器摩擦片的厚度低于磨损极限，则更换制动器摩擦片。

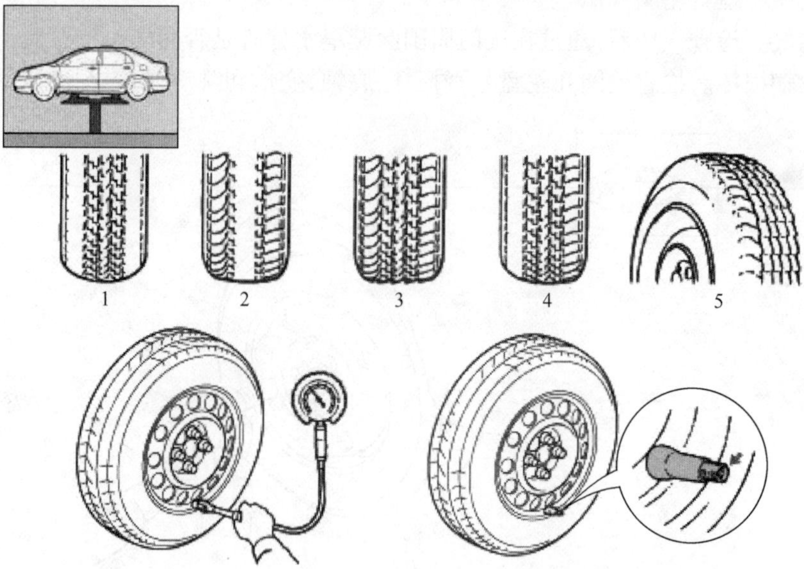

1—双肩磨损；2—中间磨损；3—薄边磨损；4—单肩磨损；5—跟部磨损。

图 6-4　轮胎的检查(二)

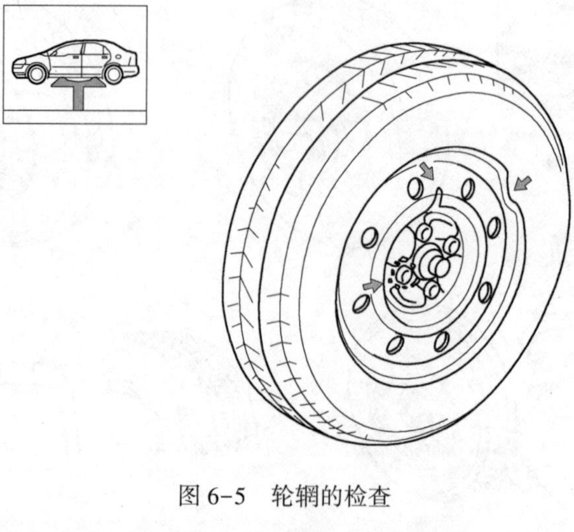

图 6-5　轮辋的检查

（3）不均匀磨损。目测检查制动器摩擦片的不均匀磨损。

（4）磨损和损坏。目测检查制动盘上是否有刻痕、不均匀或者异常磨损以及裂纹和其他损坏，要注意内外两侧，如图 6-7 所示。

（5）厚度检查。用千分尺测量制动盘的厚度，120°测一次，测 3 次，注意磨损极限。

（6）端面圆跳动检测。安装磁性表座和百分表，百分表指针垂直压靠在制动盘上，指针距离制动盘边缘 10mm 左右，旋转车轮一周，跳动量不能超出 0.05mm，如图 6-8 所示。

（7）制动液泄漏。目测检查制动卡钳处有无制动液泄漏。注意如果制动液溅出或者黏在油漆上，立即用水漂洗，否则将损坏油漆表面。

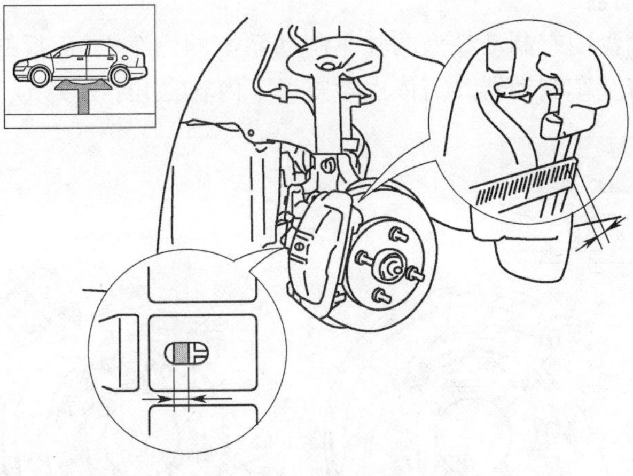

图 6-6　摩擦片厚度检查

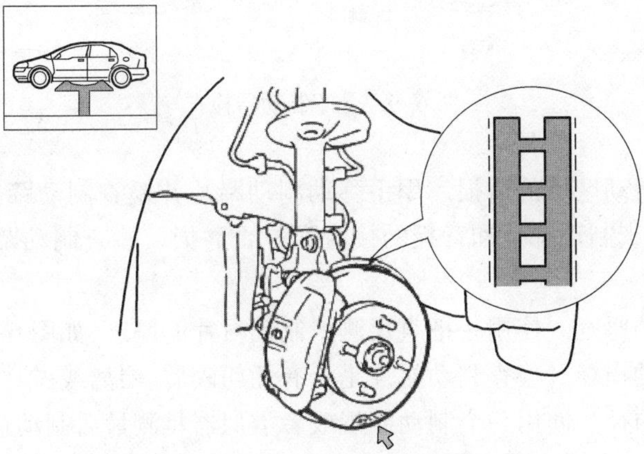

图 6-7　制动盘外观检查

图 6-8　制动盘端面圆跳动检查

4）检查驻车制动器

在一个配备制动盘内有制动鼓型的驻车制动系统的汽车上，需拆卸后盘式制动卡钳和后制动盘后才能检查驻车制动器。需依次检查以下内容，如图 6-9 所示。

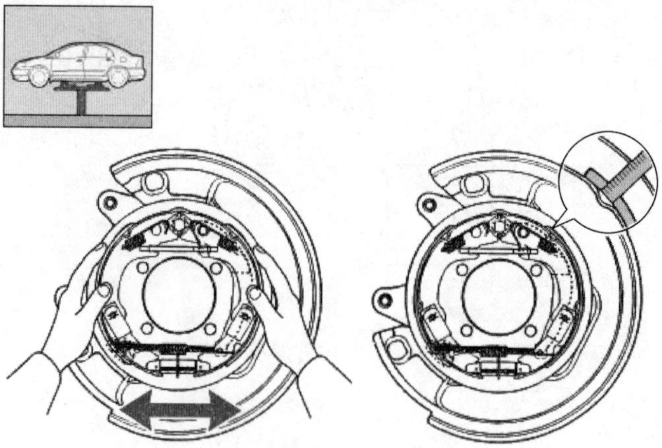

（a）　（b）

图 6-9　驻车制动器检查

（1）制动蹄片滑动区域的磨损。用手移动制动蹄片并检查制动蹄片移动是否顺利，如图 6-9（a）所示。检查制动蹄片和背板的接触面是否磨损。检查制动蹄片和背板的接触面是否生锈。

（2）制动衬片的厚度。使用一把直尺测量制动衬片的厚度，如图 6-9（b）所示。

（3）制动衬片的损坏。检查制动衬片是否有任何碎屑、层离或者其他损坏。

（4）后制动盘内径。使用一个制动鼓规或者类似器具测量后制动盘的内径，如图 6-10（a）所示。

（5）磨损和损坏。检查后制动盘是否有任何磨损或者损坏，如图 6-10（b）所示。

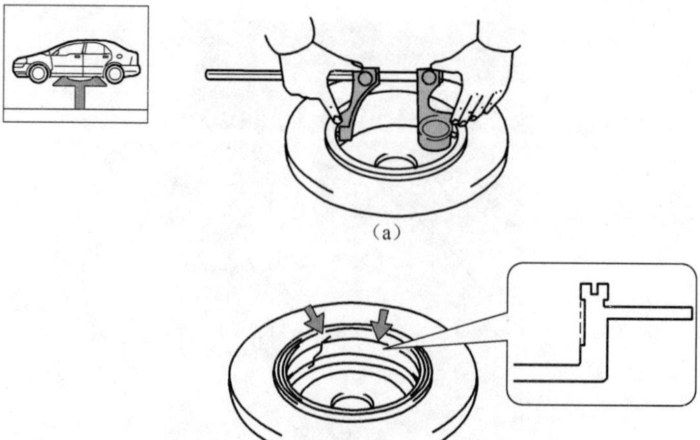

（a）

（b）

图 6-10　后制动盘内径检查

(6) 安装后制动盘和后制动盘制动卡钳。

(7) 驻车制动蹄片间隙调整。

按以下步骤进行驻车制动蹄片间隙调整,如图 6-11 所示。

① 临时安装轮毂螺母。

② 拆卸孔塞,转动调节器并扩展制动蹄片直到制动盘锁定。

③ 回退调节器 8 个槽口。

④ 检查制动蹄片是否拖滞在制动器上。

⑤ 安装调节孔塞。

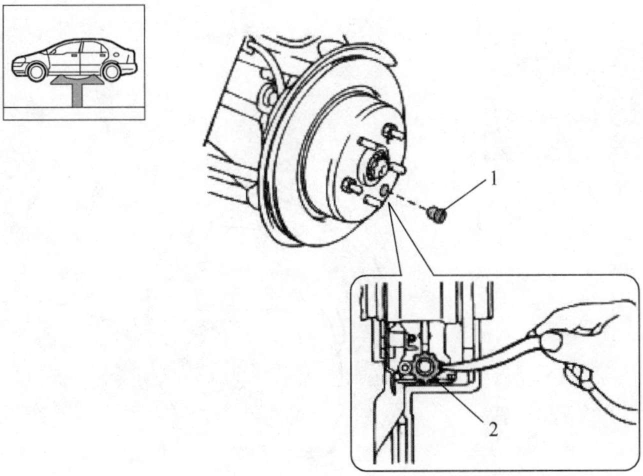

1—孔塞;2—调节器。

图 6-11　驻车制动蹄片间隙调整

5) 检查鼓式制动器

拆卸制动鼓后才能检查鼓式制动器,注意制动鼓拆下后,不要踩下制动踏板,然后需依次检查以下内容,如图 6-12 所示。

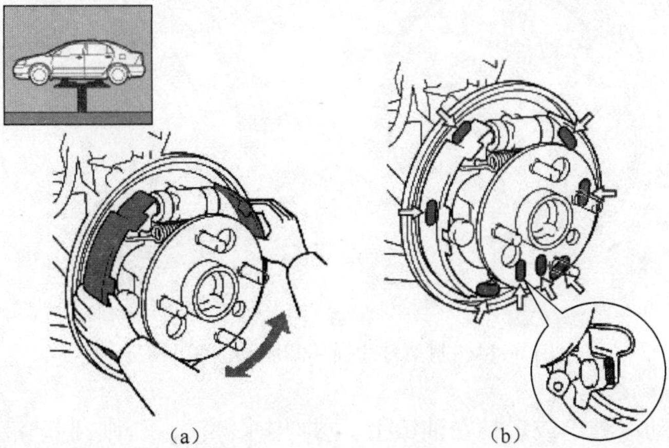

图 6-12　鼓式制动器检查

（1）制动蹄片在其上面滑动的背板区域的磨损。用手前后移动制动蹄片并检查制动蹄片移动是否顺利，如图 6-12(a)所示。检查制动蹄片与背板和固定件之间的接触面是否磨损。检查制动蹄片、背板和固定件是否生锈。注意：检查期间需在背板和制动蹄片之间的接触面上涂高温润滑油脂，如图 6-12(b)所示。

（2）制动衬片的厚度。使用一把直尺测量制动衬片的厚度。如果厚度低于磨损极限，则更换制动蹄片，如图 6-13 所示。通过检查自从上一次检查到现在的制动衬片的磨损，来估计制动衬片在下一次检查时的情况。在下一次计划检查时，如果估计衬片的厚度将会小于可接受的磨损值时，建议车主更换衬片。注意：更换制动蹄片时，所有的制动蹄片都必须同时更换。

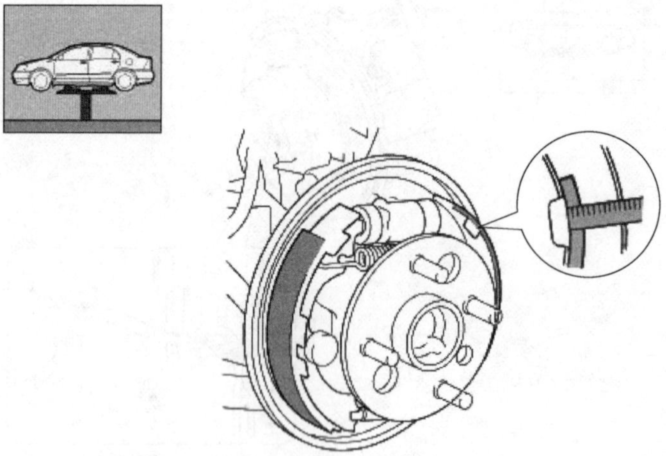

图 6-13　制动衬片厚度检查

（3）制动衬片的损坏。检查制动衬片是否有裂纹、蜕皮和损坏，如图 6-14(a)所示。

（4）制动液渗漏。检查车轮制动轮缸中是否有液体渗漏，如图 6-14(b)所示。

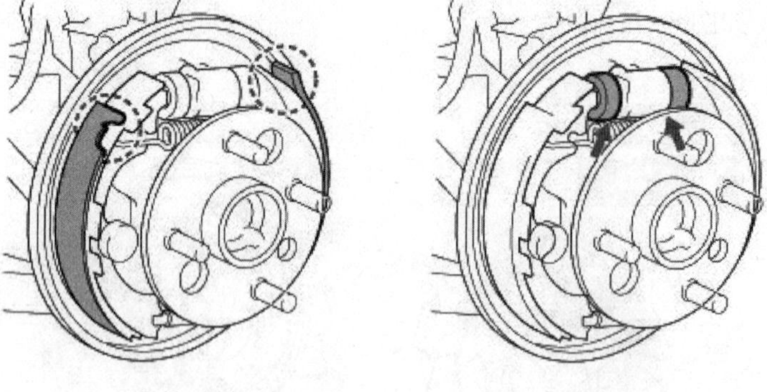

(a)　　　　　　　　(b)

图 6-14　制动衬片损坏和制动液渗漏检查

注意：如果制动液溅出或者粘在油漆上，立即用水漂洗。否则，制动液将损坏油漆表面。制动蹄片间隙的自动调节可以通过运用制动踏板调整或通过操作驻车制动杆调整。

(5) 制动鼓内径。使用一个制动鼓测量规或者类似器具测量制动鼓内径,如图 6-15(a)所示。

(6) 制动鼓磨损和损坏。检查制动鼓是否有任何磨损和损坏,如图 6-15(b)所示。

(7) 清洁。使用砂纸清洁制动蹄衬片并清除油污。如果有必要,应同时清洁制动鼓的内表面,如图 6-16 所示。

(8) 安装制动蹄片。调整制动蹄片间隙的方法,因制动蹄片间隙的调节器的种类不同而有所变化。

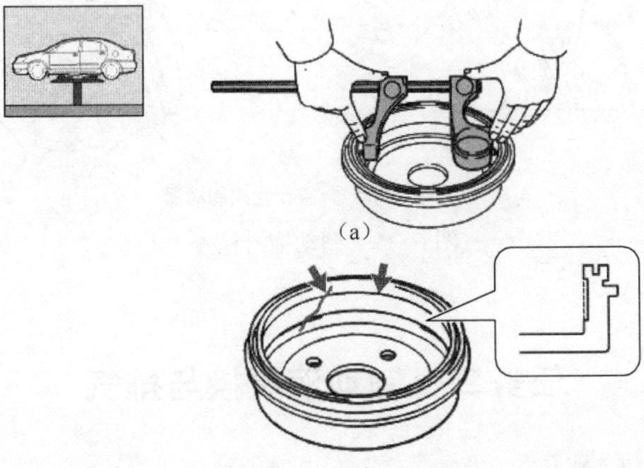

(a) (b)

图 6-15 制动鼓内径检测和磨损检查

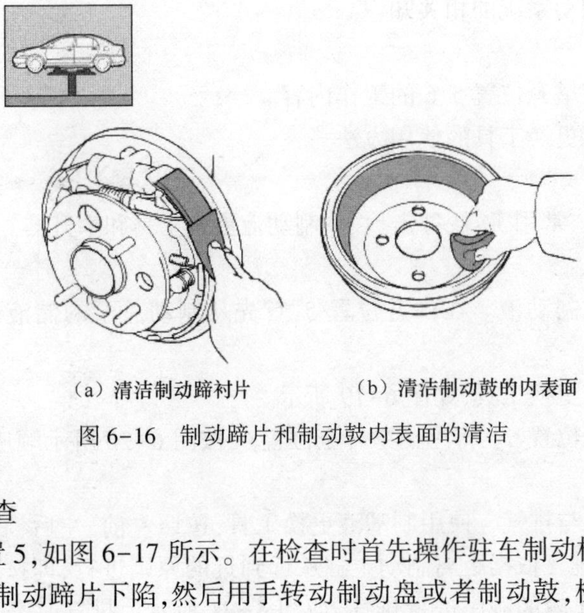

(a) 清洁制动蹄衬片 (b) 清洁制动鼓的内表面

图 6-16 制动蹄片和制动鼓内表面的清洁

6) 制动拖滞检查

将车辆举至位置 5,如图 6-17 所示。在检查时首先操作驻车制动杆几次并且踩下制动踏板几次,以便允许制动蹄片下陷,然后用手转动制动盘或者制动鼓,检查是否有任何拖滞现象。

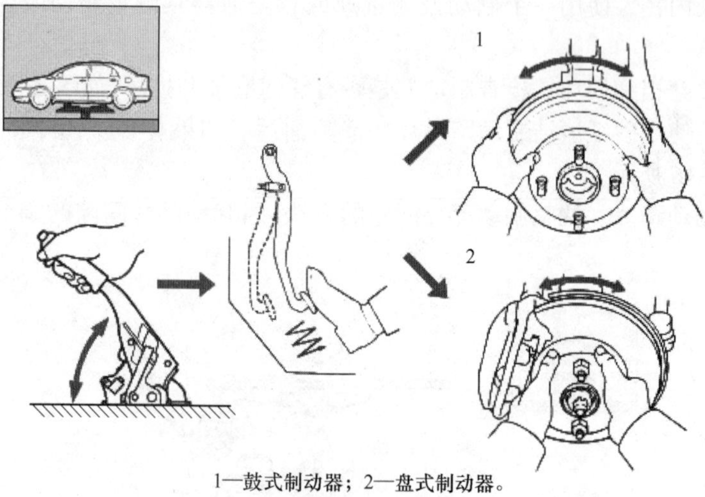

1—鼓式制动器；2—盘式制动器。

图 6-17　制动拖滞检查

任务二　制动液更换与排气

1. 训练内容

（1）车辆在举升位置 5、6 的检查工作。

（2）完成并填写学习工作单的相关项目。

（3）学习汽车制动系统的相关知识。

2. 训练目标

（1）掌握车辆在举升位置 5、6 的工作内容。

（2）熟悉制动液更换工具的使用方法。

3. 训练设备

车辆及维修手册、常用工具、冲击扳手、制动液更换工具和举升器。

4. 训练步骤

（1）从总泵排放制动液。在举升位置 5，首先从制动总泵的储液罐中排放制动液，如图 6-18 所示。

（2）安装制动液更换工具，如图 6-19 所示。

（3）举升车辆至位置 6。将车辆举升至位置 6，按图 6-20 所示顺序更换车轮制动液和安装车轮。

（4）制动液更换与排气。使用制动液更换工具，按照左前、左后、右后和右前的顺序更换制动液；而制动液排气依据距离制动主缸从远到近的原则进行，即按照右后车轮、左后车轮、右前车轮和左前车轮的顺序进行排气，如图 6-21 所示。排气时需要两人配合：第一个人反复踩制动踏板，然后踩住，此时第二个人松开制动卡钳上的放气螺帽，放出带有气体的制动液，当流出的制动液中无气体时，紧固放气螺帽；第一个人再次反复踩制动踏板，重复上述步骤，一般放三次或四次制动液可将气体基本排空。

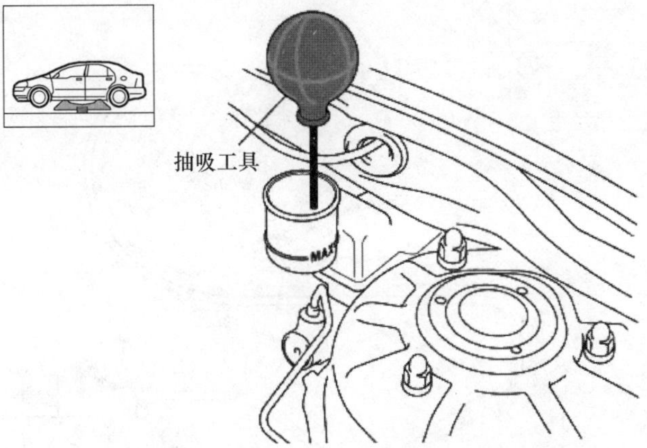

图 6-18　从制动总泵排放制动液

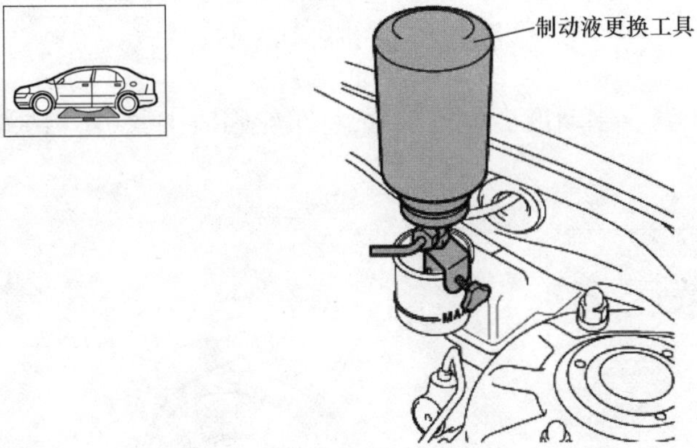

图 6-19　制动液更换工具安装

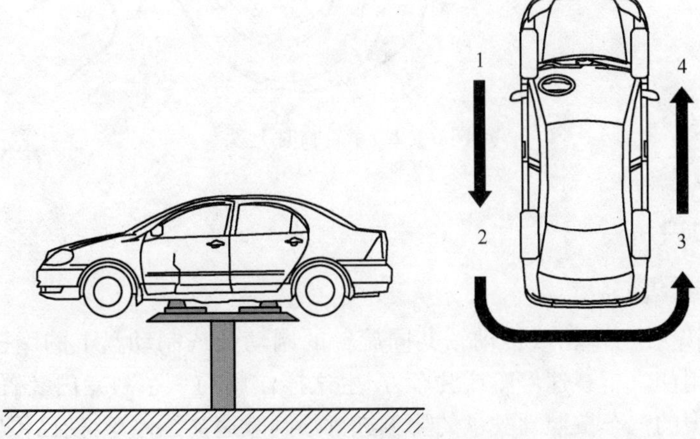

图 6-20　举升车辆至位置 6

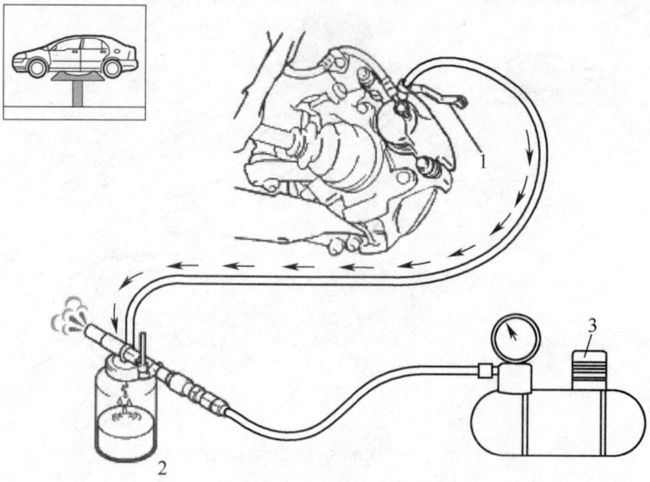

1—梅花扳手； 2—制动液更换工具； 3—空气压缩机。

图 6-21 轮缸制动液更换

（5）车轮临时上紧。制动液更换完毕后,将车轮临时上紧(不需要紧固到 103N · m),如图 6-22 所示。

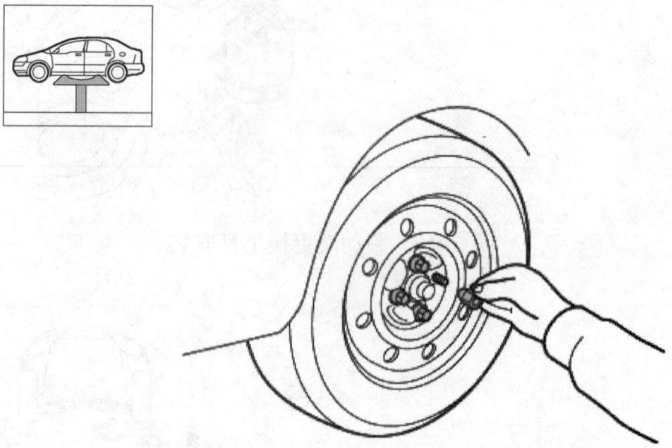

图 6-22 车轮临时上紧

三、相关知识

（一）制动系统的功用

制动是指固定在与车轮或传动轴共同旋转的制动鼓或制动盘上的摩擦材料承受外压力,产生摩擦作用使汽车减速停车或驻车,产生这样作用的一系列专门装置称为制动系统。其作用:使行驶中的汽车按照驾驶员的要求进行强制减速甚至停车,使已停驶的汽车在各种道路条件下(包括在坡道上)稳定驻车,使下坡行驶的汽车速度保持稳定。

对汽车起制动作用的只能是作用在汽车上且与汽车行驶方向相反的外力,而作用在行驶汽车上的滚动阻力、上坡阻力、空气阻力虽然都能对汽车起一定的制动作用,但这些外力的大小都是随机的、不可控制的。因此,汽车上必须装设一系列专门装置以实现上述功能。这样的一系列各种装置总称为制动装置。

(二) 制动系统的组成

如图 6-23 所示,汽车制动系一般包括两套独立的制动装置:一套是行车制动装置,用于使行驶中的汽车减速甚至停车,其制动器装在车轮上,通常由驾驶员用脚操纵,称为车轮制动装置或行车制动装置;另一套是驻车制动装置,用于停驶的汽车驻留原地不动,通常由驾驶员用手操纵,称为驻车制动装置。这两套装置是各种汽车的基本制动装置。每套制动装置都由产生制动作用的制动器和操纵制动器的传动结构组成。行车制动装置具体组成如图 6-24 所示,一般来说,盘式制动器用在前轮上,后轮用盘式或鼓式制动器。

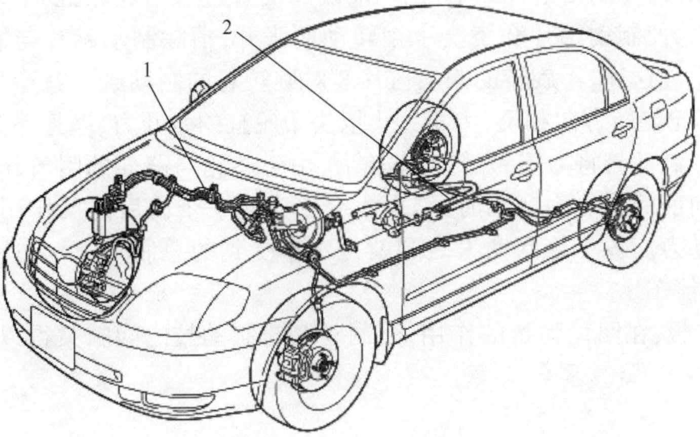

1—行车制动装置;2—驻车制动装置。

图 6-23 制动系统组成

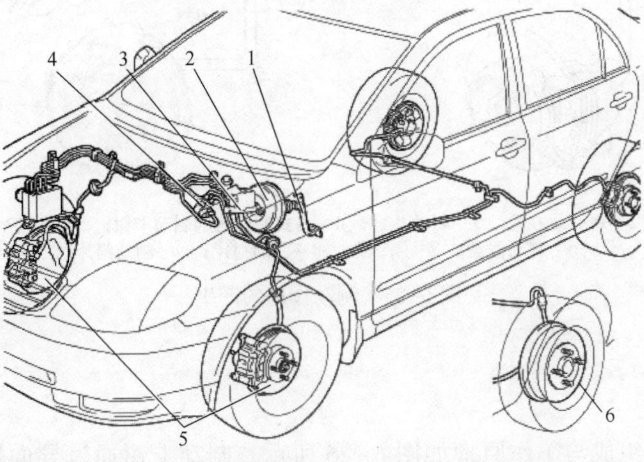

1—制动踏板;2—制动助力器;3—制动总泵;4—比例阀;5—盘式制动器;6—鼓式制动器。

图 6-24 行车制动装置组成

此外，许多汽车除装有两套独立的制动装置外，还装有第三套制动装置，其作用是在行车制动装置失效的情况下保证汽车仍能实现减速或停车。经常在山区行驶的汽车，若单靠行车制动装置来限制汽车下长坡的车速，则可能导致制动器过热而降低制动效能，甚至完全失效，故还应增装辅助制动装置。较完善的制动系统还应具有制动力调节装置、报警装置、压力保护装置等附加装置。

（三）制动系统的工作原理

制动时，驾驶员踩下制动踏板 1，经过真空助力器 2 的助力对制动总泵中的制动液加压，制动液分别流向前轮盘式制动器和后轮鼓式制动器，如图 6-25 所示。当盘式制动器摩擦片压紧制动器盘时，由于发生摩擦，车轮停止转动；同样后轮制动器中制动蹄片扩张，通过将制动衬片压制动鼓，由于发生摩擦，车轮停止转动。

以后轮为例，具体制动过程如下：制动油液经油管进入后轮轮缸，推动轮缸活塞克服回位弹簧的拉力，使制动蹄片 9 绕支承销转动而张开，消除制动蹄片与制动鼓的间隙后压紧在制动鼓上。这样，不旋转的制动衬片 8 对旋转着的制动鼓 7 就产生一个摩擦力矩 M_u，其方向与车轮旋转方向相反，力矩大小取决于轮缸的张开力、摩擦系数及制动鼓和制动蹄片的尺寸。制动鼓将力矩 M_u 传动车轮后，由于车轮与路面的附着作用，所以车轮对路面作用一个向前的周缘力。同时，路面也会给车轮一个向后的反作用力，这个力就是车轮受到的制动力。各车轮制动力之和就是汽车受到的总制动力。在制动力作用下使汽车减速，直至停车。

放松制动踏板，在回位弹簧的作用下，制动蹄与制动鼓的间隙又得以恢复，从而解除制动。

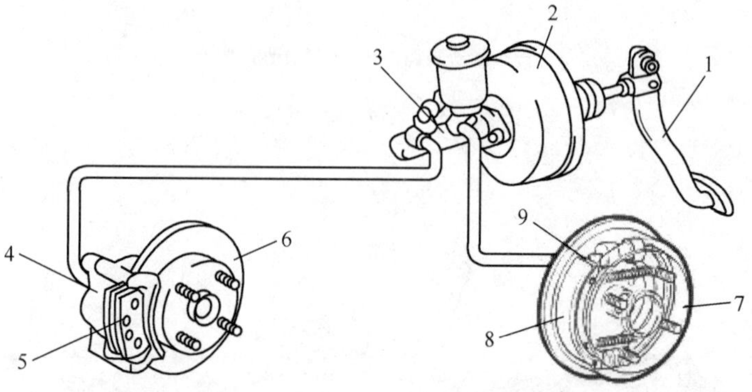

1—制动踏板； 2—制动助力器； 3—制动总泵； 4—盘式制动器的制动卡钳； 5—盘式制动器摩擦片；
6—制动器盘； 7—制动鼓； 8—制动衬片； 9—制动蹄片。

图 6-25 制动作用的产生

（四）盘式制动器

1. 工作原理

盘式制动器的组成与工作原理如图 6-26 所示。制动卡钳通过导向销与车桥相连，可以相对于制动盘 3 轴向移动。制动卡钳只在制动盘的一侧设置油缸，而外侧的制动块则附装在卡钳上。制动时，来自制动总泵的制动液 5 通过进油口进入制动油缸，推动活塞及其上面的制动块向左移动并压到制动盘上，同时制动液推制动卡钳整体沿销钉向右移动，直到制动盘左侧的制动块也压到制动盘上。此时,两侧的制动块都压在制动盘上,夹住制动盘使其制动。

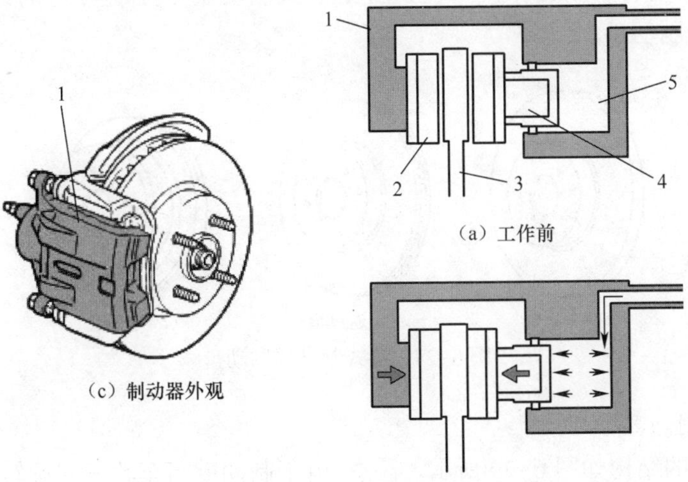

(a) 工作前

(b) 工作中

(c) 制动器外观

1—盘式制动器的制动卡钳; 2—盘式制动器摩擦片; 3—盘式制动器制动盘;
4—活塞; 5—制动液。

图 6-26　盘式制动器

2. 盘式制动器摩擦片

盘式制动器摩擦片如图 6-27 所示。这是推压旋转的制动器摩擦片。维护项目包括检查盘式制动器摩擦片的厚度;消声垫片的作用是防止制动时由于制动器摩擦片振动发出异常噪声。

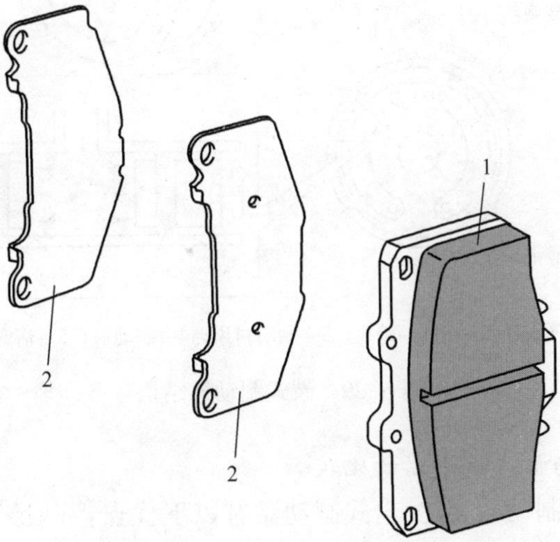

1—盘式制动器摩擦片; 2—消声垫片。

图 6-27　盘式制动器摩擦片

3. 盘式制动器制动盘

盘式制动器制动盘如图 6-28 所示。这是一只与车轮一起转动的金属盘。图 6-28(a)是实心型,用一单盘转子制成;图 6-28(b)是通风式制动盘,内部是空心的;图 6-28(c)是驻车鼓式制动器型制动盘。

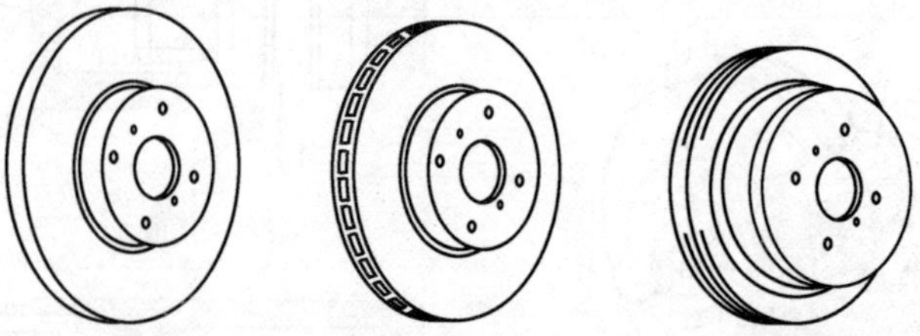

(a) 实心型　(b) 通风型　(c) 带鼓式

图 6-28　盘式制动器制动盘

(五) 鼓式制动器

鼓式制动器的结构如图 6-29 所示。注意:由于制动鼓与车轮一起旋转,制动蹄片从内侧压紧制动鼓,二者接触产生摩擦控制车轮的转动,因此必须定期检查制动鼓和制动衬片的磨损状况。

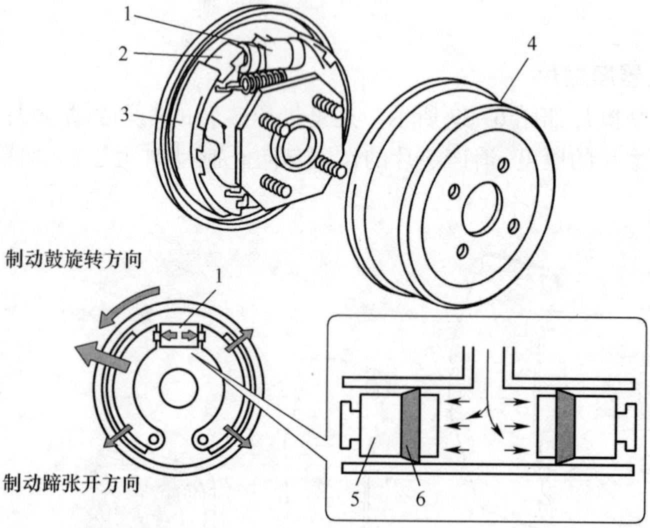

1—制动分泵(轮缸);2—制动蹄片;3—制动衬片;4—制动鼓;5—活塞;6—活塞皮碗。

图 6-29　鼓式制动器结构

(六) 盘式制动器与鼓式制动器的比较

盘式制动器与鼓式制动器相比,盘式制动器有以下优点:一般无摩擦助势作用,因而制动器效能受摩擦系数的影响较小,即效能较稳定;浸水后效能降低较少,而且只需经一两次制动即可恢复正常;在输出的制动力矩相同的情况下,尺寸和质量一般较小;散热性能极好,制动盘沿厚度方向的热膨胀量极小,不会像制动鼓那样热膨胀使制动器间隙明显增加而导致制动踏板行程过大;较容易实现间隙自动调整,维护较简便。

盘式制动器的缺点是效能较低，故液压制动系的促动管路压力较高，一般要用伺服装置。目前，盘式制动器已广泛应用于轿车的全部车轮，也有部分轿车只用盘式制动器作前轮制动器，而后轮仍是鼓式制动器。盘式制动器在货车上也有采用，但不是很普及。

（七）电控机械式驻车制动系统

电控机械式驻车制动（electrical park brake，EPB）系统的诞生使驾驶更加方便、简单、轻松。EPB 系统不仅将临时驻车控制过程整合成了一个电子自动控制的功能，还包含起步自动松开驻车制动器的功能，从而减少了操作上的烦琐。同时，电控机械式驻车制动器按钮取代的传统制动杆，让驾驶者操纵起来更加轻松便捷。传统手动驻车制动与电控机械式驻车制动的比较如表 6-1 所列。

表 6-1　传统手动驻车制动与电控机械式驻车制动的对比

操作步骤	传统的手制动器	电控机械式驻车制动
操作场景	上拉制动杆	上拉电子机械式驻车制动按钮
解除制动时	松开制动杆	按下电子机械式驻车制动按钮
坡道起步时	配合操作手制动器，油门踏板	当车辆起步时，电控机械式驻车制动器将会自动解除制动
停车到起步时	不断地拉升和松开制动杆或是踩下制动踏板	在启动自动驻车功能之后，每次车辆起停时都可以自动驻车

1. 电控机械式驻车制动系统的结构分析

以大众迈腾 B8L 轿车电控机械式驻车系统为例，如图 6-30 所示，其由电控机械式驻车制动器的指示灯、电子机械式驻车制动器按钮、AUTO HOLD 按键、AUTO HOLD 指示灯、组合仪表、电控机械式驻车制动器控制单元、后部制动钳、密封环、驻车电机和内六角螺栓等组成。

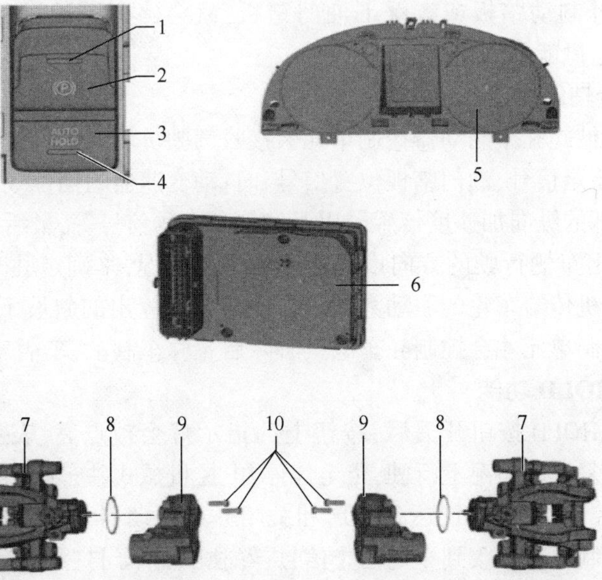

1—电控机械式驻车制动器指示灯；2—电子机械式驻车制动器按钮；3—AUTO HOLD按键；4—AUTO HOLD 指示灯；5—组合仪表；6—电控机械式驻车制动器控制单元；7—后部制动钳；8—密封环；9—驻车电机；10—内六角螺栓。

图 6-30　大众迈腾 EPB 系统组成

2. EPB 系统的工作原理

迈腾 B8L 轿车 EPB 系统的控制单元通过车载网络对车辆数据进行采集和分析。每个驻车制动器都有自己的控制单元,控制单元会根据数据分析结果对每个车轮施加最佳的驻车制动力。当拉动驻车制动器按钮的时候,电控机械式驻车制动控制单元就会通过车载 CAN 总线和 ABS 控制单元的信息来确定每个车轮驻车电机的信号。驻车电机接收到输出信号后,就会根据信号来确定用多大的力推动制动活塞,然后活塞推动摩擦片,摩擦片压紧制动盘产生制动。

EPB 系统会自动释放驻车制动,但须同时满足以下条件:左前门已关闭、驾驶员已系上安全带、变速器挡位必须为前进挡或者倒挡。当以上所有条件都满足时,驾驶员踩下加速踏板时,系统将自动释放驻车制动。当车辆在上坡或下坡时,驾驶员需要将加速踏板踩踏得更深才能使驻车制动自动释放。

3. 静态模式

静态模式是指当拉动电子机械式驻车制动器按钮时,电控机械式驻车制动器控制单元会检测车辆此时行驶的速度,若是车速低于 7km/h,那么车辆就会进入静态模式状态,此时电控机械式驻车制动器控制单元会传递信号给两后轮的驻车电机进行工作,从而实现正常的驻车制动功能。此时电控机械式驻车制动器指示灯以及组合仪表中的驻车指示灯就会点亮,表明 EPB 系统在工作。

4. 动态模式

动态模式也就是动态紧急制动功能开启。如果车辆在行驶过程中,无法用脚制动踏板停止轿车时,那么就可以用动态紧急制动功能,实行紧急制动,拉动电子机械式驻车制动器按钮,电控机械式驻车制动器控制单元就会收到信号,控制单元会检测此时的车速信号。若此时车辆行驶速度大于 7km/h,动态模式就会启动,然后就会进行紧急制动,同时系统会发出三声信号,松开制动踏板或者踩下油门踏板,就会停止制动过程。当车速下降至低于 7km/h 时,驻车电机就会启动制动后轮。

5. 坡道起步辅助功能

首先电控机械式驻车制动器控制单元会接收驾驶员侧车门、安全带信号、发动机的转速信号、发动机的扭矩信号、油门踏板位置信号和自动变速器的挡位或手动挡车辆离合器的信号,然后采集内部的纵向加速度传感器以及倾斜角度的信号等,最后控制单元会对这些信号进行计算,分析出车辆行驶的方向以及道路的倾斜状况,来确定驻车制动器分离的准确时刻。只有当发动机传给车轮的驱动力大于控制单元计算出的斜坡下滑力的时候,电控机械式驻车制动器控制单元才会控制驻车电机解除后轮驻车制动,车辆才会正常起步。

6. AUTO HOLD 功能

按下 AUTO HOLD 按钮开关后,按钮上的指示灯会被点亮,表示 AUTO HOLD 功能激活。若是车辆在复杂的路况上行驶,走走停停,电控机械式驻车制动器控制单元就会计算出准确的时刻,来控制驻车电机,达到开启和关闭驻车制动器,从而减轻驾驶员操作的负担。当驻车制动器控制单元接收到车辆停止信号、驾驶员侧车门打开信号、安全带被解除信号或者点火系统关闭信号中任意一个时,其就会控制驻车电机施加制动力,实现驻车。

(八) 轮毂与轮辋的区别

对于轿车而言,如图 6-31 所示,轮毂与轮辋是不同的部件,轮毂中间用键连接半轴,将半轴的扭矩经轮毂传递给轮辋,而轮辋是安装轮胎的基础。轮毂螺栓穿过轮毂、制动盘、轮辋和车轮螺母紧密结合,如图 6-31 所示的螺栓螺母将轮毂、制动盘、轮辋三者连接成一个整体。轮毂一端装有轴承安装于转向节孔内。

图 6-31　车轮结构分解图

四、自我测试题

(一) 判断题

1. 制动液的排气依据由远及近的原则。 (　　)
2. 紧固 4 个轮毂螺母时要按照逆时针的顺序。 (　　)
3. 在拆卸制动器之前,要准备好 S 形钩。 (　　)
4. 千分尺使用之前要清洁、校零,用完后也要上油保管。 (　　)
5. 制动拖滞说明制动解除不迅速。 (　　)
6. 盘式制动器最大的优点是散热性能好。 (　　)
7. 制动时前轮抱死比后轮抱死更加危险。 (　　)

(二) 单项选择题

1. 关于盘式制动器下列说法错误的是(　　)
A. 现在浮钳式制动器得到广泛的使用。
B. 现在轿车的前后制动器都是通风盘式制动器。
C. 盘式制动器的最大优点是散热性能好。
D. 浮钳式制动器的钳体可以在导销上移动,因此要确保导销不锈蚀。
2. 关于盘式制动器摩擦片说法错误的是(　　)
A. 内外侧摩擦片都要检查厚度,一般用千分尺测量。
B. 其上消声垫片的作用是防止制动时由于制动器摩擦片发出异常噪声。
C. 制动时内外侧摩擦片同时压紧制动盘。
D. 其摩擦材料厚度一般为 1cm 左右。
3. 关于制动盘检查下列说法错误的是(　　)
A. 检查前要用干净的布清洁其表面。
B. 要目测检查其表面。
C. 要测量其厚度,用千分尺测量,测量点距离外边缘 2cm 左右。

D. 测量厚度时要测量三个点,每 120°测一次,取其平均值。

4. 关于盘式制动器的检查,下面说法正确的是(　　)

A. 检查制动器衬块的厚度,如果外衬块比规定的厚度厚,就没有必要检查内衬块。

B. 检查制动器衬块,确认制动器衬块的厚度超过规定的厚度,而且内外衬块之间的厚度没有大的差别。

C. 检查制动盘的转子,如果外表面没有表现出任何磨损或损坏,那么内表面也被认为是正常。

D. 检查制动盘的转子和衬块的间隙,踩下制动器踏板数次,确认盘不转动。

5. 关于鼓式制动器的检查,下面说法正确的是(　　)

A. 为检查制动蹄片在背板上滑动区域,用手前后移动制动蹄片检查是否平稳移动。

B. 为检测鼓式制动器是否泄漏,把鼓卸掉后压下制动器踏板。

C. 即使制动器衬片的厚度低于规定值,如果看起来能沿用到下次检查,则可以继续使用。

D. 用游标卡尺测量制动鼓的外径。

(三) 简答题

1. 盘式制动器的检查内容有哪些?

2. 盘鼓式制动器的检查内容有哪些?

3. 鼓式制动器的检查内容有哪些?

4. 如何正确操作制动液排气?

5. EPB 系统有哪四大功能?

项目七　发动机维护

一、项目描述

通过检查冷却液冰点、蓄电池、制动总泵、制动管线与软管、传动皮带张紧程度、空调制冷效果,以及更换空气滤清器、燃油滤清器、火花塞和机油,使学生达到以下要求。

1. 知识要求

(1) 了解发动机的基本构成。

(2) 掌握燃油供给系统的组成与基本工作原理。

(3) 掌握冷却系统的组成与基本工作原理。

(4) 掌握润滑系统的组成与基本工作原理。

(5) 掌握进、排气系统的组成与工作原理。

(6) 熟悉发动机电气部分的组成与基本工作原理。

(7) 掌握空调的基本工作原理。

2. 技能要求

(1) 能够检查与更换空气滤清器、空调滤清器。

(2) 能够检查与更换火花塞。

(3) 能够检查 PCV 阀和活性炭罐。

(4) 能够判断与调整传动皮带张紧程度。

(5) 能够检查蓄电池的使用与安装状况。

(6) 能够检查冷却系统、制动系统是否有渗漏,冷却水管、制动软管是否老化。

(7) 能够检查转向助力系统是否存在泄漏。

(8) 能够检查空调制冷效果好坏。

3. 素质要求

(1) 掌握 5S 管理方法的理念。

(2) 重视劳动保护与安全操作。

(3) 注意环境保护。

(4) 培养团队协作精神。

二、项目实施

任务一　发动机启动前的检查

1. 训练内容

(1) 举升位置 7 时发动机启动前的检查。

(2) 完成并填写学习工作单的相关项目。

(3) 学习汽车发动机的相关知识。

2. 训练目标

(1) 掌握车辆在举升位置 7 时发动机启动前的检查内容。

(2) 熟悉常用工具的使用。

3. 训练设备

车辆及维修手册、比重计、常用工具、皮带张力计、火花塞拆装专用工具、车轮挡块和举升器。

4. 训练步骤

(1) 举升车辆至位置 7。将车举升至位置 7,此时轮胎仅触及地面,如图 7-1 所示。

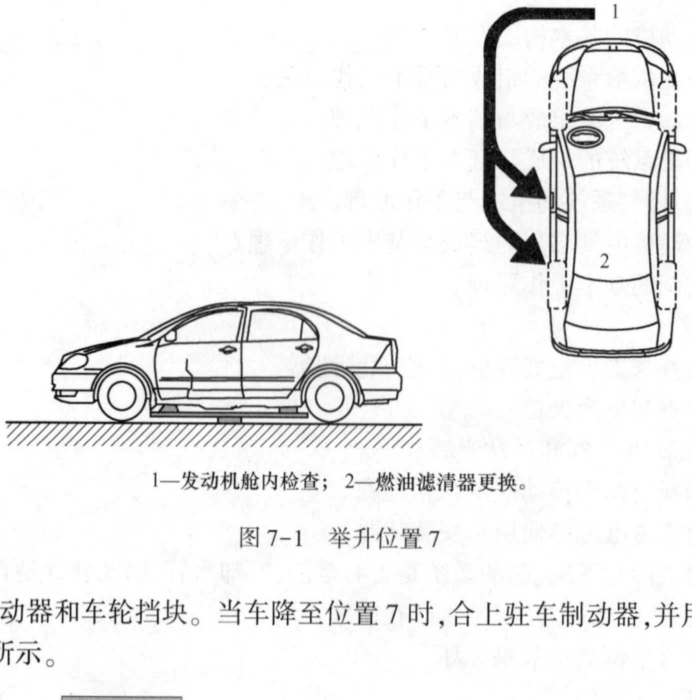

1—发动机舱内检查; 2—燃油滤清器更换。

图 7-1 举升位置 7

(2) 驻车制动器和车轮挡块。当车降至位置 7 时,合上驻车制动器,并用车轮挡块挡住车轮,如图 7-2 所示。

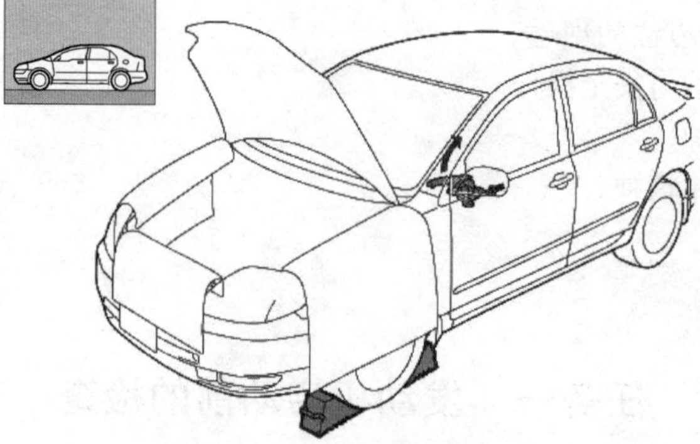

图 7-2 安装车轮挡块

（3）加注发动机机油。通过注油孔加入规定数量的机油，加油时不得洒漏，完成后擦拭孔周围，如图 7-3 所示。

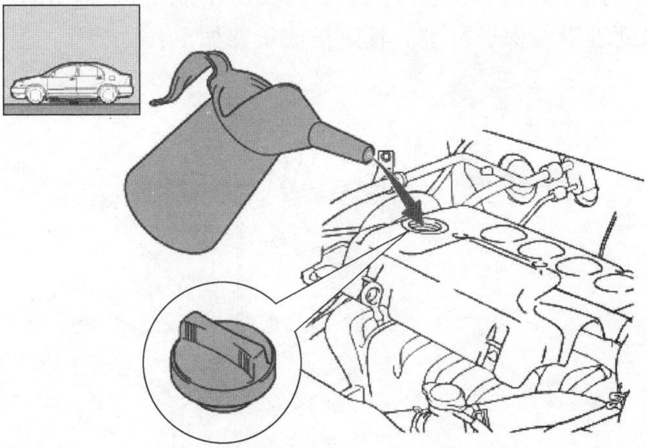

图 7-3　加注发动机机油

（4）检测冷却液冰点。丰田等轿车每次维护时需检测冷却液冰点，如图 7-4 所示，使用专用工具 T10007（比重计）检测，冰点不得高于−35℃。从比重计的目镜中观察到如图 7-5 所示的镜面。镜面视野中间两条刻线右边的那根线，对应的是乙二醇型冷却液冰点，左侧线对应的是丙二醇型冷却液冰点。根据车辆实际使用的冷却液类型读取冰点数值。

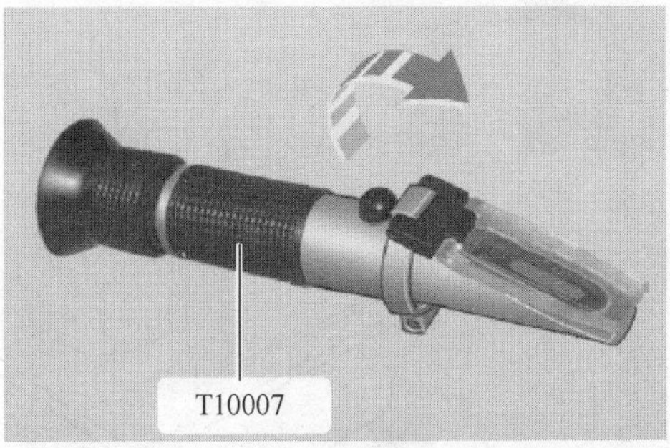

图 7-4　比重计

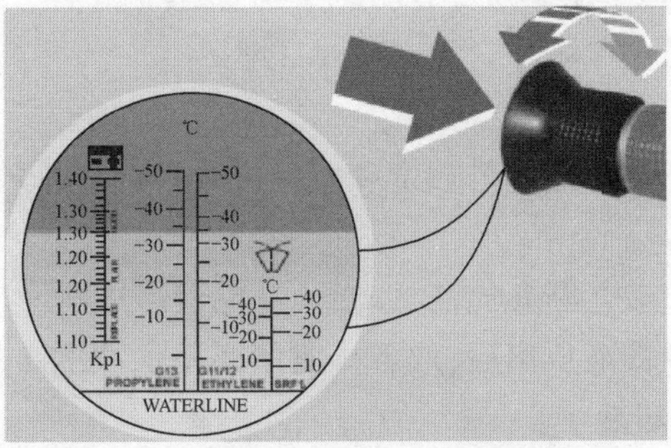

图 7-5　比重计读数

(5) 更换冷却液。丰田轿车每四万公里须要更换冷却液,排放冷却液如图 7-6 所示。通过散热器和发动机以及储液罐的排放塞排放发动机冷却液。注意:不要在汽车刚运行后立即进行该工作,因为冷却液会很热,散热器盖将烫得不能接触;排出的冷却液要加以收集,将其当作工业废水处理以便保护环境。具体排放步骤如下:

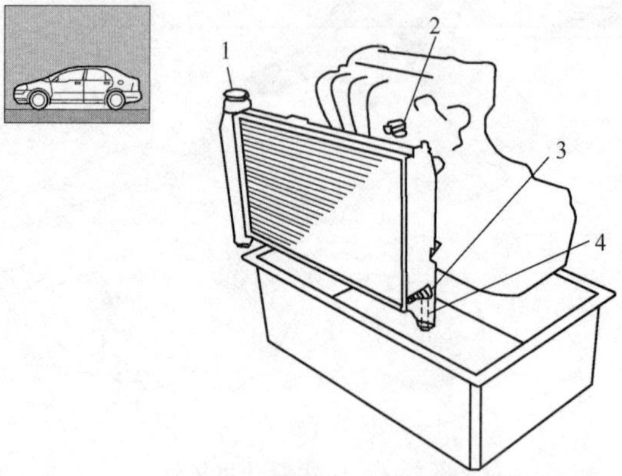

1—散热器盖; 2—发动机排放塞; 3—散热器排放塞; 4—排放管。

图 7-6 冷却液排放位置

① 松开散热器盖至 45°。

② 取下散热器盖。当散热器内部的压力释放后,取下散热器盖,如图 7-7 所示。

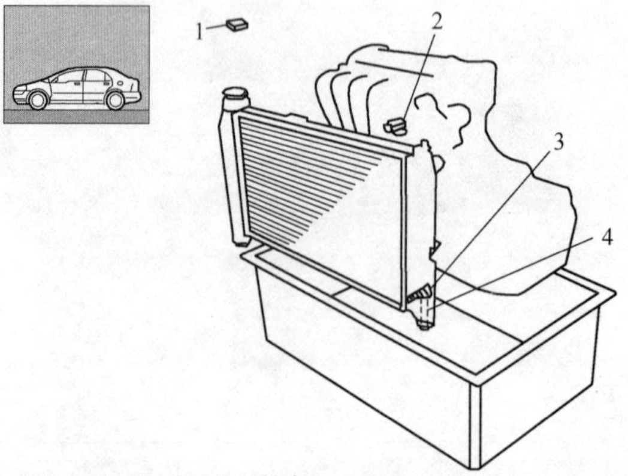

1—散热器盖; 2—发动机排放塞; 3—散热器排放塞; 4—排放管。

图 7-7 取下散热器盖

③ 排放冷却液。松开散热器的排放塞和发动机的排放塞排放冷却液至容器,如图 7-8 所示。

④ 从储液罐中排冷却液。断开储液罐软管,从储液罐中排放出冷却液,如图 7-9 所示。

⑤ 清洗冷却系统。冷却液放出后,取下排放堵塞用水冲洗冷却系统,如图 7-10 所示。

按照以下步骤加注冷却液:

① 拧紧排放塞。重新拧紧散热器和发动机的排放塞,并重新接上储液罐软管,如图 7-11 所示。

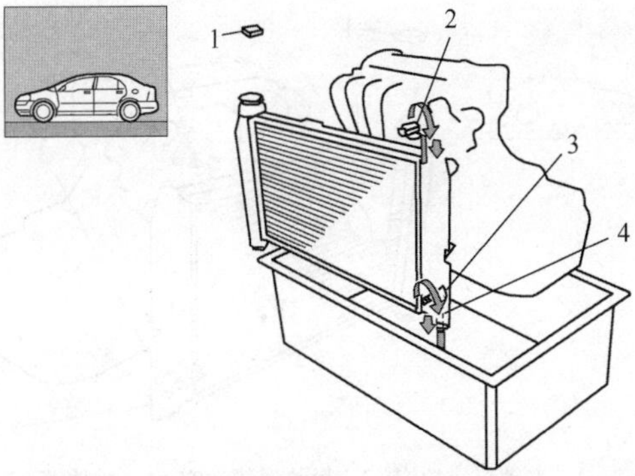

1—散热器盖; 2—发动机排放塞; 3—散热器排放塞; 4—排放管。

图 7-8　排放散热器中冷却液

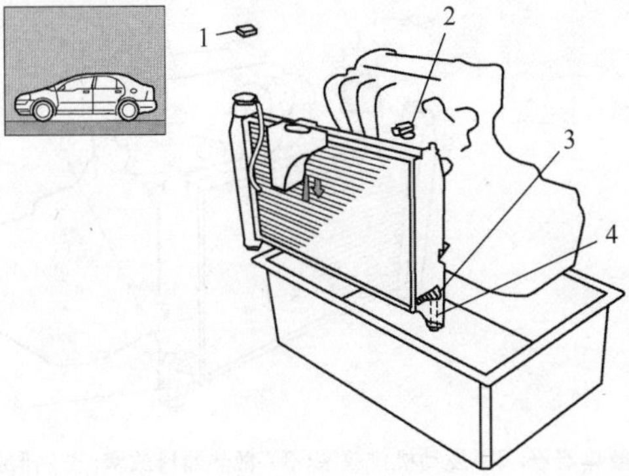

1—散热器盖; 2—发动机排放塞; 3—散热器排放塞; 4—排放管。

图 7-9　排放储液罐中冷却液

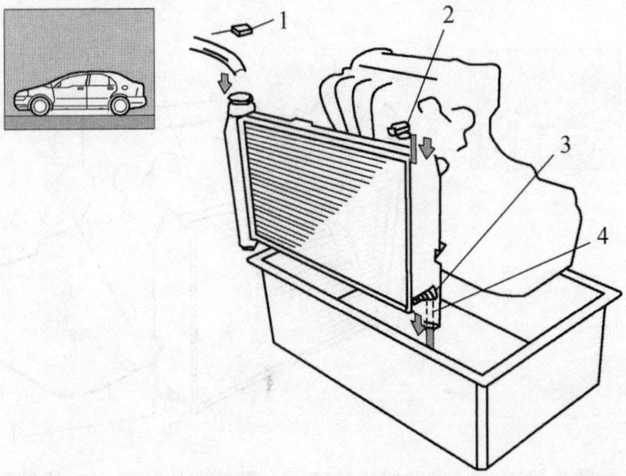

1—散热器盖; 2—发动机排放塞; 3—散热器排放塞; 4—排放管。

图 7-10　清洗冷却系统

② 准备冷却液。准备好长效冷却液,如图 7-12 所示。

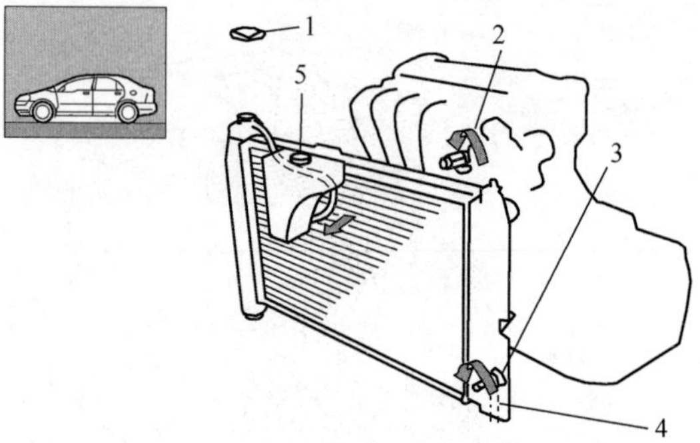

1—散热器盖；2—发动机排放塞；3—散热器排放塞；4—排放管；5—储液罐。

图 7-11　拧紧排放塞

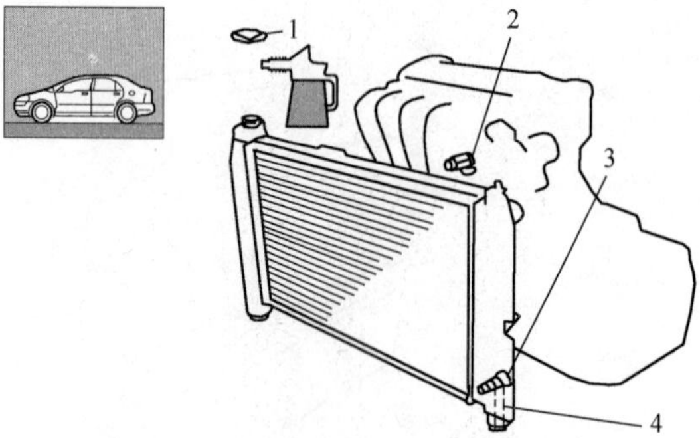

1—散热器盖；2—发动机排放塞；3—散热器排放塞；4—排放管。

图 7-12　准备冷却液

③ 加注冷却液。将冷却液缓慢地倒入散热器的加注孔，用同样的方法加注散热器的储液罐达到“满”刻度，如图 7-13 所示。

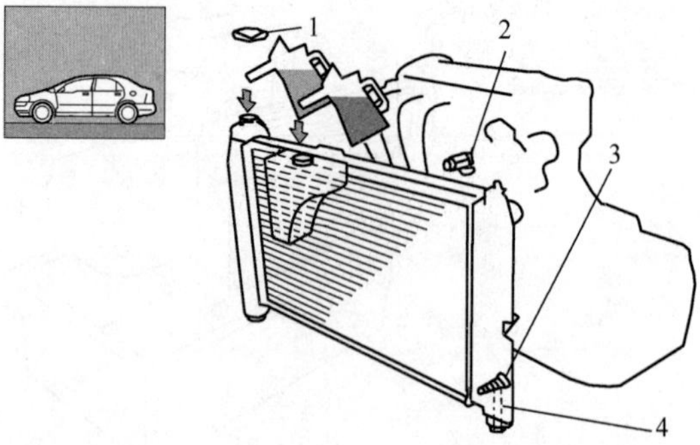

1—散热器盖；2—发动机排放塞；3—散热器排放塞；4—排放管。

图 7-13　加注冷却液

④ 装上散热器盖。重新装上散热器盖，如图 7-14 所示。

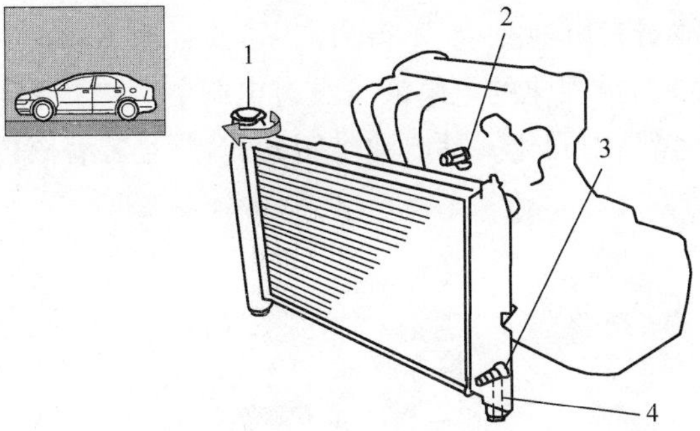

1—散热器盖; 2—发动机排放塞; 3—散热器排放塞; 4—排放管。

图 7-14　装上散热器盖

丰田轿车发动机散热器上有散热器盖,而大众轿车散热器上无此盖,但有功能相似的冷却液膨胀罐盖,可以对冷却液加压,当压力达到 1.4~1.6 Bar 时,膨胀罐盖中的安全阀应打开泄压。

(6) 检查传动皮带。如图 7-15 所示,首先检查传动皮带张紧度:在图 7-15 所示的位置用手指以 100N 的力按压传动皮带检查松紧程度;或使用皮带张力计来检查。然后检查传动皮带的整个外围是否有磨损、裂纹、层离或者其他损坏。如果无法检查皮带的整个外围,则通过在发动机转动方向转动曲轴带轮检查皮带。最后检查皮带以确保已正确地安装在皮带轮槽内。

(7) 更换火花塞。用专用工具更换所有的火花塞,如图 7-16 所示。注意:火花塞打开期间不要让异物掉入燃烧室;安装火花塞时,首先用手上紧螺栓,然后用工具上紧到规定力矩。

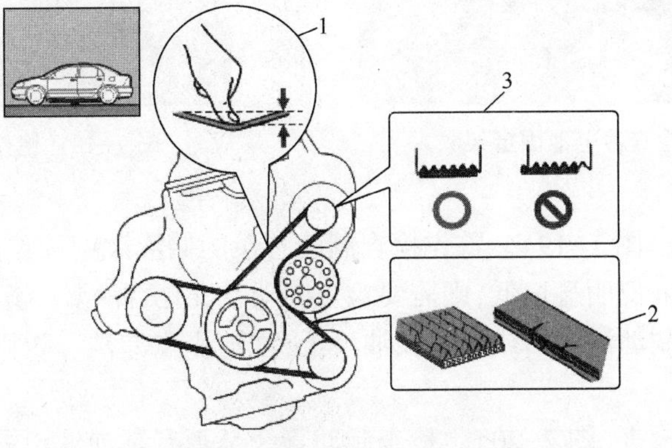

1—张紧度检查; 2—磨损检查; 3—安装检查。

图 7-15　传动皮带检查

(8) 检查蓄电池。现在轿车上的蓄电池基本上是免维护蓄电池,不允许除去标签和加注蒸馏水,只需要进行目视检查。免维护蓄电池分为带电眼的蓄电池和不带电眼的 AGM

蓄电池。带电眼的蓄电池是一种带有液态电解液的免维护蓄电池,当电眼无色或显示淡黄色时,不得检测蓄电池或对蓄电池充电,不得启动、辅助启动车辆,必须更换蓄电池。玻璃纤维蓄电池(AGM 蓄电池)是带固化的电解液且没有电眼的免维护蓄电池。蓄电池电解液吸附在一个超细玻璃纤维隔膜中固化。蓄电池是密封的,并且装有阀门。

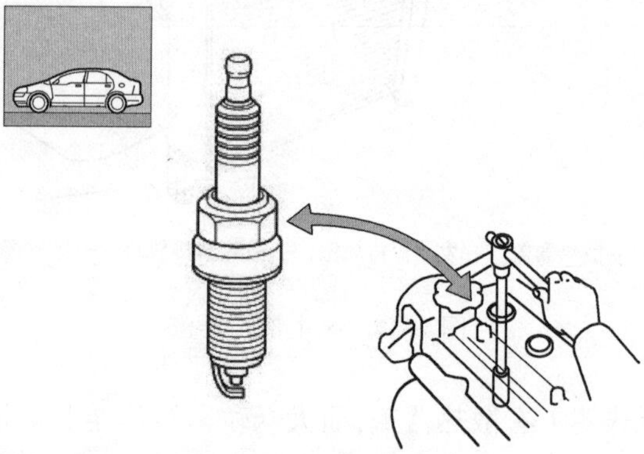

图 7-16 更换火花塞

需要检查蓄电池固定架有无松动,外壳是否损坏,如图 7-17 所示。检查蓄电池排气管是否正常,正负电极(桩头)如果出现腐蚀、烧蚀、松动、过度磨损等现象,必须及时处理,如图 7-18 所示。

图 7-17 检查蓄电池固定架

图 7-18 检查蓄电池排气管

(9) 制动液检查(图 7-19)。首先检查制动总泵的储液罐中液位是否在最高线和最低线之间,如果制动液液位明显偏低,则需要检查制动系统是否渗漏。其次检查制动总泵是否有渗漏。注意:如果制动液溅出或者黏在油漆上,立即用水漂洗。否则,制动液将损坏油漆表面。

(10) 制动管路检查(图 7-20)。检查制动管线是否有制动液渗漏,制动软管和管道是否有裂纹和老化,制动软管和管道的安装是否正确。

(11) 检查和更换空气滤清器芯。取出空气滤清器芯,更换并安装到位,同时清洁空气滤清器壳体内部,如图 7-21 所示。

(12) 检查前减震器的上支承。用梅花扳手以 39N · m 力矩检查两侧各三个螺栓是否紧固,如图 7-22 所示。

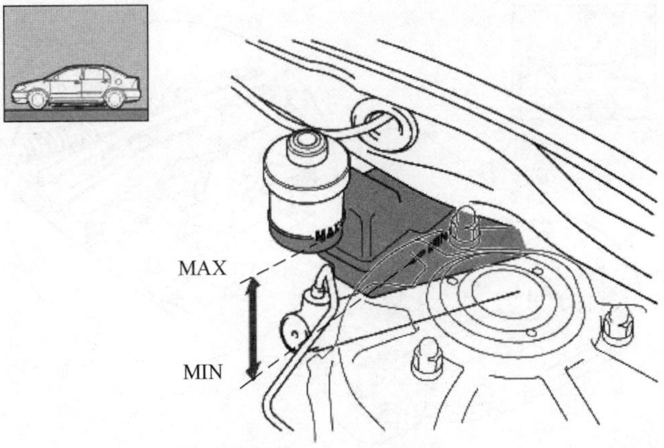

图 7-19　制动液检查

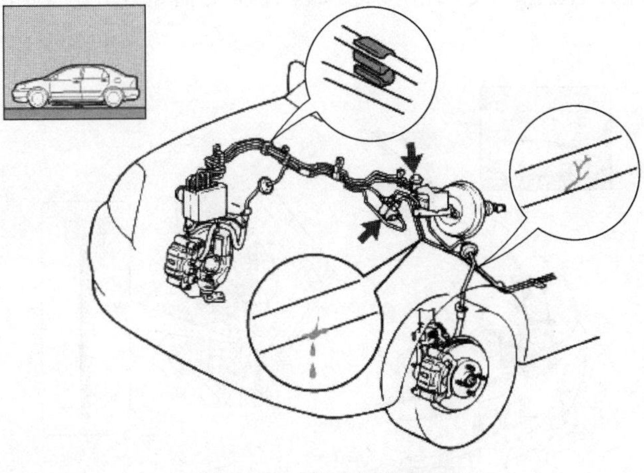

图 7-20　制动管路检查

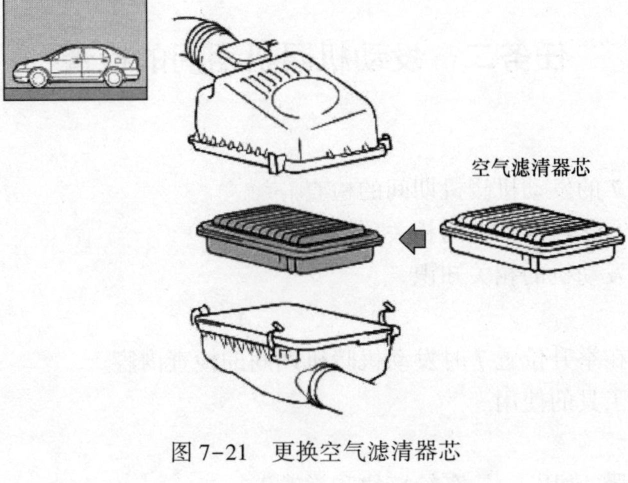

图 7-21　更换空气滤清器芯

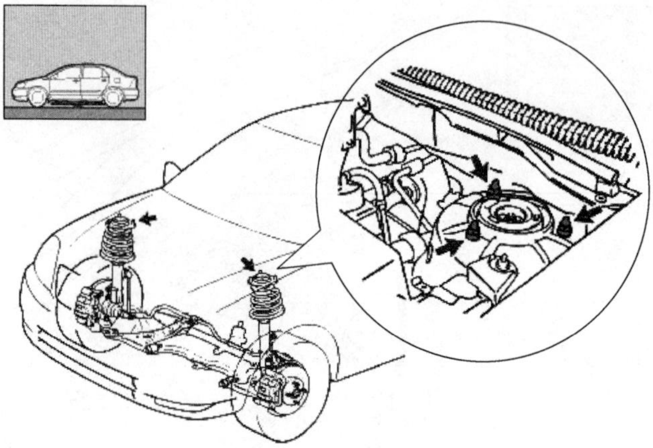

图 7-22　检查前减振器上支承

（13）喷洗液的液位检查。使用液位标尺检查喷洗器罐中的喷洗液是否充分注满，如图 7-23 所示。

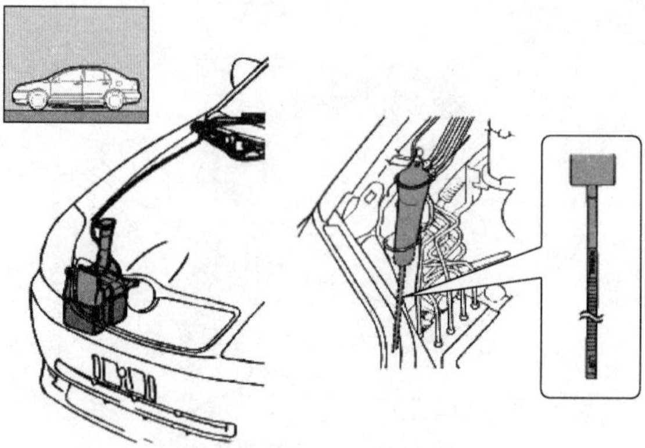

图 7-23　喷洗液的液位检查

任务二　发动机暖机期间的检查

1. 训练内容

（1）举升位置 7 的发动机暖机期间的检查。

（2）完成并填写学习工作单的相关项目。

（3）学习汽车发动机的相关知识。

2. 训练目标

（1）掌握车辆在举升位置 7 时发动机暖机期间的检查内容。

（2）熟悉常用工具的使用。

3. 训练设备

轿车及维修手册、常用工具、车轮挡块和举升器。

4. 训练步骤

(1) 轮毂螺母的再紧固(图 7-24)。按照交叉顺序上紧 4 个轮毂螺母,最后用扭矩扳手将螺母上紧至规定的扭矩(丰田花冠轿车是 103N · m,奥迪轿车是 120N · m,四轮)。

图 7-24 紧固轮毂螺母

(2) PCV 阀检查(图 7-25)。在发动机怠速时,用手指夹紧 PCV 阀软管检查工作噪声,然后检查软管是否有裂纹或者损坏。注意:此项检查针对丰田轿车,大众轿车无此项检查。

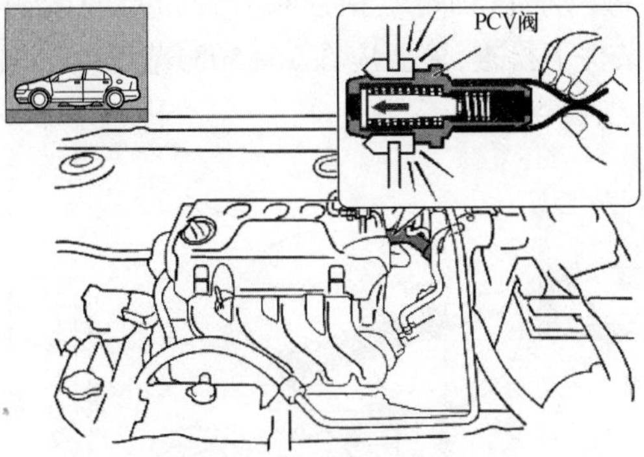

图 7-25 检查 PCV 阀

(3) 发动机冷却液检查(图 7-26)。检查冷却液是否从散热器、橡胶软管、散热器盖和

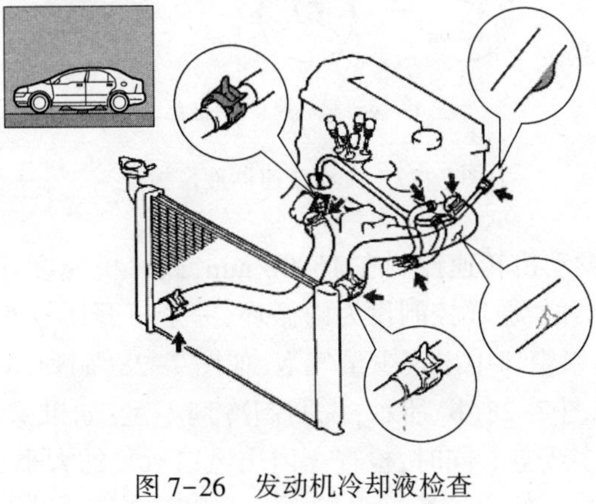

图 7-26 发动机冷却液检查

软管夹周围渗漏;检查属于冷却系统的橡胶软管是否有裂纹、隆起或者硬化;检查橡胶软管连接是否松动和夹箍安装是否松动。

任务三　发动机暖机后和运行期间的检查

1. 训练内容

(1) 举升位置 7 的发动机暖机后和运行期间的检查。

(2) 完成并填写学习工作单的相关项目。

(3) 学习汽车发动机的相关知识。

2. 训练目标

(1) 掌握车辆在举升位置 7 时发动机暖机后和运行期间的检查内容。

(2) 熟悉常用工具的使用。

3. 训练设备

轿车及维修手册、常用工具、车轮挡块和举升器。

4. 训练步骤

(1) 自动变速器液位检查(图 7-27)。发动机怠速时,按照从 P 到 L 的顺序转换挡杆,然后从 L 挡拉回到 P 挡(每挡停 1s 即可),最后检查液位尺的度数是否在“热”范围内。注意:液位应当在正常运行条件下检查,液温应在 75±50℃范围内。如果车辆不带有 ATF 液位尺,如大众系列轿车,则此项检查省略。

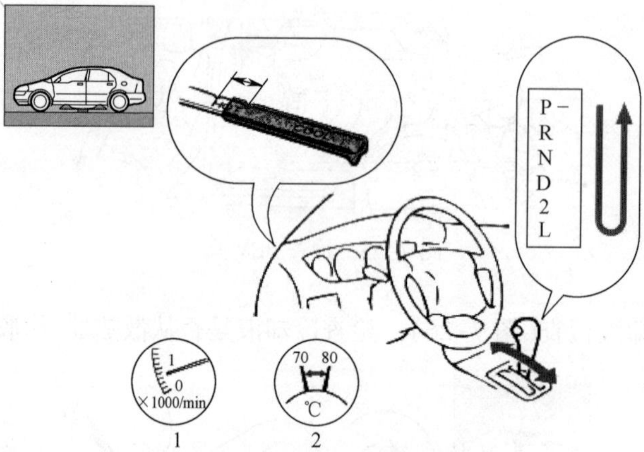

1—发动机转速;2—液温。

图 7-27　自动变速器液位检查

(2) 空调检查。将发动机转速控制在 1500r/min,鼓风机速度开关处于高位,A/C 开关设为 ON,温度控制设为最低,循环控制设为内循环,完全打开所有车门的情况下,通过观察窗观察制冷剂的流量,如果窗口中出现少量气泡,如图 7-28(a)所示,说明制冷剂正常;如果窗口中出现很多气泡,如图 7-28(b)所示,说明制冷剂不足;如果窗口中无气泡,如图 7-28(c)所示,说明制冷剂过多或空。同时,检查车内出风口风量的大小。

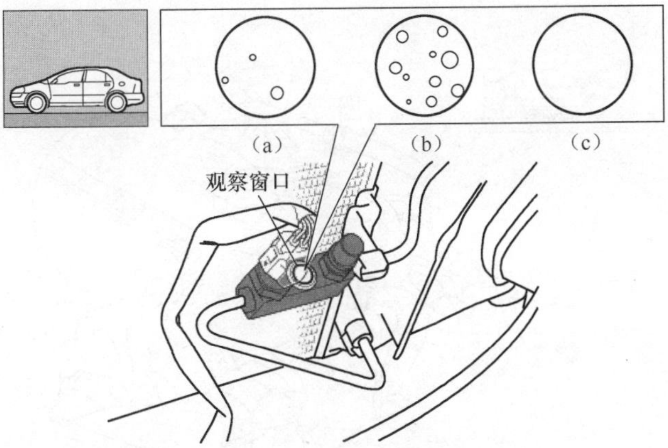

图 7-28　检查制冷剂量

(a)正常(少量气泡);(b)不充足(很多气泡);(c)空或多余(无气泡)

(3) 转向助力液检查。在发动机运行期间,首先在转向助力液储液罐上做好液位标记,然后上车顺时针快速打死方向,接着逆时针快速打死方向,如此反复数次,最后转向盘回正。下车观察储液罐的液位有无变化,如果液位上升 1mm 左右,则说明转向助力系统无渗漏,如果液位无变化,则说明转向助力系统存在渗漏点,需要进一步细查。

任务四　发动机停机后的检查

1. 训练内容

(1) 举升位置 7 时发动机停机后的检查。

(2) 完成并填写学习工作单的相关项目。

(3) 学习汽车发动机的相关知识。

2. 训练目标

(1) 掌握车辆在举升位置 7 时发动机停机后的检查内容。

(2) 熟悉常用工具的使用。

3. 训练设备

轿车及维修手册、常用工具、车轮挡块和举升器。

4. 训练步骤

(1) 发动机润滑油的油位检查。在发动机熄火后 5min,检查量油尺以确保油位处于规定的范围内,如图 7-29 所示。注意:要将汽车停放在一个平面上检查油位;从发动机停止 5min 或者更多的时间之后,检查油位,目的是让发动机各个区域的机油完全沉积在集油盘中。

(2) 冷却液的液位检查。发动机冷却后,检查储液罐中的冷却液是否处于规定的范围内,如图 7-30 所示。注意:必须在散热器冷却后检查冷却液液位,因为如果散热器发热,冷却液将会是高液位。

(3) 更换燃油滤清器。在更换燃油滤清器时,为了防止燃油渗漏,需要断开燃油泵的电气连接器,运行发动机并且在更换燃油滤清器之前放空燃油管线中的燃油,如图 7-31 所示。

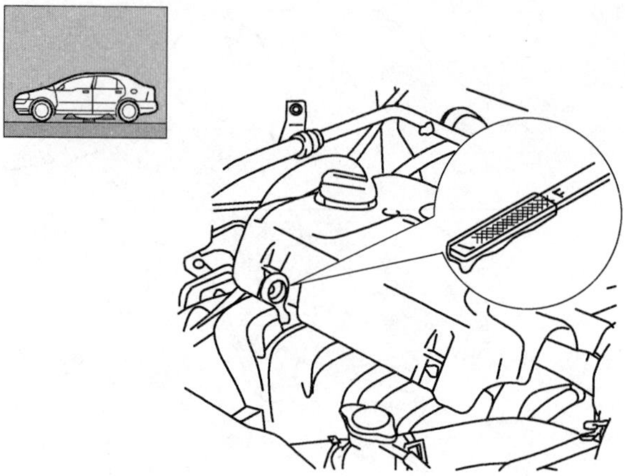

图 7-29　机油液位检查

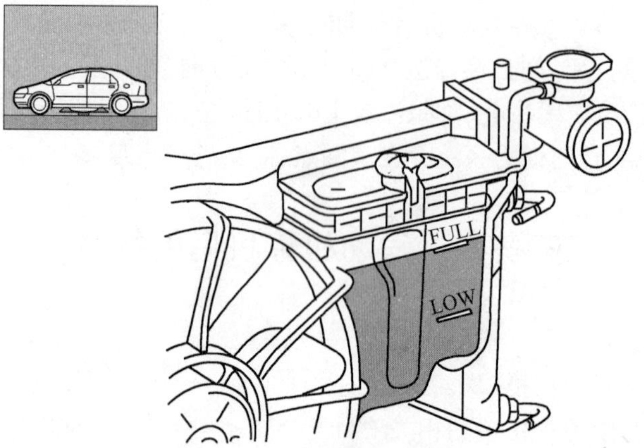

图 7-30　冷却液的液位检查

1—燃油泵总成；2—燃油滤清器。

图 7-31　更换燃油滤清器

三、相关知识

(一) 发动机的本体构成

汽油发动机由发动机本体、进气系统、燃油供给系统、润滑系统、冷却系统、排气系统和发动机电气组成。发动机本体由气缸盖、气缸体、活塞、曲轴、飞轮、气门机构、传动皮带和油底壳组成,如图 7-32 所示。

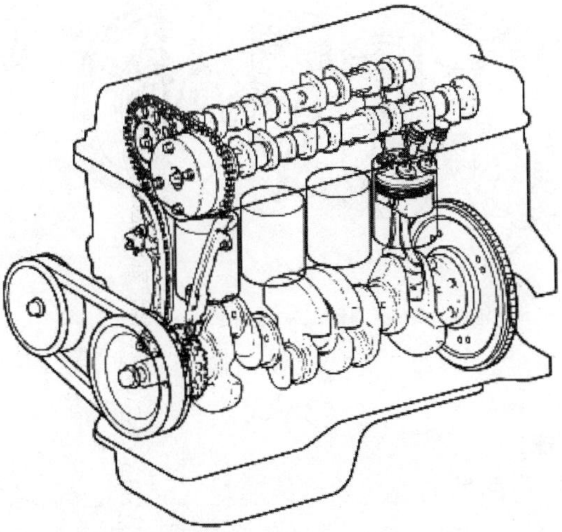

图 7-32　发动机本体

1. 气缸盖和气缸体(图 7-33)

气缸盖和位于气缸盖底部凹陷处的活塞一起构成燃烧室。气缸体是构成发动机主体结构的部件,为使发动机平稳运转,要使用几个气缸。

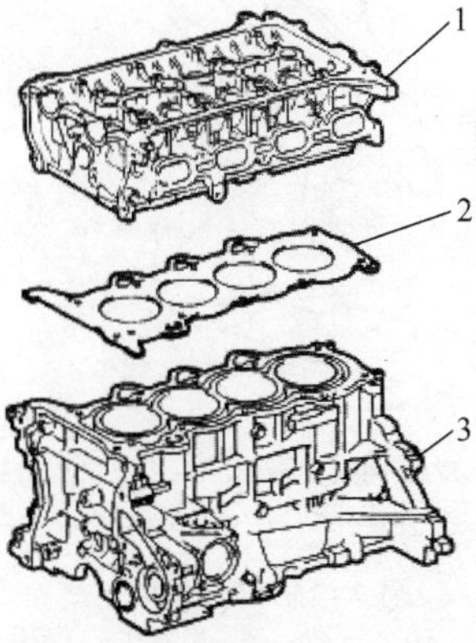

1—气缸盖; 2—垫片; 3—气缸体。

图 7-33　气缸盖和气缸体

2. 活塞、曲轴与飞轮(图 7-34)

活塞的作用是承受可燃混合气急剧燃烧时产生的压力,在气缸内上下运动。曲轴借助连杆将活塞的直线运动转换成旋转运动。飞轮由厚钢片制成,可将曲轴的旋转运动转化为惯性运动,因此可以输出稳定的旋转力。

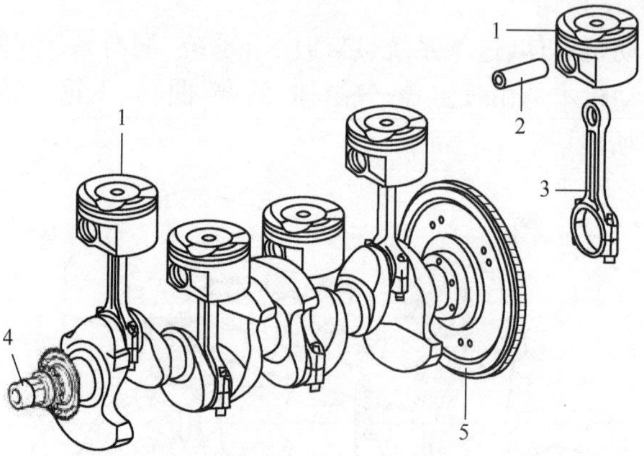

1—活塞; 2—活塞销; 3—连杆; 4—曲轴; 5—飞轮。

图 7-34　活塞、曲轴与飞轮

3. 传动皮带(图 7-35)

传动皮带通过皮带轮将曲轴的旋转功率传递至交流发电机、动力转向泵和空调器压缩机。正常情况下,汽车上有 2 条或 3 条皮带。传动皮带必须进行适度张力和磨损方面的检查,并按规定间隔时间更换。

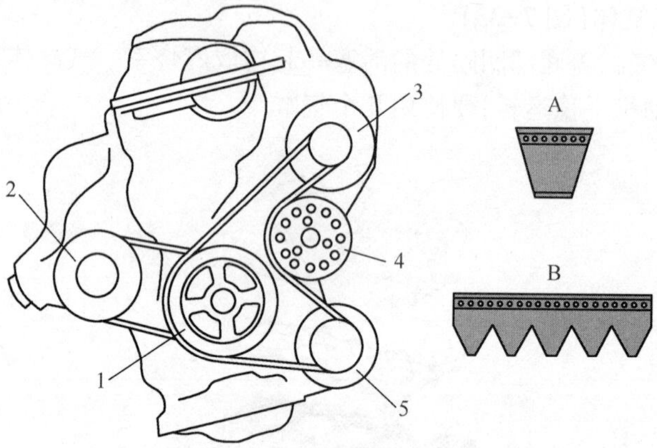

1—曲轴皮带轮; 2—动力转向泵皮带轮; 3—发电机皮带轮; 4—水泵皮带轮;
5—空调压缩机皮带轮; A—楔形皮带; B—齿形皮带。

图 7-35　传动皮带

4. 气门机构(图 7-36)

气门机构是在适当时刻将气缸盖内的进气门和排气门开启和关闭的一组部件。其中,正时链的作用是将曲轴的旋转运动传递给凸轮轴。

5. VVT-i 系统

VVT-i 系统(智能可变气门正时系统)可根据发动机状态使用计算机来最优地控制进

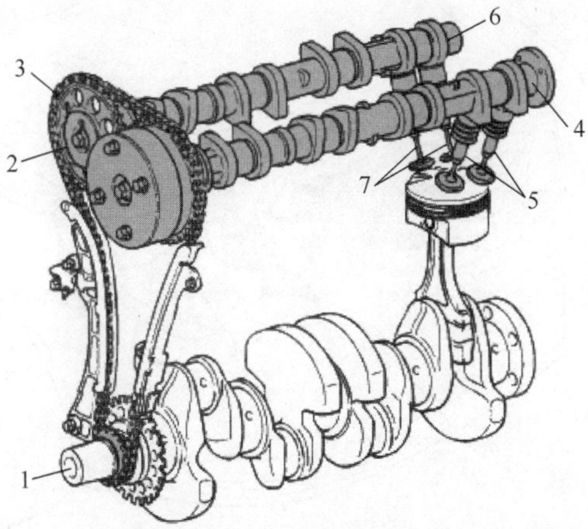

1—曲轴；2—正时链轮；3—正时链；4—进气凸轮轴；5—进气门；
6—排气凸轮轴；7—排气门。

图 7-36　气门机构

气门的开启和关闭，如图 7-37 所示。此系统使用液压来改变进气门的开启和关闭时，使进气效率、扭矩、功率输出和燃油经济性得到提高，并且排气更为清洁。

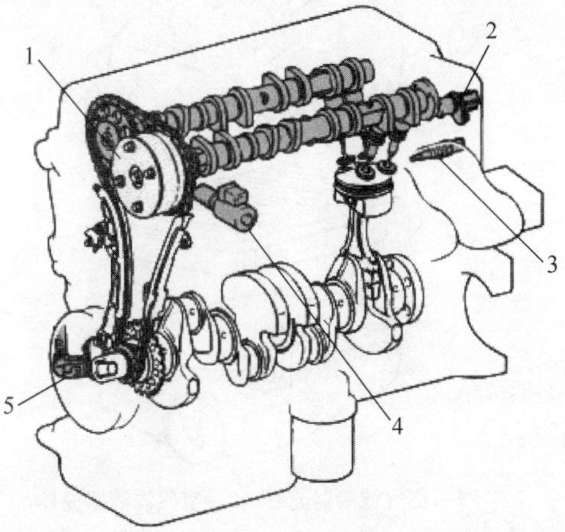

1—VVT-i控制器；2—凸轮轴位置传感器；3—水温传感器；4—凸轮轴正时油控制阀；
5—曲轴位置传感器。

图 7-37　可变气门正时机构

（二）进气系统

进气系统的作用是向发动机提供所需容量的清洁空气，具体由空气滤清器、节气门体和进气歧管组成，如图 7-38 所示。

1. 空气滤清器

空气滤清器组成如图 7-39 所示。空气滤清器内装有一个滤清器滤芯，在外部空气进入发动机时，可从空气中除去灰尘和其他颗粒。空气滤清器滤芯必须定期地清洗或更换。

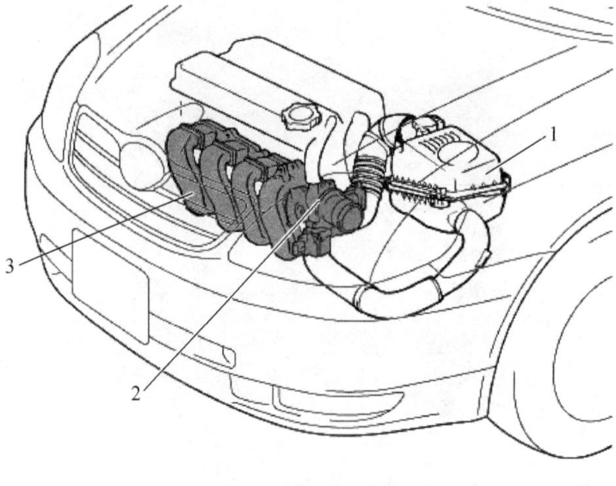

1—空气滤清器；2—节气门体；3—进气歧管。

图 7-38 进气系统

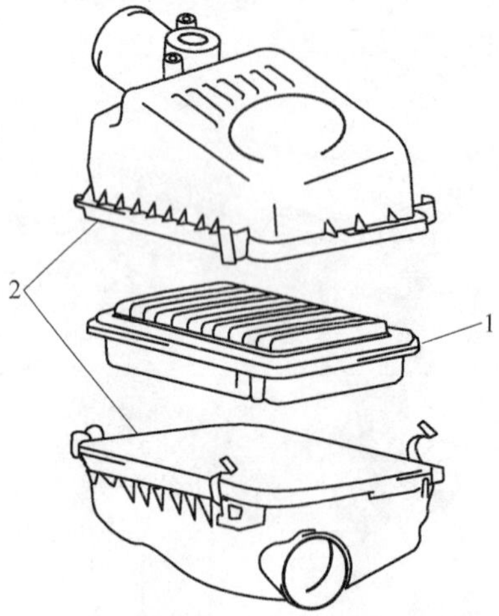

1—空气滤清器滤芯；2—空气滤清器壳体。

图 7-39 空气滤清器

2. 节气门体

节气门用拉索和位于车辆内部的加速器踏板协同操作，从而调节吸入气缸中的空气燃油混合气容积，如图 7-40 所示。当加速器踏板被踩下时，节气门开启，吸入大量的空气和燃油，使发动机输出功率增加。同时，还配备怠速控制阀(idle speed control valve, ISCV)以便当发动机冷态或怠速期间调节空气量。

3. 进气歧管

进气歧管由若干管路组成，为各个气缸供气，如图 7-41 所示。

(三) 燃油供给系统

燃油供给系统的组成如图 7-42 所示。燃油供给系统的作用是向发动机供应燃油，也

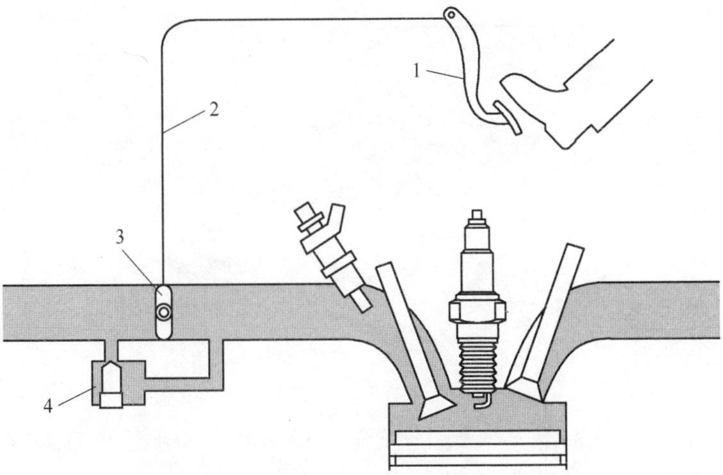

1—加速踏板；2—油拉索；3—节气门；4—怠速控制阀（ISCV）。

图 7-40　节气门体

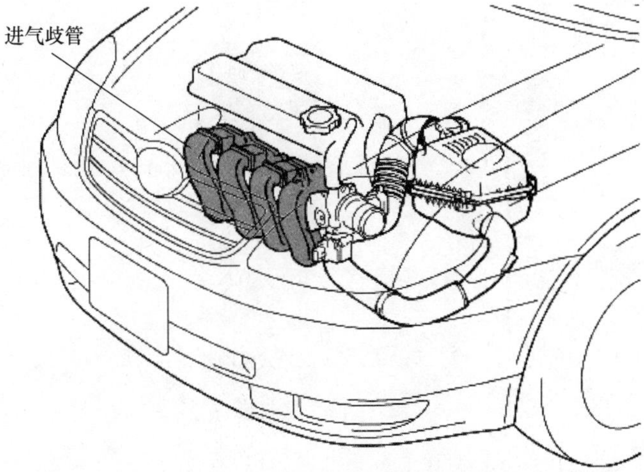

图 7-41　进气歧管

有清除燃油中垃圾和灰尘的功能，并调节燃油供给量。

1. 燃油泵

燃油泵结构如图 7-43 所示。其作用是将燃油从燃油箱泵到发动机，使燃油管保持固定的压力。一种安装方式是油箱内装式，它位于燃油箱内；另一种称为直列式，它位于燃油管中间。燃油泵有不同的工作方法，电子控制燃油喷射系统（electronic fuel injection，EFI）使用一种带发动机的电动泵。

2. 燃油滤清器

燃油滤清器组成如图 7-44 所示。其作用是清除燃油中的污物，为了防止它们被吸入喷油器，使用过滤纸清除污物。燃油滤清器总成必须定期更换。

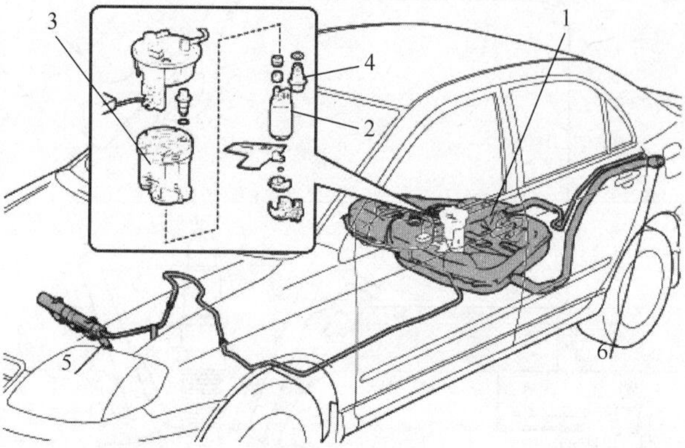

1—油箱；2—燃油泵；3—燃油滤清器；4—压力调节器；5—喷油器；6—燃油箱盖。

图 7-42　燃油供给系统

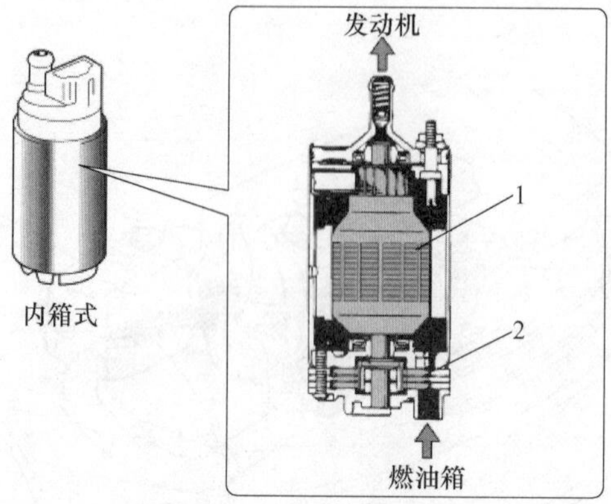

1—发动机；2—涡轮式泵叶轮。

图 7-43　燃油泵

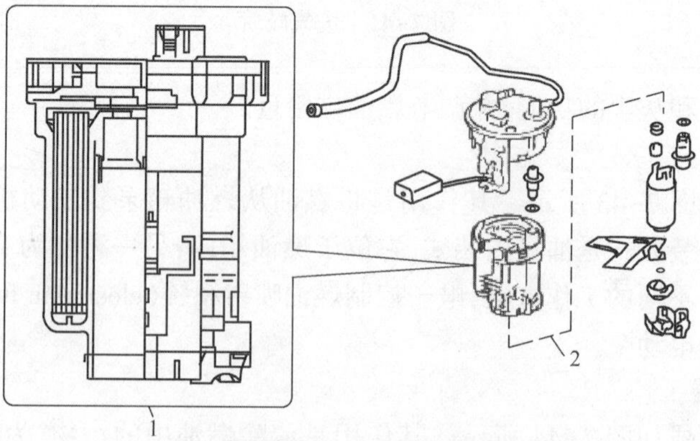

1—燃油滤清器；2—燃油泵总成。

图 7-44　燃油滤清器

(四) 润滑系统

发动机润滑系统的组成如图 7-45 所示。润滑系统使用一只机油泵,连续在整个发动机内部供应发动机油。润滑系统用油膜来减少部件之间的摩擦。如果发动机无油运转,则会导致运行不良,甚至导致烧坏。除了润滑功能,发动机油还有冷却和清洁发动机的功能。

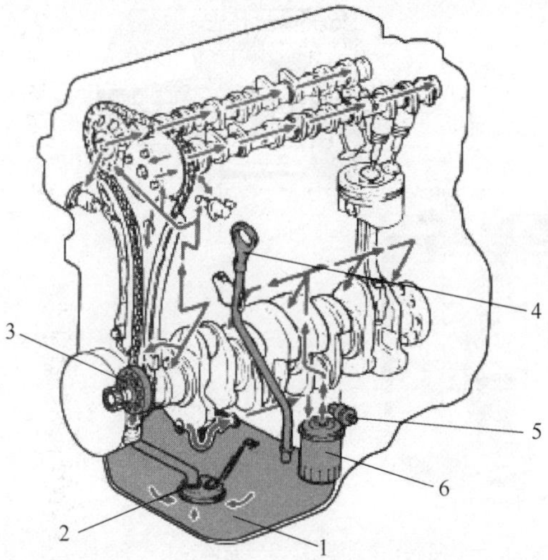

1—油底壳；2—机油粗滤器；3—机油泵；4—机油尺；5—机油压力开关；6—机油滤清器。

图 7-45 润滑系统

1. 机油泵

机油泵结构如图 7-46 所示。其工作原理是有一驱动转子和一不同轴的从动转子,这些转子的旋转运动引起转子的间隙变化,从而导致泵的压油动作。驱动转子用曲轴驱动。泵中设有释放阀,用于防止油压超过预定的值。

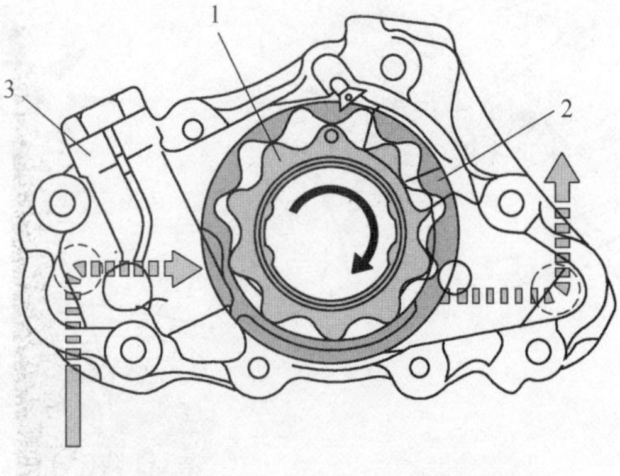

1—驱动转子；2—从动转子；3—释放阀。

图 7-46 机油泵

2. 机油滤清器

机油滤清器的结构如图 7-47 所示。其作用是从发动机油中清除污染物,如金属颗粒等,并保持发动机机油洁净。它有一只单向阀,当发动机停机时使油保持在滤清器中,这样发动机启动时滤清器就总有油。它还有一个释放阀,当滤清器堵塞时允许油输送到发动机。机油滤清器是需要定期更换的零件,并且达到规定行驶里程时要整体更换滤清器。

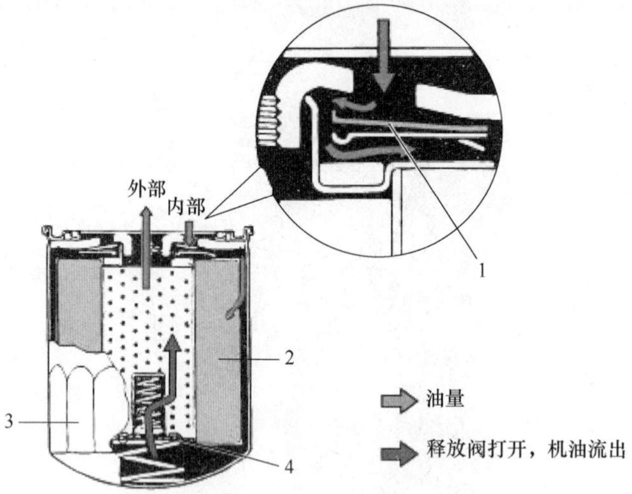

1—单向阀；2—滤芯；3—壳体；4—释放阀。

图 7-47　机油滤清器

3. 油压警告灯

当机油压力过低时,发动机通过点亮如图 7-48 所示的油压警告灯警告驾驶员:油泵产生的油压是否正常,是否正常地输送到了发动机的各个部分。油路中的油压开关(传感器)监控油压状态,如果发动机启动后油压不增加,则在组合表上警告灯会对驾驶员发出警告。

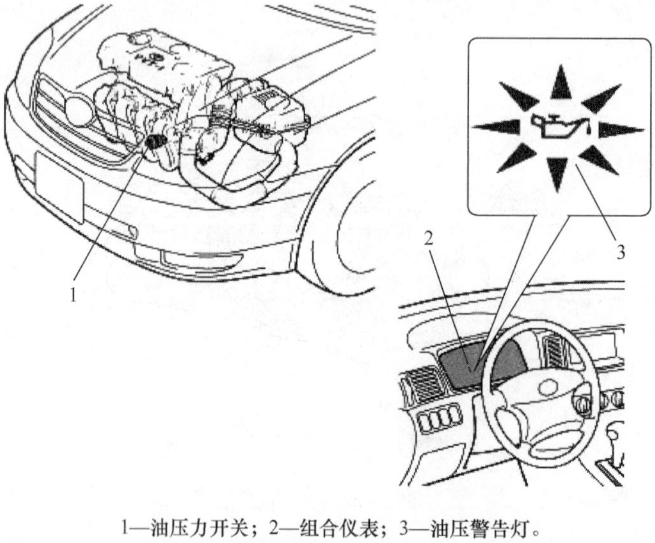

1—油压力开关；2—组合仪表；3—油压警告灯。

图 7-48　油压警告灯

（五）冷却系统

冷却系统组成如图 7-49 所示，在发动机工作过程中通过冷却液的不断循环，将发动机温度调至最佳状态（90~105℃冷却液温度）。

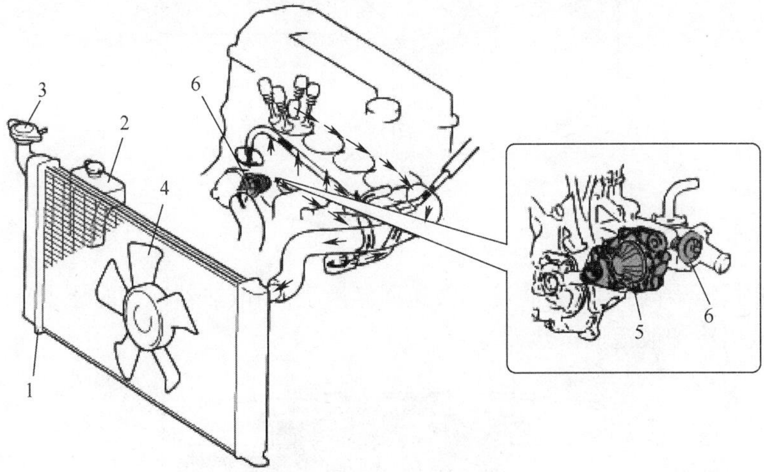

1—散热器；2—储液罐；3—散热器盖；4—冷却风扇；5—水泵；6—节温器。

图 7-49　冷却系统组成

1. 冷却液流向

如图 7-50 所示，水泵使冷却液在冷却液通路中循环。冷却液从发动机吸热并通过散热器将热量释放到大气中，于是冷却液就被冷却，然后返回到发动机中。

2. 散热器

散热器如图 7-51 所示，当散热器的管子和散热片暴露在冷却风扇产生的气流及车辆运动产生的气流中时，散热器中的冷却液变冷。

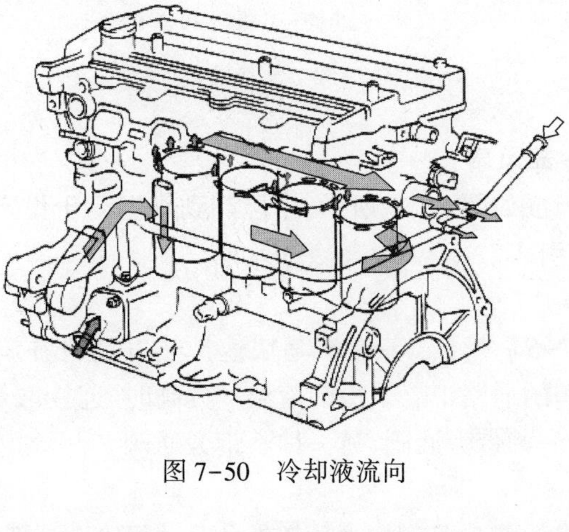

图 7-50　冷却液流向

3. 散热器盖

如图 7-52 所示，散热器盖内有一个压力阀，作用是给冷却液加压，加压下的冷却液沸点可达 120℃，使冷却液温度和空气温度的差别变大，这样可以改善冷却效果。当散热器压

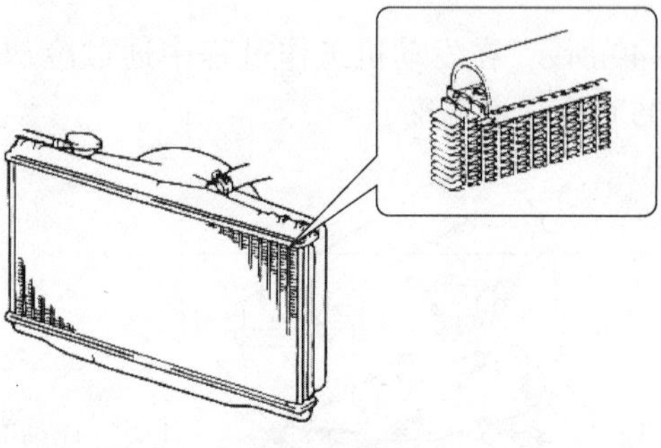

图 7-51　散热器

力进一步增加时,压力阀打开,并将冷却液送回储液罐;当散热器冷却时压力下降,真空阀打开,使储液罐放出冷却液流回散热器。

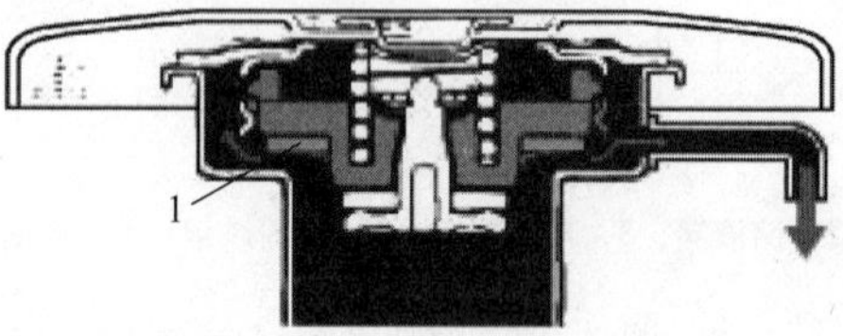

(a)增压期间

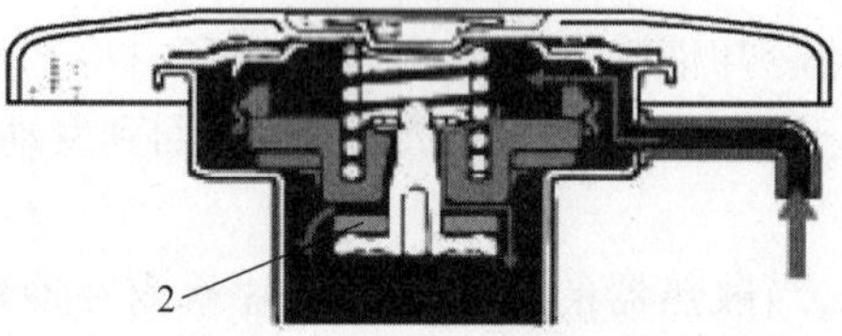

(b)减压期间

1—压力阀;2—真空阀。

图 7-52　散热器盖

4. 冷却风扇(电动冷却风扇)

电动冷却风扇系统组成如图 7-53 所示,当检测到水温高于设定值时,温度开关打开使得风扇运行,将大量空气引入散热器,提高冷却效果。

5. 节温器

节温器的结构如图 7-54 所示。节温器是快速预热发动机并调节冷却液温度的部件,位于散热器与发动机之间的通路中。当冷却液温度变高时,连接散热器的阀打开,以便冷却发动机。其有两种类型:一种带旁通阀,另一种不带旁通阀。

(六) 排气系统

发动机排气系统组成如图 7-55 所示。它在将发动机产生的废气排放入大气时,可以清除废气中的有害成分,减少废气发出的爆炸声,改善发动机废气的排放性能,提高发动机效率。

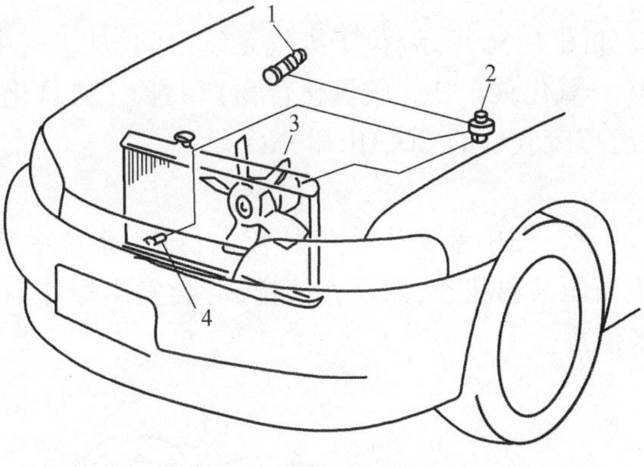

1—点火开关；2—继电器；3—冷却风扇；4—温度开关。

图 7-53 电动冷却风扇

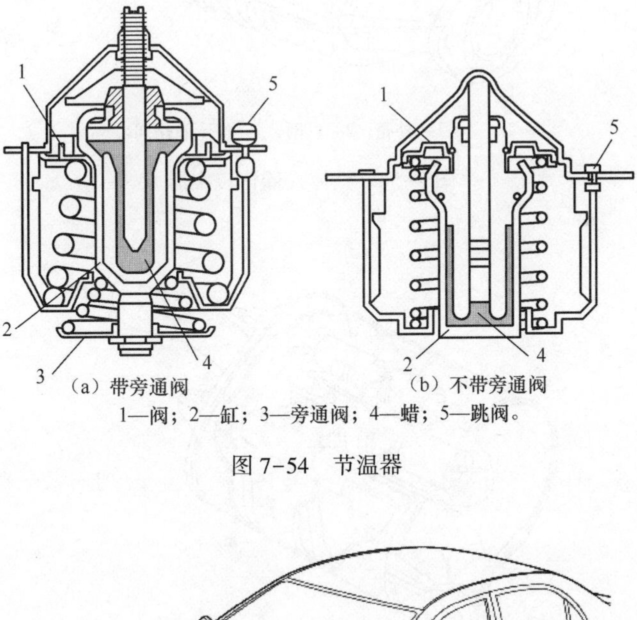

（a）带旁通阀　　（b）不带旁通阀

1—阀；2—缸；3—旁通阀；4—蜡；5—跳阀。

图 7-54 节温器

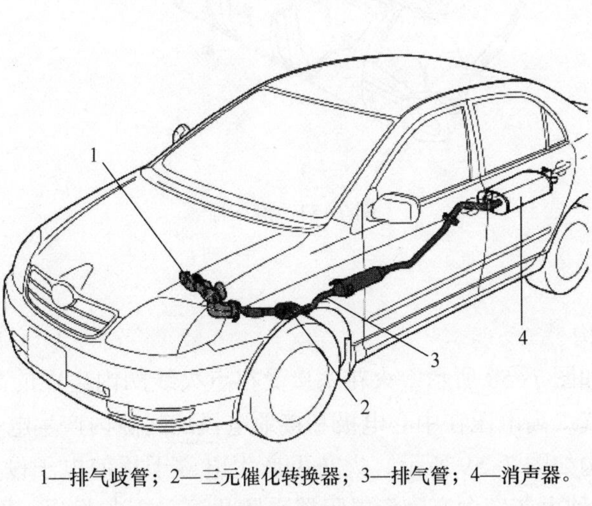

1—排气歧管；2—三元催化转换器；3—排气管；4—消声器。

图 7-55 排气系统

1. 催化转换器

整体式催化转换器如图 7-56 所示，位于废气系统中间，从废气中清除有害成分。废气中的有害成分包括 CO（一氧化碳）、HC（碳氢化合物）和 NO_x（氮氧化物）。三元催化是指用带铂、铑和钯的催化剂清理废气中的 CO、HC 和 NO_x。

2. 消声器

消声器如图 7-57 所示。图中箭头表示气体流向，排气系统中装消声器是因为从发动机中排放出的废气处于高压高温状态，如果直接排放，会发出爆炸声。因此，消声器通过降低废气的压力和温度来消声。

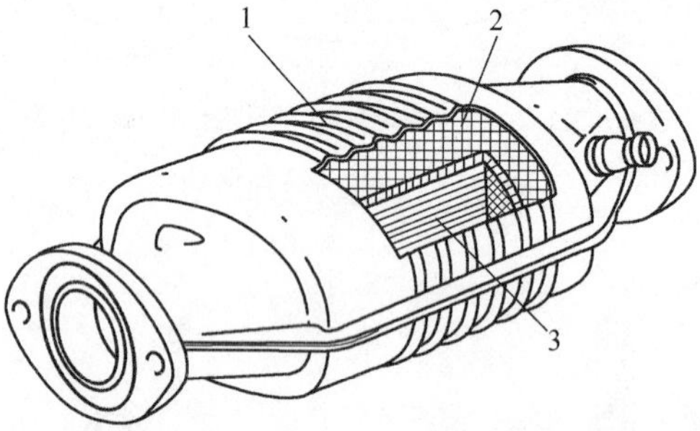

1—外壳；2—丝网；3—整体催化剂。

图 7-56　整体式催化转换器

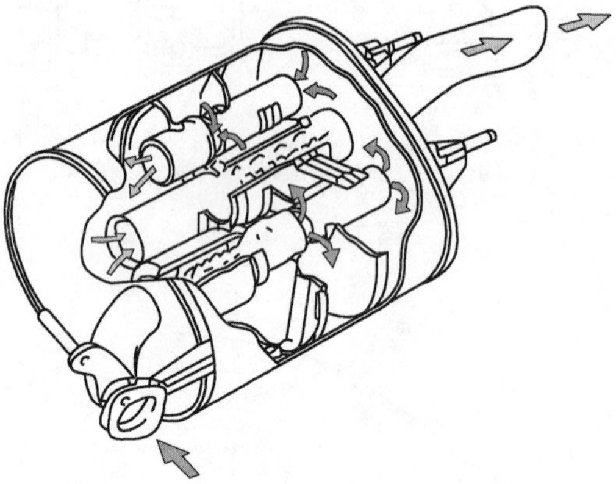

图 7-57　消声器

（七）火花塞

1. 火花塞的结构

火花塞的种类如图 7-58 所示。火花塞接受在点火线圈内生成的高电压，并产生火花，点燃气缸内的混合气。高电压在中心电极和接地电极的间隙内产生电火花。

新型火花塞结构如图 7-59 所示。火花可产生电磁干扰使电子设备失灵，图 7-59（a）是电阻型火花塞，此种火花塞含有陶瓷电阻器来防止这一现象发生。图 7-59（b）是白金电极火花塞，它是用白金作为中心细电极和接地电极，在耐用性和点火性能上表现优越。

图 7-59(c)是铱电极火花塞,它是用铱合金作为中心电极,用铂作为接地电极,从而具有耐用性和高性能的双重优点。

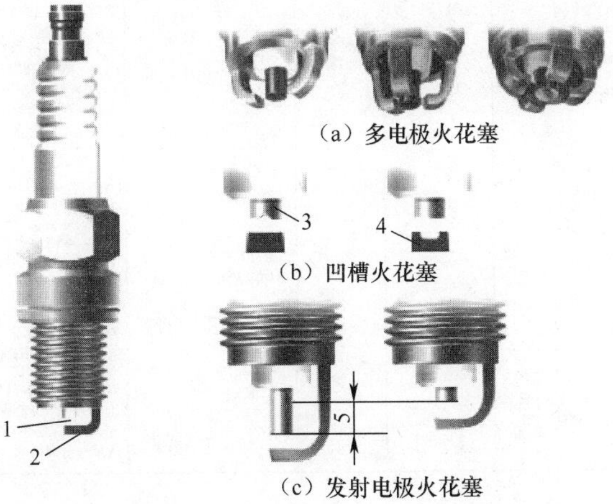

1—中心电极；2—接地电极；3—V形槽；4—U形槽；5—凸出量的差别。

图 7-58　火花塞

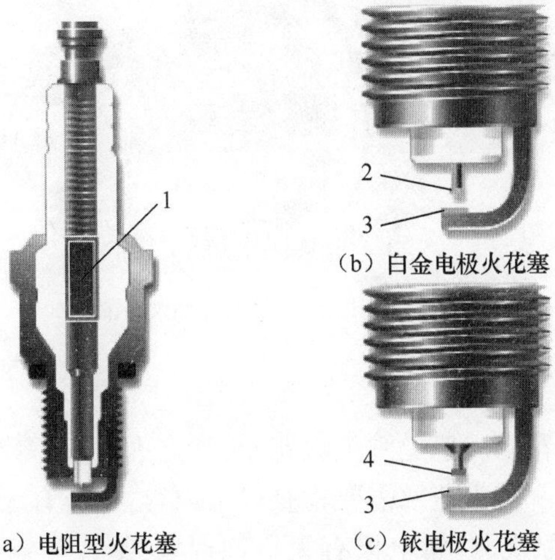

1—电阻器；2—白金尖中心电极；3—白金尖接地电极；4—铱尖中心电极。

图 7-59　新型火花塞

2 火花塞编号

普通火花塞编号含义如图 7-60 所示。图中的第四位数字表示的就是火花塞的热值,它体现火花塞散热的能力,热值越大则散热能力强,散热的速度快。热值通常用 1~9 的数字来表示,1~3 为低热值,称为热型火花塞;4~6 为中热值,称为中型火花塞;7~9 为高热值,称为冷型火花塞。

如图 7-61 所示,以火花塞上有“BKR6EIX”的编号为例,含义为“BK”表示按照国际规格(ISO)尺寸制造的产品;“R”表示它是电阻型火花塞;“6”表示该火花塞的热值为 6;“E”表示该火花塞螺纹长度 19.0mm;“IX”表示该火花塞是铱合金火花塞。

B	P	R	5	E	S	-11
安装螺纹尺寸 (六角对边尺寸) A—— 18mm (20.8mm) B—— 14mm (20.8mm) C—— 10mm (16.0mm) D—— 12mm (18.0mm) E—— 8mm (13.0mm) BC—— 14mm (16.0mm) BK—— 14mm (16.0mm) DC—— 12mm (16.0mm)	P 绝缘体突出型 M 小型火花塞 (CMR6H的安装高度比CR6HS短) U 沿面、半沿面及辅助型火花塞 (BUHW、BUR6ET等)	R 电阻 Z 卷线型电阻	(热值) 2 易热型 4 5 6 7 8 9 10 冷却型	(螺纹长度) E—— 19.0mm H—— 12.7mm L—— 11.2mm EH—19.0mm半螺丝 M(轻量型) BM—— 9.5mm BPM-A— 9.5mm F(圆锥型) A-F—— 10.9mm B-F—— 11.2mm B-EF—— 17.5mm BM-F—— 7.8mm	B—— 一体型端子 CM—— 安装高度较短 CS —— 倾斜外侧电极 D—— 大发车专用 (BCPR6ED) G、GV- 赛车用火花塞 IX—— 铱合金IX火花塞 IX-P— 铱合金MAX火花塞 J—— 两极突出型 (大发车专用) K—— 外侧两极 LPG— LPG专用 N—— 外侧电极特殊型 P—— 白金火花塞 Q—— 外侧四极 (BKR6EQUP: BMW) (BKR5EQUPA: 日产) (BUR9EQP: 马自达) QP—— 外侧四极 中心电极为白金 S—— 标准型 T—— 外侧三极 U—— 半沿面火花塞 Y—— V字形切口中心电极 YA—— 耐污损型(BR9EYA)	(火花间隙) 未标注: 标准型 -9:0.9mm -10:1.0mm -11:1.1mm -13:1.3mm -14:1.4mm -15:1.5mm -L:中间热价
BK—是按照国际规格(ISO)尺寸制造的产品。从火花塞密封垫圈到终端螺丝帽的长度比日本规格(JIS)的BCP型短2.5mm						

图 7-60　普通火花塞编号含义

图 7-61　火花塞上的编号“BKR6EIX”

3. 火花塞检查

铱金火花塞和白金火花塞属于免维护火花塞,其点火性好,寿命长,10 万 km 更换,普通火花塞 2~3 万 km 更换。普通火花塞需要检查以下内容:电极有无积碳;检查电极间隙是否符合标准,需用火花塞间隙规测量;电极有无烧蚀现象;绝缘陶瓷有无破损;金属螺纹有无损伤。

注意:火花塞打开期间不要让异物掉入燃烧室;安装火花塞时,首先用手上紧火花塞,然后用扭力扳手上紧到规定力矩,如奥迪轿车是 25N · m,丰田卡罗拉轿车是 20N · m。

(八)大众轿车发动机冷却系统检查

1. 检查和添加冷却液

应定期检查冷却液的液位如图 7-62 所示。冷却液的液位必须保持在储液罐上的最大刻度与最小刻度之间;如发现冷却液的液位较低,应及时添加,如图 7-63 所示;对于更换冷却液后的液位检查,需要在发动机达到正常工作温度后进行。

2. 检查冷却液冰点

汽车冷却液冰点的测量需要使用专用工具比重计 T10007A 检查冰点,如图 7-64 所示。比重计使用前先要清洁、调焦、校零,再抽取一定量的液体,滴到测试镜面上,最后合上镜面压盖，通过观察窗口看分界线的位置，即液体冰点，如图 7-65 所示。大众的标准是冰点要低于-25℃，寒带地区要低于-35℃，如果不达标，就要重新勾兑甚至更换冷却液。

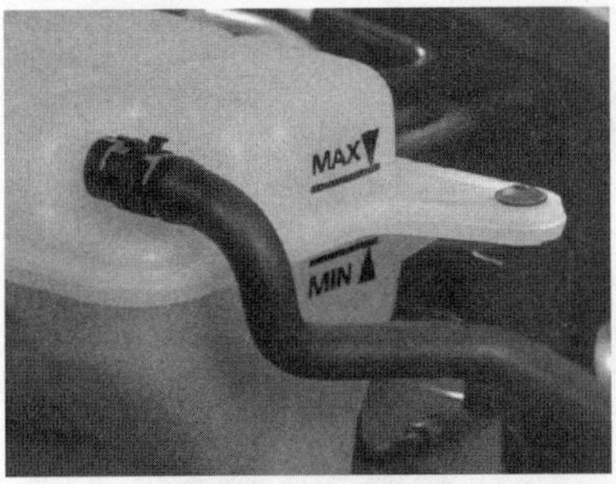

图 7-62　冷却液液位

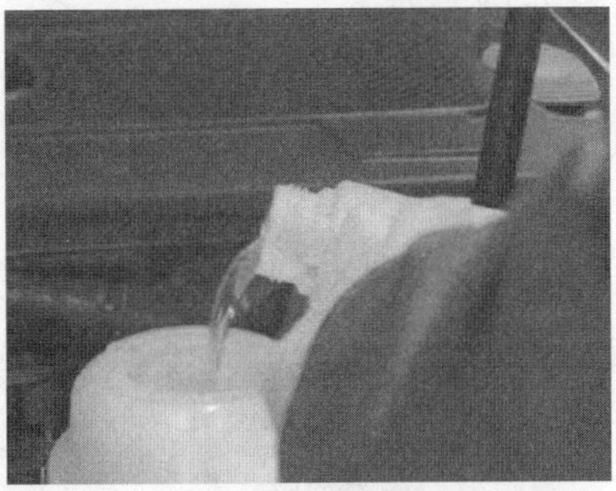

图 7-63　添加冷却液

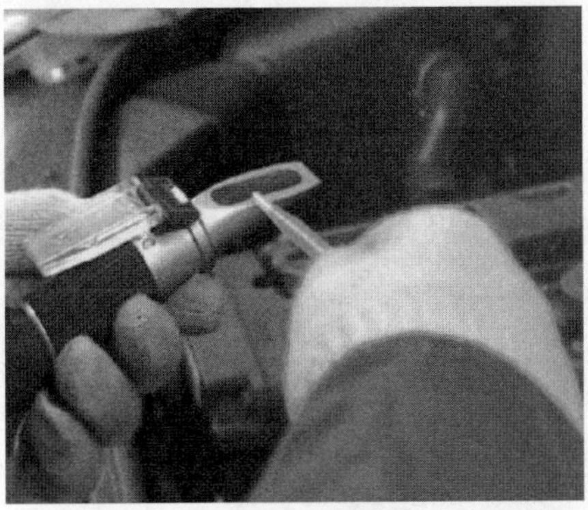

图 7-64　比重计

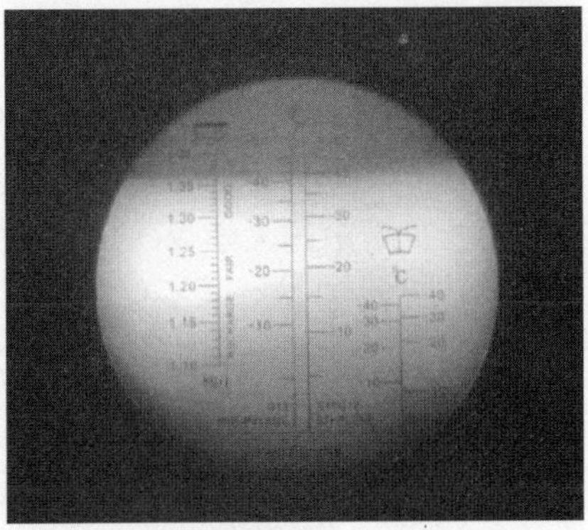

图 7-65　比重计读数

3. 检查冷却系统密封性

将冷却系统压力测试仪安装到冷却液膨胀罐上，加压至 1.0 bar，如图 7-66 所示。维持 3min，压力应无明显变化，如果压力下降，说明冷却系统存在泄漏，必须查找泄漏点，如图 7-67 所示。

图 7-66　安装压力测试仪

图 7-67　加压至 1.0 bar

4. 检查冷却液膨胀罐盖的安全阀

将冷却系统压力测试仪连接到冷却液膨胀罐盖上,加压到 1.4~1.6 bar,安全阀应打开泄压,如图 7-68 所示。

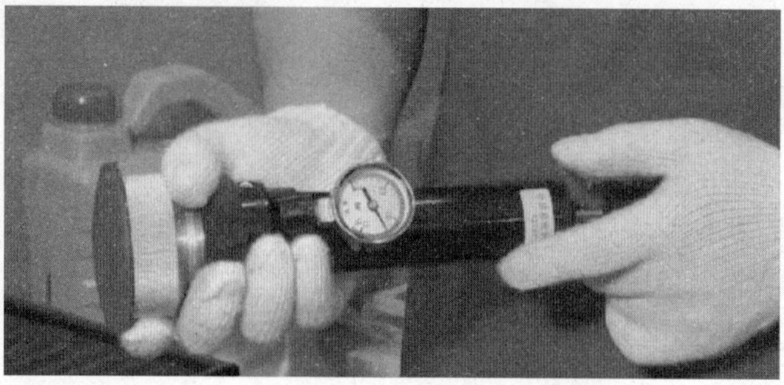

图 7-68　连接压力测试仪和膨胀罐盖

5. 更换冷却液

冷却液更换之前,先要排放完散热器和发动机缸体中的冷却液,然后使用专用工具加注新的冷却液,如图 7-69 所示,加注完毕后还要进行排气。专用工具代号如图 7-70 所示,具体更换过程可参见看中国大学 MOOC 在线开放课程“汽车使用与维护”项目六之任务 4。

图 7-69　使用专用工具更换冷却液

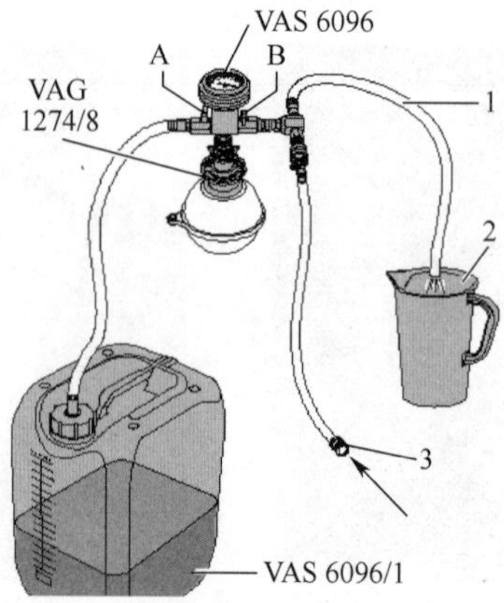

图 7-70　更换冷却液的专用工具代号

四、自我测试题

(一) 判断题

1. 如果发动机平稳转动没有异常噪声,气门间隙检查可以省略。 ( )
2. 在更换燃油滤清器时,为了防止燃油渗漏,需要接通燃油泵的电气线路。 ( )
3. 在更换新的空气滤清器滤芯时,将其直接放入空气滤清器壳体即可。 ( )
4. 当机油压力过低或过高时,发动机通过点亮油压警告灯警告驾驶员。 ( )
5. 火花塞间隙可用厚薄规检查,范围是 1~1.1mm。 ( )

(二) 单项选择题

1. 关于动力转向液的液位检查,下面说法正确的是( )

A. 汽车静止,发动机空转时,转动方向盘数次,这样能使动力转向液的温度达 40~80℃(104~176℉)。然后,停止发动机,检查存储罐的液位在规定的范围内。

B. 发动机运转,检查存储罐的液位在规定的范围内。

C. 转动方向盘时,检查存储罐的液位在规定的范围内。

D. 为迅速升高液体的温度,车辆静止时转动方向盘到底并停留,重复做数次,共做 5min。然后,检查动力转向液液位。

2. 下列火花塞的检查哪一项是错误的( )

A. 要目测火花塞的绝缘陶瓷有无损坏。

B. 要用厚薄规检查火花塞的电极间隙。

C. 要检查电极部分有无积碳和烧蚀。

D. 要检查火花塞的螺纹有无损坏。

3. 关于蓄电池的检查下列说法错误的是( )

A. 要检查蓄电池的安装,壳体是否损坏。

B. 检测电解液的密度时只需要检测其中的一格即可。

C. 检查通风孔塞时需要拆下对着亮光看。

D. 检测电解液的密度是否在 1.25~1.29g/cm^3。

4. 关于自动传动桥液位的检查,下面说法正确的是( )

A. 发动机停止、冷态时,检查自动传动桥的液位。

B. 发动机停止、热态时,检查自动传动桥的液位。

C. 发动机怠速、自动传动桥液液温约 75℃时,检查自动传动桥的液位。把换挡杆按顺序从 P 挡位移到 L 挡位,然后返回到 P 挡位,检测液位。

D. 发动机怠速、热态时,检查自动传动桥的液位。把换挡杆按顺序从 P 挡位移到 L 挡位,然后返回到 D 挡位,检测液位。

5. 关于空调冷媒检测说法正确的是( )

A. 空调冷媒检查时需要打开所有车门和车窗,使出风量开到最大,制冷温度打到最低,同时使发动机以 1800r/min 的转速运转。

B. 观察窗口出现少量气泡说明冷媒不足。

C. 观察窗口出现大量气泡说明冷媒过多。

D. 观察窗口没有出现气泡说明冷媒没有或过多。

（三）简答题

1. 简述发动机冷态时的检查内容。
2. 如何正确使用比重计？
3. 火花塞拆卸和安装方法是什么？
4. 如何更换发动机冷却液？

项目八　纯电动汽车的使用与维护
——以大众 ID. 4 CROZZ 汽车为例

一、项目描述

通过对大众 ID. 4 CROZZ 汽车的学习，学生须达到以下要求。

1. 知识要求

(1) 了解大众 ID. 4 CROZZ 汽车的性能参数与结构组成。

(2) 熟悉大众 ID. 4 CROZZ 汽车的使用方法。

(3) 掌握大众 ID. 4 CROZZ 汽车的维护内容。

2. 技能要求

(1) 能够规范地操作灯光和雨刮等功能。

(2) 能够使用无钥匙锁车、开闭后备厢等舒适功能。

(3) 能够操作大众 ID. 4 CROZZ 汽车的自动泊车功能。

(4) 能够使用大众 ID. 4 CROZZ 汽车的半自动驾驶功能。

(5) 能够进行 1 万 km 维护作业。

3. 素质要求

(1) 树立安全第一的理念。

(2) 重视操作规范与人身安全。

(3) 注意环境保护。

(4) 培养团队协作精神。

二、项目实施

任务一　大众 ID. 4 CROZZ 汽车的前机舱检查与车内功能检查

1. 训练内容

(1) 前机舱内的油液检查。

(2) 车内、车外灯光检查。

(3) 车内座椅、安全带、扬声器、雨刮系统的检查。

(4) 车载信息娱乐系统的检查。

(5) 完成并填写学习工作单的相关项目。

2. 训练目标

(1) 熟悉大众 ID. 4 CROZZ 汽车功能检查的内容。

（2）掌握正确的大众 ID. 4 CROZZ 汽车功能检查方法。

3. 训练设备

大众 ID. 4 CROZZ 整车、车轮挡块和常用维修设备。

4. 训练步骤

1）前机舱检查

先将车辆停在水平地面上，安装好车轮挡块，打开前舱盖，铺好翼子板衬垫和前格栅衬垫，用照明灯检查冷却液、制动液和风窗清洗液的液位，如图 8-1～图 8-3 所示。然后检查前机舱内的高压线束、冷却液管路等部件，有无干涉、破损、松脱现象，管路有无渗漏、连接是否牢固；高压配电盒外观及连接器密封是否良好，连接器有无松脱，检查前舱盖边缘、封胶、铰链螺栓、锁止开关、撑杆、隔音棉及其卡扣的状态。

图 8-1　冷却液膨胀罐

图 8-2　制动液储液罐

对于新车，冷却液可能位于标记区域的上方，此属于正常状况，不必抽出冷却液。对于非新车，当电驱动装置处于冷态时，冷却液的液位要处于膨胀罐侧面的液位标记范围内。如果冷却液的液位低于最低标记 MIN，则必须添加冷却液。注意：如果冷却液膨胀罐内已完全没有冷却液，不要添加冷却液，否则空气会进入冷却系统，切勿继续行驶，应立即联系一汽大众 4S 店专业人员处理，否则会损坏电驱动装置。

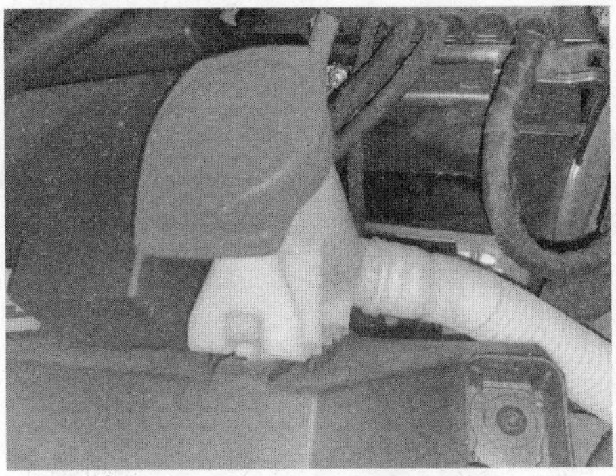

图 8-3　风窗清洗液储液罐

冷却液的更换周期较长,厂商建议每 80000km 更换一次,常规维护只需检查冷却液的冰点、容量及颜色即可,还要留意冷却液软管是否有损坏。

制动液的液位必须始终处于制动液储液罐上的 MIN(最低)和 MAX(最高)标记之间。车辆在使用过程中因制动摩擦片磨损会导致制动液液位略有下降,此属于正常现象。

检查风窗清洗液的液量,如发现液量不足,及时添加并保证液量不超过上限刻度线即可。在检查完毕后使用吹枪对前机舱进行清洁。

2) 灯光检查

打开驾驶员侧车门,铺好座椅垫、脚垫、方向盘套、灯光拨杆套、换挡旋钮套,如图 8-4 所示。注意:大众 ID. 4 CROZZ 汽车用换挡旋钮取代了传统换挡杆,而且 P 挡按钮在旋钮的侧面,如图 8-5 所示。依次先检查车内灯光,如仪表警告灯、阅读灯、化妆镜灯、氛围灯(要在 12in 中控大屏中设置)等,再检查车外照明灯,如小灯、近光、远光、转向、危险报警、前雾、后雾、制动、倒车灯的点亮情况。

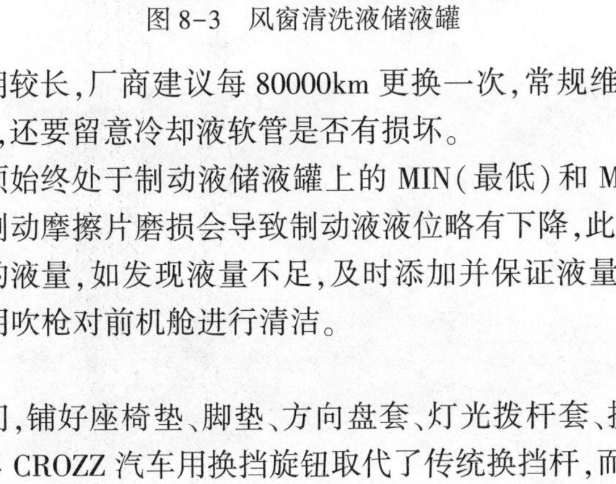

图 8-4　安装车内保护垫

3) 座椅、安全带、扬声器及雨刮系统的检查

检查座椅的安装、调节状况。检查扬声器声响是否正常,雨刮系统是否正常。注意:大众 ID. 4 CROZZ 后窗也有雨刮器,操作时应将雨刮开关向前方轻推即可,如图 8-6 所示,轻推一挡是后窗雨刮刮拭,轻推两挡是后窗雨刮喷水并刮拭。

图 8-5　换挡旋钮

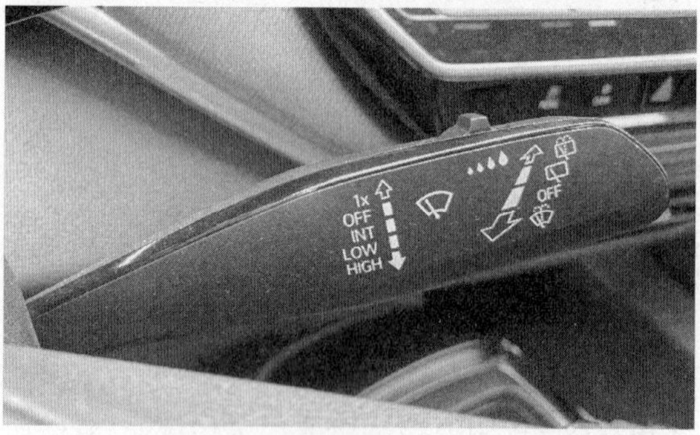

图 8-6　雨刮开关

4）信息娱乐系统检查

检查收音机功能、导航功能、免提电话功能、Carplay 等功能是否正常。

5）润滑铰链

在车门铰链、前舱盖锁止机构、后备厢铰链处涂润滑脂。前舱盖锁止机构润滑如图 8-7 所示。

图 8-7　前舱盖锁止机构润滑

6）电器系统诊断

将计算机诊断仪的蓝牙诊断接头插在车辆的诊断插座上，如图 8-8 所示，绿色信号灯闪烁表示已连接诊断仪。

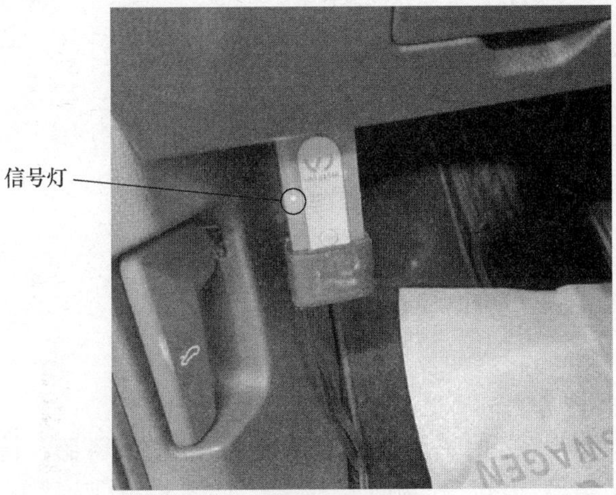

图 8-8　连接蓝牙诊断接头

进入诊断仪,走诊断功能,读取车辆的故障码,分析判断并清除故障码。车辆控制单元网络布局如图 8-9 所示。图中红色的表示有故障的控制单元,黑框的表示无故障的控制单元,灰色表示控制单元未识别或未安装。

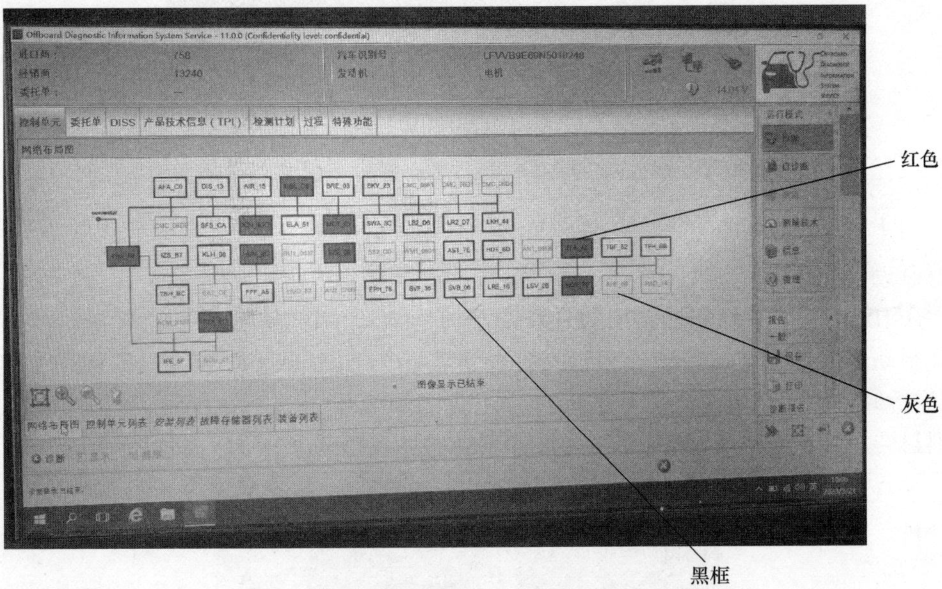

图 8-9　车辆控制单元网络布局图

任务二　轮胎、制动器及底盘检查

1. 训练内容

(1) 检查大众 ID. 4 CROZZ 汽车的轮胎。

（2）检查大众 ID. 4 CROZZ 汽车的制动器。

（3）检查大众 ID. 4 CROZZ 汽车的底盘。

（4）完成学习工作单的相关项目。

2. 训练目标

（1）了解大众 ID. 4 CROZZ 汽车的轮胎类型与结构特点。

（2）了解大众 ID. 4 CROZZ 汽车的后轮鼓式制动器的结构与原理。

（3）了解大众 ID. 4 CROZZ 汽车底盘的结构与检查方法。

3. 训练设备

大众 ID. 4 CROZZ 整车、举升器、常用工具与量具。

4. 训练步骤

1）轮胎检查

大众 ID. 4 CROZZ 汽车采用的是自修复轮胎，因此没有配备胎。检测轮胎的胎压、花纹深度，并目测轮胎有无裂纹、鼓包、异物嵌入等情况，如图 8-10 所示。

图 8-10　检查轮胎

2）制动器的检测

大众 ID. 4 CROZZ 汽车前轮用的是盘式制动器，后轮用的是带电子驻车制动器（EPB）的鼓式制动器。检测盘式制动器摩擦片的厚度需用专用工具 T40139 测量，如图 8-11 所示，无需拆卸车轮即可读出摩擦片的厚度。工具测量细节如图 8-12 所示。鼓式制动器的摩擦副封装在制动鼓内，因此只需检查鼓式制动器外观即可。

图 8-11　测量摩擦片的厚度

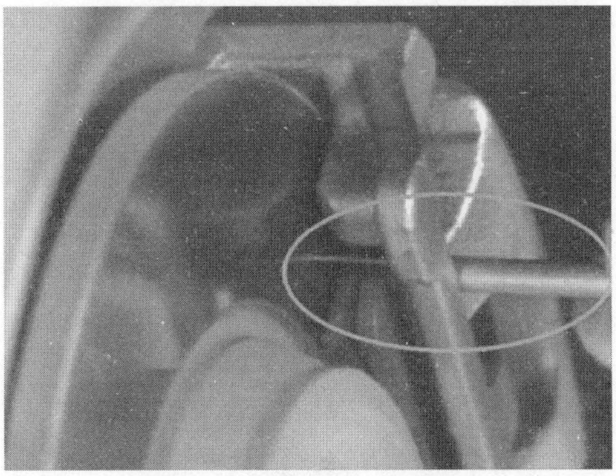

图 8-12　工具测量细节

3）底盘检查

（1）外观检查(图 8-13)。检查底盘是否有磕碰,下护板是否完好,是否有漏水漏油迹象,底盘螺栓有无松脱,线缆及连接器有无干涉、破损、烧蚀和松脱。驱动半轴护套有无破损渗漏,驱动电机壳体有无破损、漏油迹象。

图 8-13　大众 ID. 4 CROZZ 汽车底盘检查

（2）前麦弗逊悬架检查(图 8-14)。大众 ID. 4 CROZZ 汽车的前悬架是麦弗逊悬架。检查横摆臂、横向稳定杆、转向横拉杆有无松动,检查球头销护套有无破损;检查减振器有无漏油,螺旋弹簧有无错位和脏污。

（3）后五连杆悬架检查(图 8-15)。大众 ID. 4 CROZZ 汽车的后悬架是新型五连杆独立悬架。检查五连杆的安装情况,有无松动、损坏。检查半轴护套有无破损泄漏,护套卡箍有无松动。检查减振器有无漏油,螺旋弹簧有无错位和脏污。

三、相关知识

(一) 大众 ID. 4CROZZ 汽车简介

1. MEB 平台

大众 ID 系列轿车是大众汽车集团基于“MEB”平台打造的,MEB(Modularer e-antriebs baukasten)是“模块化电驱动平台”的缩写,是纯电动汽车的全新制造平台。MEB 平台以电

图 8-14　大众 ID.4 CROZZ 汽车的前麦弗逊悬架

图 8-15　大众 ID.4 CROZZ 汽车的后五连杆悬架

池为中心,充分利用车身空间,打造出的车具有 A 级车的外形和 B 级车的空间这样的特点;同时 MEB 平台车型的车身外形设计更加具有科技感;车内配备的强大的中央计算机可以支持用户多样的个性化定制需求。MEB 平台特点如图 8-16 所示。

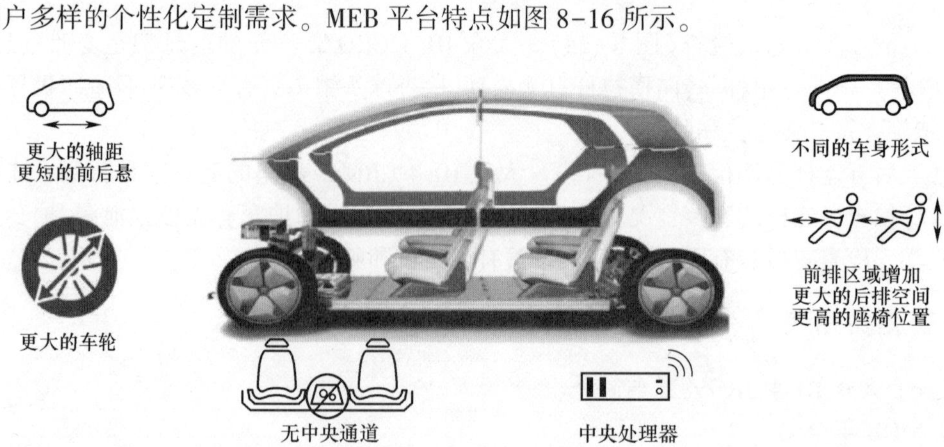

图 8-16　MEB 平台特点

MEB 平台家族车型如图 8-17 所示。图中一汽大众生产的 ID. CROZZ 车型命名为 ID. 4 CROZZ,生产地为一汽大众佛山工厂。

图 8-17　MEB 家族车型

2. 整车尺寸

大众 ID. 4 CROZZ 车型外观特点是长轴短悬,与大众探岳汽车的外形比较如图 8-18 所示,具体参数如表 8-1 所列。

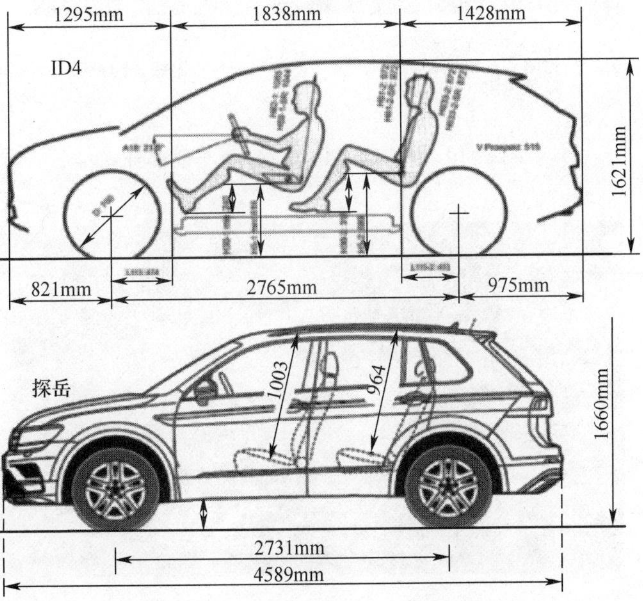

图 8-18　大众 ID. 4 CROZZ 汽车与探岳汽车的外形比较

表 8-1　大众 ID. 4 CROZZ 汽车与探岳汽车的参数比较

车型与差值	长度/mm	宽度/mm	高度/mm	轴距/mm	前悬/mm	后悬/mm
大众 ID. 4 CROZZ 汽车	4561	1845	1621	2765	821	975
大众探岳汽车	4589	1860	1660	2731	896	909
差值	-28	-15	-39	34	-75	66

3. 外观设计和内饰设计

大众 ID. 4 CROZZ 汽车的外观设计如图 8-19 所示。采用短机舱设计,有利于降低风阻;发光车标;封闭式前格栅,能降低风阻;隐藏式门把手、运动式大包围等。尾部外观如图 8-20 所示。采用大尾翼设计、发光后尾标、后排隐私玻璃、宽大的 C 柱等。内饰设计如图 8-21所示。有 5.3in 液晶仪表、12in 中控大屏、触控按键、互动灯带、30 色氛围灯、抬头显示系统等。

图 8-19　大众 ID.4 CROZZ 汽车前部外观

图 8-20　大众 ID.4 CROZZ 汽车尾部外观

(二)大众 ID.4 CROZZ 汽车的动力系统

1. 动力装备

根据电池容量和电动机功率的不同,大众 ID.4CROZZ 汽车有 4 种车型,分别是 PURE、PURE L、PRO、PERFORMANCE。这 4 种车型的电池容量和电动机功率如表 8-2 所列。

2. 两驱车的高压部件布置

大众 ID.4 CROZZ 两驱车的高压部件包括动力电池 AX2、充电口 UX4、车载充电机 AX4、DC/DC 转换器 A19、驱动电动机 VX54、电动机控制器(具有电力和电子控制作用)JX1、电动空调压缩机 VX81、电池 PTC 加热器 Z132。其高压部件安装位置如图 8-22 所示。

图 8-21 大众 ID. 4 CROZZ 汽车内饰设计

表 8-2 大众 ID. 4 CROZZ 汽车的车型参数

ID. 4CROZZ		PURE	PURE L	PRO	PERFORMANCE
电池容量	电动机功率				
55. 7kW · h	125kW(2WD-后驱)	☆			
84. 8kW · h	150kW(2WD-后驱)		☆	☆	
84. 8kW · h	225kW(4WD)				☆

图 8-22 大众 ID. 4 CROZZ 两驱车的高压部件布置

3. 电动机

(1) 后驱电动机。大众 ID. 4 CROZZ 汽车后驱电动机采用的是轴平行永磁同步电动机,代号 APP310,外形如图 8-23 所示,性能参数如表 8-3 所列。

(2) 前驱电动机。大众 ID. 4CROZZ 汽车前驱电动机采用的是三相交流异步电动机,代号 AKA150,外形如图 8-24 所示,性能参数如表 8-4 所列。

图 8-23　永磁同步电动机 APP310

表 8-3　永磁同步电动机 APP310 的性能参数

最大功率	最大扭矩	持续功率	持续扭矩	直流电压	直流电流	交流电流	重量
150kW	310N · m	55kW	170N · m	335V	500A	650A	约 90kg

图 8-24　三相交流异步电动机 AKA150

表 8-4　三相交流异步电动机 AKA150 的性能参数

最大功率	最大扭矩	持续功率	持续扭矩	最高转速	传动比	制造商	重量
75kW	150N · m	20kW	35N · m	0~14000rpm	10. 37 : 1	Hasco Magna	约 58kg

4. 电池系统

大众 ID. 4 CROZZ 汽车是一汽大众在 MEB 平台上的首款国产化汽车，其电池的续航里程非常可观，CLTC 续航能力可以达到 600km，完全可以满足日常的通勤或短途旅游需求。整个车是围绕高压电池进行设计，高压电池位于车辆下方，这款车拥有两种容量的动力电池组：一种为 55. 7kW · h，另一种为 84. 8kW · h。电池包外观如图 8-25 所示，电池周边采用了热成型钢板加固，电芯采用厚实的铝制壳体防护，如果发生意外碰撞，能对电芯起到很好的保护作用。电池单体采用宁德时代三元锂 NCM811（镍钴锰配比 8 : 1 : 1）方形电池，单体标称电压 3. 7V。单体并联组成模块，模块串联组成模组，模组串联组成电池包。电池一端为一体式高低压接口，另一端为水冷管路接口，内部按模组数量不同装有 2~3 个模组控制器。

电池系统采用一体式框架设计，分为上盖、模组、框架、下护板等部分，同时电池上盖与

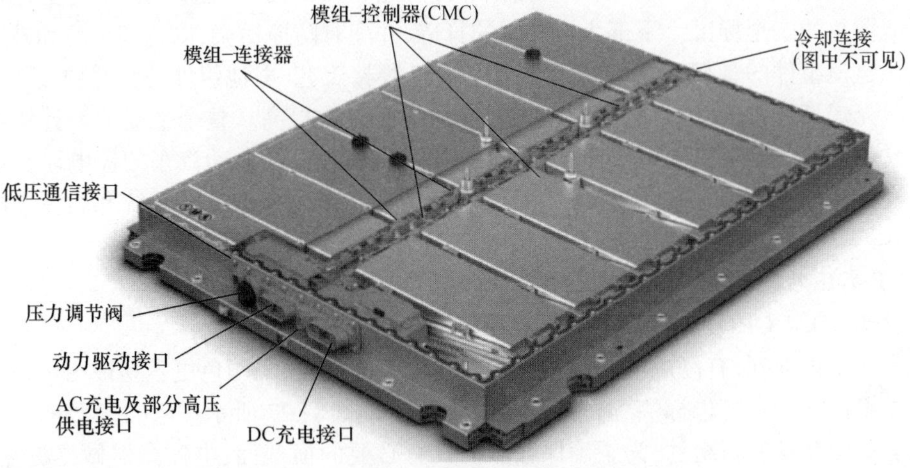

图 8-25　大众 ID. 4 CROZZ 汽车的高压电池系统(电池包)外观

模组间增加隔热材料,以满足国标防火要求。电池包下壳体采用全铝材料,并在电池内部加入了大量纵向和横向加强件,兼顾了轻量化及被动安全性能,提升了电池包整体的抗冲击、抗振动性能。大众 ID. 4 CROZZ 汽车的高压电池架构如图 8-26 所示。

图 8-26　大众 ID. 4 CROZZ 汽车的高压电池系统架构

大众 ID. 4 CROZZ 汽车的动力电池有许多优点。首先在电池控制系统中,使用了一个模块化的核心控制系统和一体化的 BMS 系统,可以对过压、过温进行防护。电池包的防护等级达到了 IP6K7 和 IP6K9K 标准,其进行了机械冲击、温度冲击、盐雾、浸水等一系列安全性验证,试验标准远高于国标标准。同时还添加了散热防护的保护功能,更大程度地提升了用户用车的安全性。大众 ID. 4 CROZZ 汽车的高压铜排用的是高压铜电极,铜排是一种可弯曲的结构,能减少在极端条件下对部件的压力。电芯电池用的是为三元锂电池,电芯的能量密度 250W · h/kg,模组能量密度为 216W · h/kg,耐高温性能好,45℃的循环使用寿命比其他产品高出 10%。

在电池组件内部中，顶部采用了全钢结构，搭配 SIKA（西卡）阻燃涂料，完全符合新国标对电池散热的安全标准。下部为全铝制的打造，并配有防撞横梁，以达到轻巧和被动安全的目的。电池组件的骨架、横梁等部分使用铝合金焊接工艺，电池组件的底部护板使用铝合金冲压激光焊接技术，使电池组的制造技术得到了很大的提高。整个平面的设计使整个车身更容易放置，适合于 MEB 的整个平台。由于其理化性质，纯电动汽车的锂电池在使用过程中会发生老化和磨损。大众 ID. 4 CROZZ 汽车为用户带来极致安全系统和高标准电池系统，保证整车超高的安全性。

（三）高压电控系统

1. 大众 ID. 4 CROZZ 汽车的高压电插接器和线束

为了便于识别，所有高压电插接器和线束均为浅橙色，这个颜色更容易被用户识别。所有高压电组件均标有警告标签。高压电插接器设计如图 8-27 所示。电插接器是为实现高级触电防护而开发的新组件，为了确保触点仍具有必要的横截面，电插接器做得更宽，并且所有高压电线均通过电插接器连接，不需要螺栓连接。前机舱锁支架上有额外的黄色高压警告如图 8-28 所示，这些警告标签对用户很重要，在用户需要打开机舱盖检查时，能明确知道哪些位置是存在高压电的。

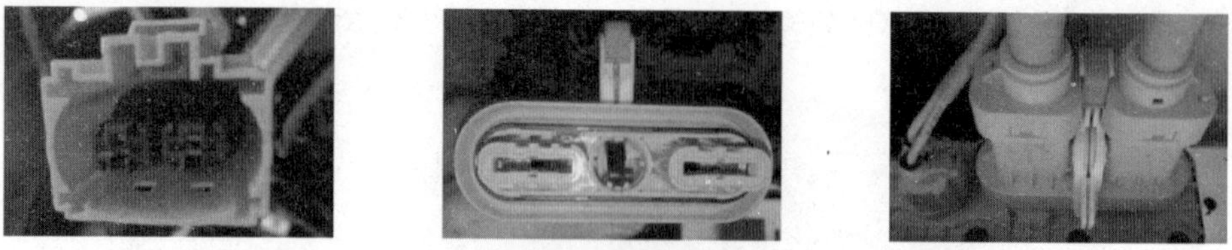

图 8-27　高压电插接器设计

图 8-28　高压电组件警告标签

2. 大众 ID. 4 CROZZ 汽车的车型插头配备防触电保护

在大众 ID. 4 CROZZ 汽车的车型中，所有高压电插接器均配备经过改进的触电防护组件（IPXXB +、防触摸），如图 8-27 所示。很多组件中的高压电用螺钉固定的盖子密封，保证在维修期间无法打开，同时高压蓄电池内部还提供触电防护。

3. 大众 ID. 4 CROZZ 汽车的紧急断电连接

紧急断电连接是指大众 ID. 4 CROZZ 汽车左侧锁支架上的设置一个保养插头，保养插头如图 8-29 所示,作用是断开端子 30A 和先导线路的连接。在保险丝架 C 中还设置一个安全保险丝(贴有警告标识),如图 8-30 所示,该熔丝无需工具即可快速拆卸,从而可以快速断开端子 30A 连接。通过维修保养插头和安全熔丝,可以在方便维修的同时保证高压安全性。

图 8-29　保养插头

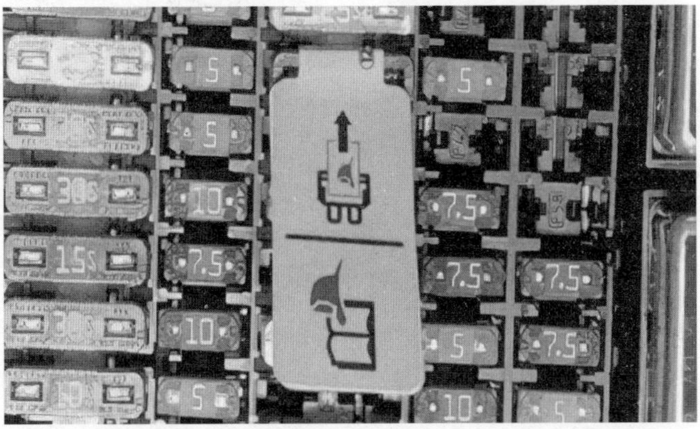

图 8-30　安全熔丝(位于驾驶员侧仪表板上)

4. 大众 ID. 4 CROZZ 汽车的主动放电和被动放电

首先解释一下,什么是主动放电?主动放电是指高压电系统紧急关闭后,如撞车或打开保养插头后,高压电系统将在 5s 内放电。

被动放电呢?由于所有高压电组件的电路中都有电容器。被动放电能保证电压组件从电池上脱离后 2min 内,电压下降至低于 60V。通过主动放电和被动放电以确保汽车使用和维修过程中的安全性。

5. 大众 ID. 4 CROZZ 汽车的防触电功能

大众 ID4 CROZZ 汽车的车型通过电位平衡将各高压部件的外壳连接起来,未进行电位平衡如图 8-31 所示,人就会容易触电。具有电位平衡的设计如图 8-32 所示,人就不易触电,从而保证使用安全。

总之,大众 ID. 4 CROZZ 汽车的车型采用了很多安全设计方案,以确保汽车使用和维修过程中的安全性。

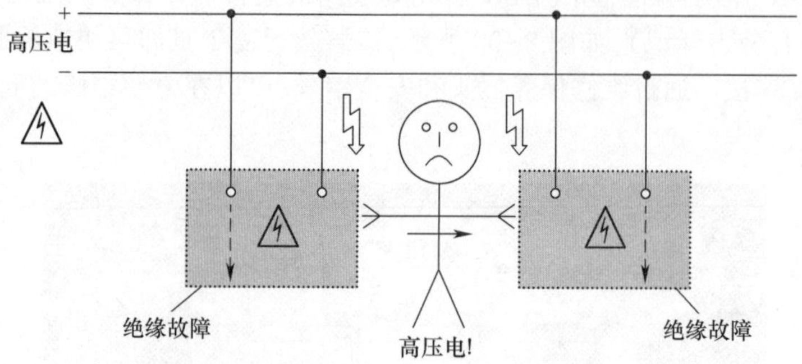

图 8-31　未进行电位平衡示意图

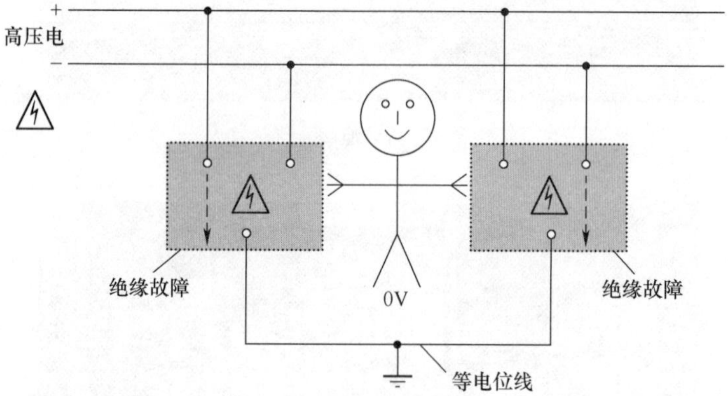

图 8-32　具有电位平衡设计示意图

(四) 充电系统

大众 ID.4 CROZZ 汽车的充电系统由慢速充电系统和快速充电系统构成,具体分析如下:

1. 大众 ID.4 CROZZ 汽车的慢充系统构成

大众 ID.4 CROZZ 汽车的慢速充电系统的基本结构如图 8-33 所示。慢速充电系统的主要由供电设备、慢速充电接口、车载充电机、高压控制盒、动力电池、仪表等组成。

交流充电是指单相或三相交流电通过车内的充电机经过整流、滤波、功率因数等一系列校正后,转换为适合电压的直流电,然后对动力电池充电的一种方式。

交流充电桩是通过标准充电口为电池充电。因为采用较小电流充电,故一般充电时间约为 5~8h,充电速度慢,通常也称为慢充模式。

2. 大众 ID.4 CROZZ 汽车的快充系统构成

大众 ID.4 CROZZ 汽车的快速充电系统主要由直流充电桩、快充接口、高压控制盒、动力电池、整车控制器、高压线束和低压控制线束组成。快速充电系统的优点为大充电功率、充电时间短,但也存在充电设备成本高的缺点。快速充电系统的基本结构如图 8-34 所示。

直流快充是以直流充电桩为基础供电设备,将电网交流电转化为直流电源之后,以充电连接装置给动力电池充电的一种充电方式。目前该方式充电的电流一般为 150~250A。具有电流较大,充电速度快的优点,通常称为快充模式。目前,直流充电模式的应用以城市公

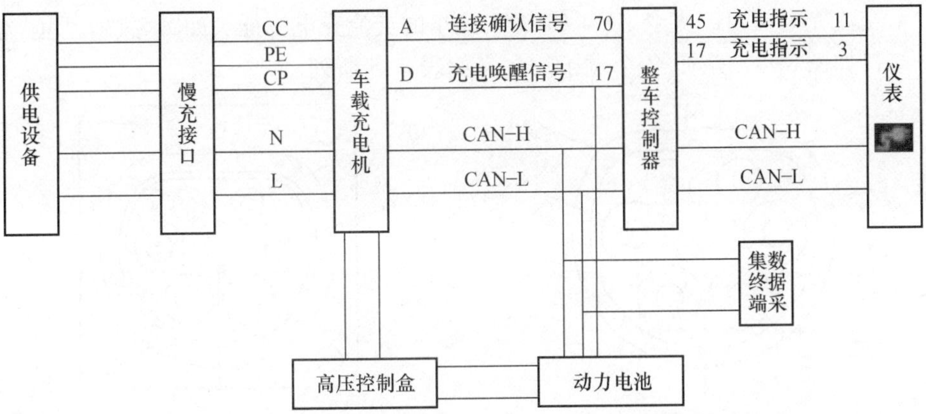

图 8-33　大众 ID. 4 CROZZ 汽车的慢速充电系统构成

共充电设施及城际间高速服务区充电站为主，市面上的电动车通常都以交流慢充和直流快充这两种充电方式为主要充电方式。

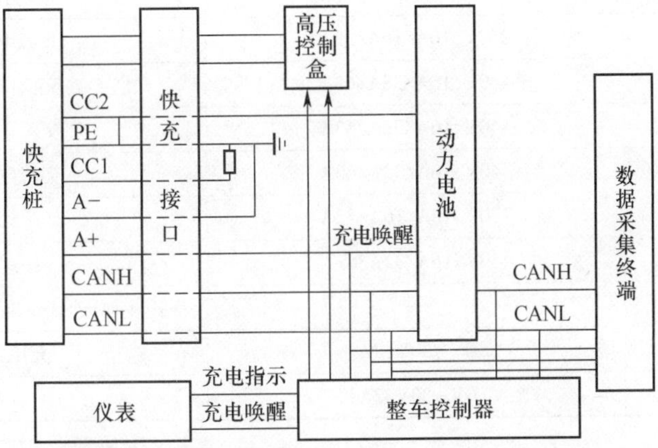

图 8-34　大众 ID. 4 CROZZ 汽车的快速充电系统构成

3. 大众 ID. 4 CROZZ 汽车的充电接口

大众 ID. 4 CROZZ 汽车的充电接口分为直流和交流电接口，但交直流充电接口紧挨在一起，位于右后翼子板处，如图 8-35 所示。用户可以通过自身的不同需求来对直流充电模式或交流充电模式进行筛选。

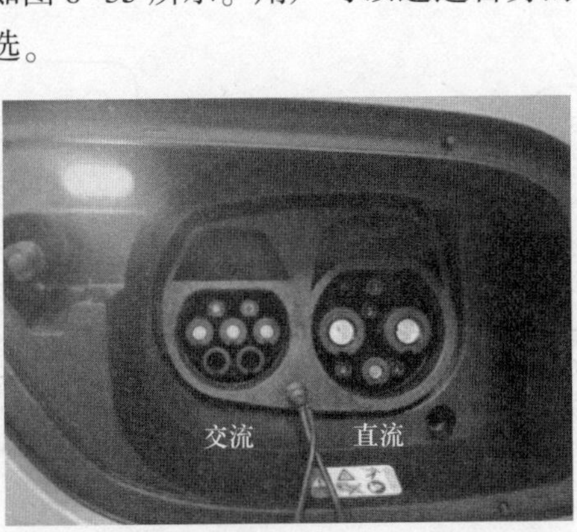

图 8-35　大众 ID. 4 CROZZ 汽车的充电接口

（1）交流充电接口。大众 ID. 4 CROZZ 汽车的交流充电枪插头如图 8-36 所示，车载交流充电接口如图 8-37 所示，各个端子的含义如表 8-5 所列。

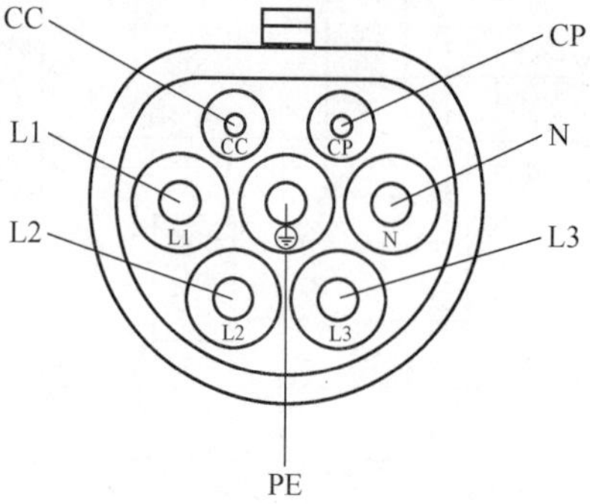

图 8-36　交流充电枪插头示意图

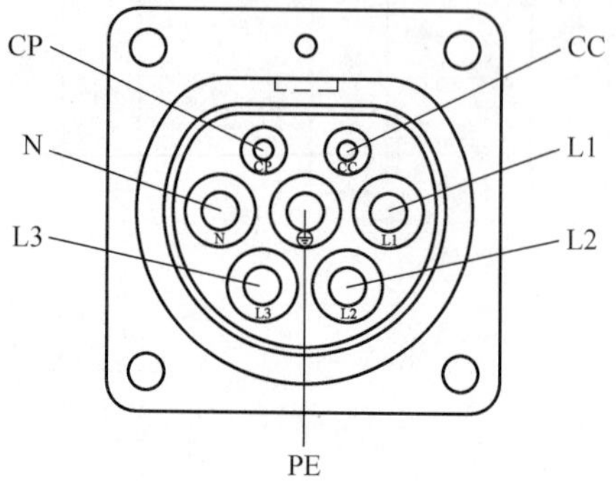

图 8-37　交流充电车载接口示意图

表 8-5　交流电触头标志、额定电压电流及功能意义

触头标志/标识	额定电压和额定电流	功能意义
1-(L1)	250V,10A/16A/32A	交流电源(单相)
	440V,16A/32A/63A	交流电源(三相)
2-(L2)	440V,16A/32A/63A	交流电源(三相)
3-(L3)	440V,16A/32A/63A	交流电源(三相)
4-(N)	250V,10A/16A/32A	中线(单相)
	440V,16A/32A/63A	中线(三相)
5-(PE)	—	保护接地，连接供电设备地线和车辆电平台
6-(CC)	0V~30V,2A	充电连接确认
7-(CP)	0V~30V,2A	控制引导

车载充电机准许使用家用插座或公共 2 类(级、型)交流充电桩，充电 1h 可以行驶约 53km，在 7. 5h 内可以充满电。

（2）直流充电接口。大众 ID. 4 CROZZ 汽车的直流充电枪插头如图 8-38 所示，车载直流充电接口如图 8-39 所示，各个端子的含义如表 8-6 所列。

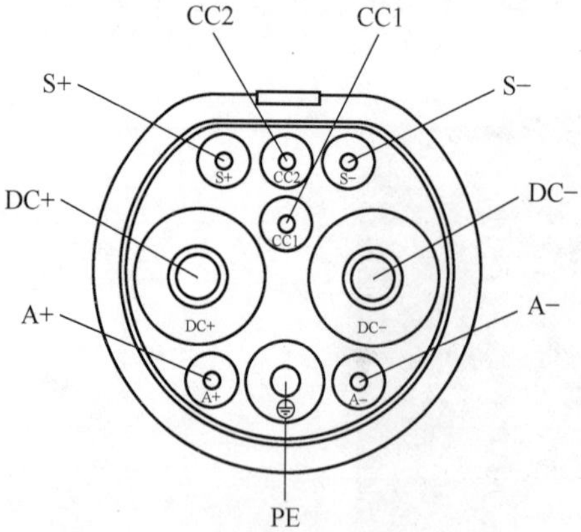

图 8-38　直流充电枪插头示意图

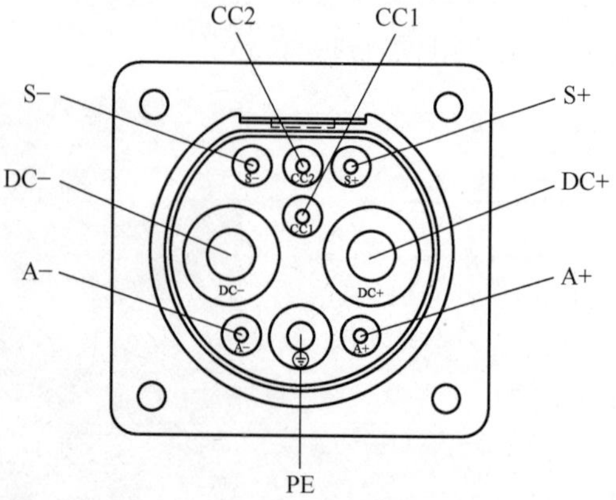

图 8-39　直流充电车载接口示意图

表 8-6　直流电触头标志、额定电压电流及功能意义

触头编号/标识	额定电压和额定电流	功能定义
1-(DC+)	750V / 1000V, 80A / 125A / 200A / 250A	直流电源正,连接直流电源正与电池正极
2-(DC-)	750V/1000V, 80A/125A/200A/250A	直流电源负,连接直流电源负与电池负极
3-(PE)	—	保护接地,连接供电设备地线和车辆电平台
4-(S+)	0V~30V,2A	充电通信 CAN_H,连接非车载充电机与电动汽车的通信线
5-(S-)	0V~30V,2A	充电通信 CAN_L,连接非车载充电机与电动汽车的通信线
6-(CC1)	0V~30V,2A	充电连接确认
7-(CC2)	0V~30V,2A	充电连接确认
8-(A+)	0V~30V,20A	低压辅助电源正,连接非车载充电机为电动汽车提供的低压辅助电源
9-(A-)	0V~30V,20A	低压辅助电源负,连接非车载充电机为电动汽车提供的低压辅助电源

使用直流 125kW 充电桩,可以在大约 38min 内从 5%充电到 80%。

4. 大众 ID. 4 CROZZ 汽车的充电模式

目前国标《电动汽车传导充电系统——第 1 部分:通用要求》(GB/T 18287. 1—2015)中定义了四种充电模式,具体分析如下:

(1) 充电模式 1。充电模式 1 如图 8-40 所示,利用电缆直接将电动汽车连接至交流电网(电源)。该电缆和插头没有安装任何辅助引线或辅助触点。

图 8-40　充电模式 1

(2) 充电模式 2。充电模式 2 如图 8-41 所示,使用电缆和插头将电动汽车连接到交流电网 (电源)中的标准插座上。在该电缆上安装了控制引导功能和保护系统, 提供了在电动汽车和标准电源插座之间的触电保护。

(3) 充电模式 3。充电模式 3 如图 8-42 所示,将电动汽车连接到交流电网 (电源)的电动汽车电源供应设备上。该电动汽车电源供应设备中的控制设备内有控制引导功能。图 8-42 中的情况 B 使用可拆卸充电线缆连接交流电网,情况 C 使用固定充电线缆连接交流电网。

图 8-41　充电模式 2

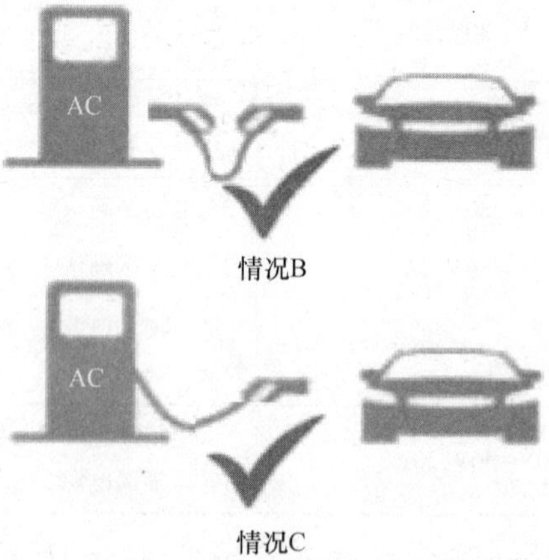

图 8-42　充电模式 3

（4）充电模式 4。充电模式 4 如图 8-43 所示，通过使用带有控制引导功能的电动汽车直流电源供应设备或电动汽车直流充电站，将电动汽车与交流电网（电源）相连接。其中除模式 1 外，另外三种模式都具有控制引导的功能，故通常不采用模式 1 对汽车进行充电。

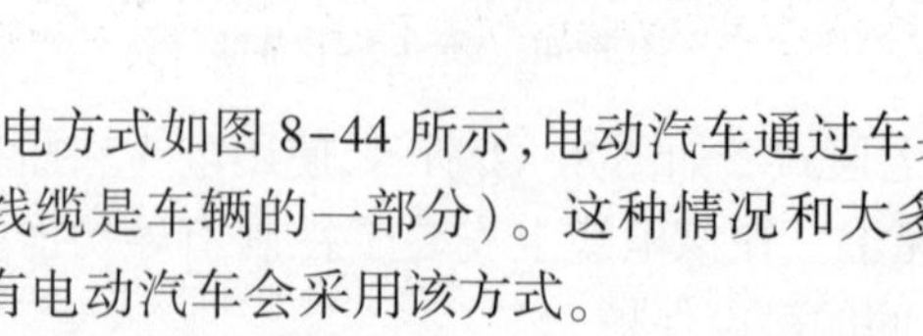

图 8-43　充电模式 4

5. 充电方式

（1）充电方式 A。充电方式如图 8-44 所示，电动汽车通过车身上固定的充电线缆和插头与交流电网连接（充电线缆是车辆的一部分）。这种情况和大多数电视、冰箱、空调的连接方式一样，但现在很少有电动汽车会采用该方式。

（2）充电方式 B。充电方式 B 如图 8-45 所示，电动汽车使用独立的充电线缆，充电线缆不仅有连接车辆的接口，也有连接交流电网的接口。充电模式 1 和充电模式 2 均采用该种连接方式，少部分情况下充电模式 3 也会使用。

（3）充电方式 C。充电方式 C 如图 8-46 所示，充电设备具备和其永久连接的充电线缆，并以此与电动汽车连接（充电线缆是充电装置的一部分）。充电模式 3 和充电模式 4 都基本采用该种连接方式。

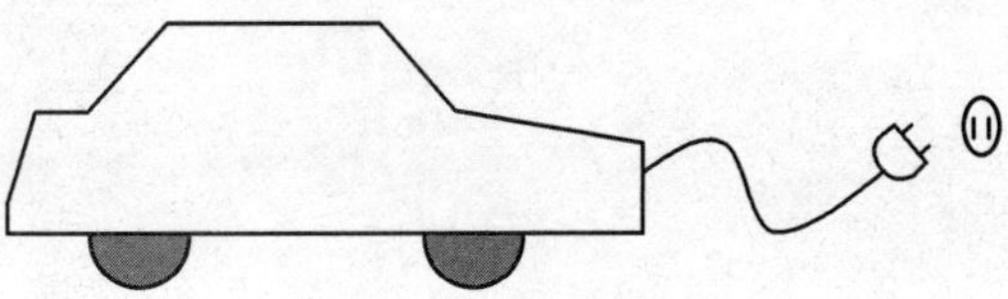

图 8-44 充电方式 A

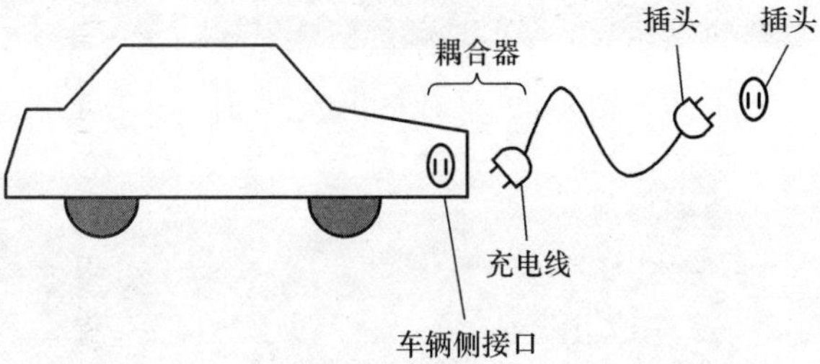

图 8-45 充电方式 B

图 8-46 充电方式 C

6. 大众 ID.4 CROZZ 汽车的充电指示灯

(1) 白色 LED 灯。白灯闪烁时,车辆建立了和基础设施的通信。充电过程已准备就绪。白灯持续亮起时,说明车辆未激活充电功能。

(2) 绿色 LED 灯。绿灯间歇性亮起时,说明高压蓄电池正在充电。绿灯持续亮起时,说明高压蓄电池完成充电过程。绿灯闪烁时,说明车辆激活延迟充电。LED 灯交替显示红绿色,表示存在故障,车辆采用较低的充电电流充电,以免车辆发生抛锚,如充电插头未完全锁止。

(3) 红色 LED 灯。红灯持续亮起时,说明充电系统发生故障。充电过程还未开始或者已被中断。

7. 大众 ID.4 CROZZ 汽车的充电设置

用户可设置 4 种充电模式如图 8-47 所示。4 种充电模式分别为立即充电、充电至出发时间、出发前充电并开启空调、首选充电时间。在此页面下方有立即开始充电至一定电量的选项,一般情况建议调至 10%~20%,因为汽车电池有一个不能低于 20%电量的特性。充电至最大电量一栏是指电池充至所设置的电量时断开充电,一般选择 90%电量即可。

(1) 立即充电。充电界面设置如图 8-48 所示,大众 ID4 CROZZ 汽车进行充电后,进入主界面,点击“车辆”,找到充电设置选项,就可根据相应情况对车辆进行充电设置。用户可根据实际情况设置充电电量。

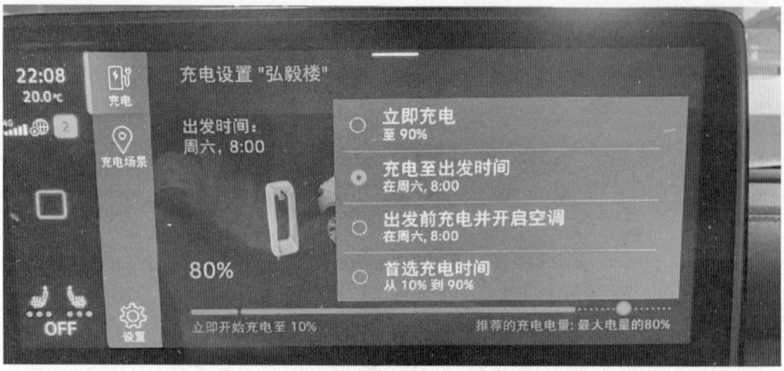

图 8-47　4 种充电设置界面

图 8-48　立即充电设置界面

（2）充电至出发时间。充电至出发时间就是到用户所设置的时间时，车辆能刚好充到所设置的电量。

（3）出发前充电并开启空调。该项是指在用户设置的时间结束前充电完毕并打开空调，且车辆一直处于满电量状态。

（4）首选充电时间。首选充电时间如图 8-49 所示，用户设置好首选充电时间后，车辆会优先选择所设置的充电时间开始充电。一般设置为晚上 10 点到次日早上 8 点，因为这个时间段里充电费用相对便宜。

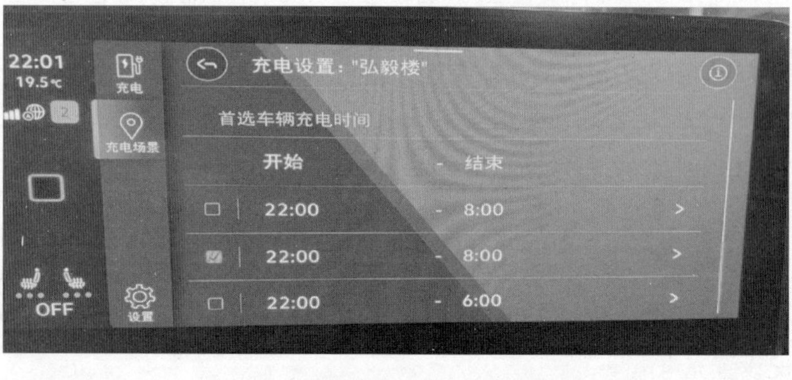

图 8-49　首选充电时间设置

8. 充电供应商

(1) 智能充电墙盒充电。智能充电墙盒能通过5G、4G、蓝牙匹配车主的手机进行使用,可使用插卡充电模式、远程遥控模式、刷卡充电模式。还可以装备免费配备的小型充电墙盒,如果不可以装配的客户,大众公司将向没有能力装上电池墙盒的用户赠送一张充电卡,并在一年内免费为其充电。

(2) 全面覆盖的公共充电。一汽大众"超级 APP"和"汽车互联终端"已经整合了近20万个公共充电站,包括国家电网、特来电和星星充电等。实现对公共充电资源的查询、导航、支付、开发票、评价等一体化功能,无需另外下载其他 APP。

(3) 开迈斯专属充电。开迈斯是一汽和大众共同投资的一家公司,致力于国内高质量、大功率公共充电站建设。从 2020 年 1 月建成第一座超级充电站至 2023 年 5 月底,开迈斯已在全国 180 个城市布局 1198 座超级充电站、10490 个充电终端,充电用户突破 200 万。在全国 16 个城市(北京、上海、广州、深圳、成都、天津、杭州、郑州、重庆、西安、武汉、南京、佛山、长春、合肥、苏州),实现主城区 5km 范围内有 1 座充电站的便利度,并于 2023 年底扩大至 26 个城市。

(4) 经销商充电。一汽大众有很多的经销商,对于那些拥有充电桩的经销商来说,他们不仅可以为自己的车辆进行充电,还可以为客户的车辆进行充电。迄今为止,一汽大众已在国内开通了 230 余家新能源车授权经销商,并配备了 60kW 以上的快充设备,方便用户在维修保养时,及时给车辆进行充电。

(5) 应急充电。遇到突发事件时,可以使用一汽大众超级"APP"一键充电,让第三方公司为车辆进行上门充电服务,或者将车辆送到附近的车辆维修处或是专卖店进行充电。该系统 24h 不间断地提供服务。

(五) 底盘结构

大众 ID. 4 CROZZ 汽车的底盘由传动系统、转向系统、行驶系统和制动系统组成。其中,大众 ID. 4 CROZZ 汽车转向节使用了铸铝的材质,后悬架中的两根控制臂也是铸铝材质。

1. 行驶系统

大众 ID. 4 CROZZ 汽车的前悬架是麦弗逊悬架,如图 8-50 所示。后悬架是新型五连杆

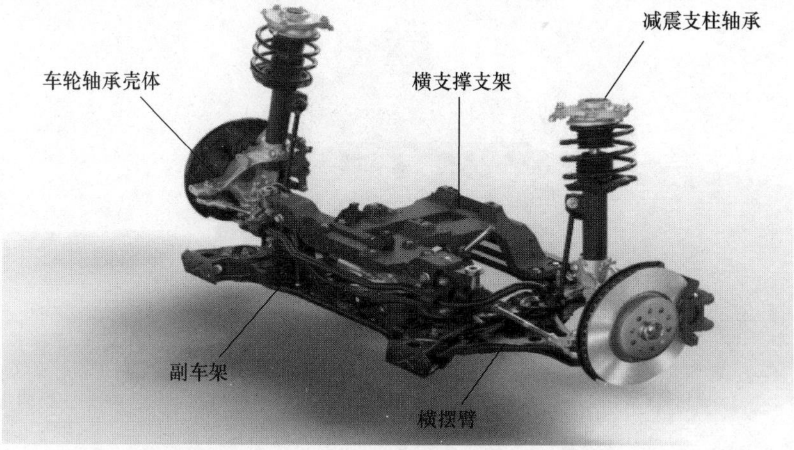

图 8-50 大众 ID. 4 CROZZ 汽车的前麦弗逊悬架

悬架,如图 8-51 所示。五连杆是指前部上横臂、前部下横臂、后部上横臂、悬架臂、转向横拉杆。此外,该车的动力底盘控制系统还能根据路面情况自动调整,加之大众良好的底盘调校优势,所以大众 ID. 4CROZZ 汽车底盘的驾控质感被调到一个非常高的水平。大众 ID. 4 CROZZ 汽车的轮胎采用了固特异御乘轮胎,该轮胎具有更长的使用寿命。固特异御乘轮胎采用高端科技胎面胶,高附着性,强化胎体结构,在接触地面时能平均分布于轮胎之上,让轮胎的抓地性能更优越,轮胎更加耐磨、更加耐用。这种技术还能有效提高轮胎的抗割切性和抗开裂性能,延长轮胎使用寿命,从而提高能源利用率,但也需要定期检查轮胎气压和磨损情况,并根据实际情况进行调整或更换。

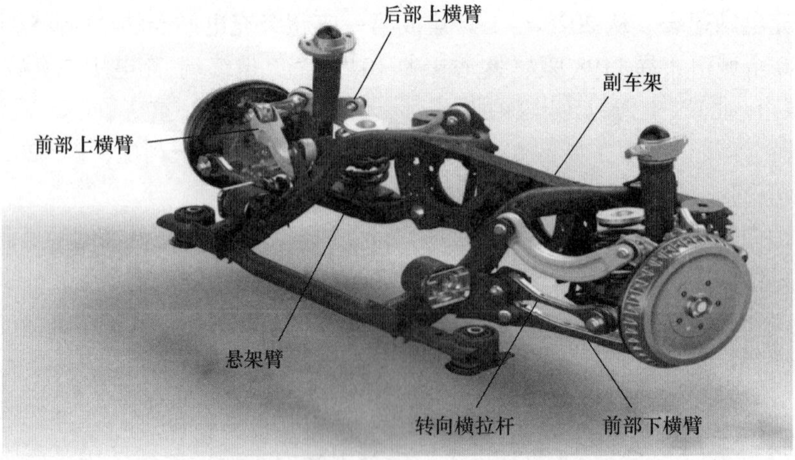

图 8-51　大众 ID. 4 CROZZ 汽车的后五连杆悬架

2. 制动系统

(1) 前轮盘式制动器。大众 ID. 4 CROZZ 汽车的前轮制动器采用的是通风盘式制动器,如图 8-52 所示。该制动盘具有散热迅速、质量轻巧、结构简单、调节容易等特点,尤其是在高负荷的情况下,具有良好的耐高温性能,能保证制动的稳定性,并且不惧泥水的侵蚀。由于制动时有能量回收功能,所以一般制动摩擦片的厚度只有 8mm,而大众燃油车的制动摩擦片厚度一般为 14mm。制动摩擦片的磨损极限如图 8-53 所示,图中 a 的值不能小于 2mm。

图 8-52　大众 ID. 4 CROZZ 汽车盘式制动器外观

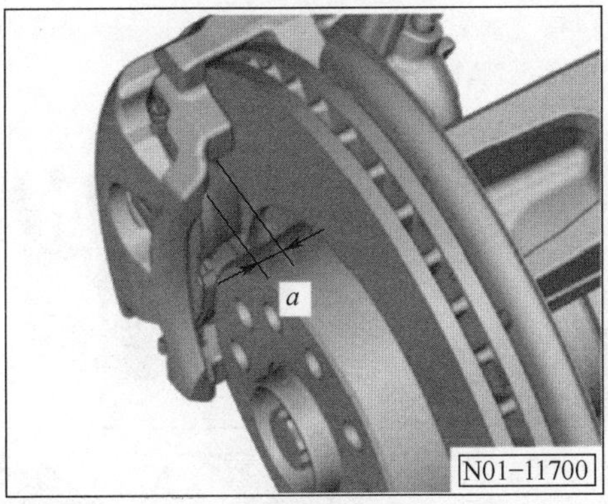

图 8-53　制动摩擦片的磨损极限示意图

大众 ID. 4 CROZZ 汽车制动器的技术数据如表 8-7 所列。

表 8-7　大众 ID. 4 CROZZ 汽车制动器技术数据

序号	数据分类	单位	标准值
1	制动摩擦片,厚度	mm	8
	制动摩擦片,不带背板的磨损极限	mm	2
2	制动盘直径	mm	330
	制动盘,厚度	mm	23
	制动盘,磨损极限	mm	22
3	制动钳、活塞直径	mm	57

(2) 大众 ID. 4 CROZZ 汽车后轮鼓式制动器的结构如图 8-54 所示。其由底板、制动鼓、制动蹄、制动轮缸(制动分泵)、回位弹簧、定位销等零件构成,具有耐腐蚀、寿命长、重量轻、拖滞力矩小、维护成本低、与驾驶辅助系统完美兼容等特点。

图 8-54　大众 ID. 4 CROZZ 汽车鼓式制动器

大众 ID. 4 CROZZ 汽车的电子驻车制动系统的组成如图 8-55 所示。其由鼓式制动器和执行器组成。执行器是由轴向球轴承、DC 电机、涡轮、驱动单元、制动拉线接头、制动器拉索、波纹管壳体、盖板组成。驱动单元由深沟球轴承、驱动轮、支撑环、碟形弹簧、弹簧罩、螺杆组成。鼓式制动器和执行器相互配合,可以将车轮上转动的能量转化为制动效果,以保证汽车安全可靠行驶。

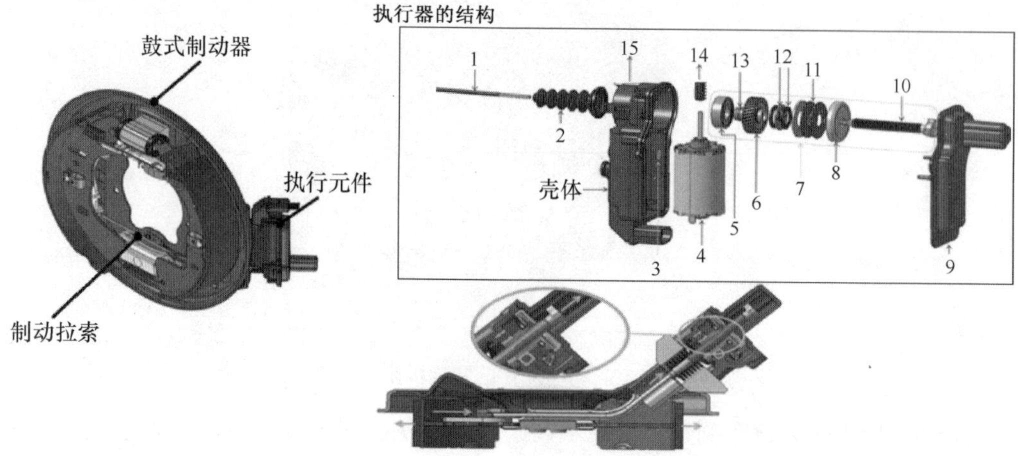

1—制动器拉索;2—波纹管壳体;3—密封件;4—DC 电动机;5—深沟球轴承;6—驱动轮;7—驱动单元;8—弹簧罩;9—盖板;10—螺杆;11—碟形弹簧;12—支撑环;13—轴向球轴承;14—再调节装置;15—涡轮。

图 8-55　大众 ID. 4 CROZZ 电子驻车制动系统构成

(3) 工作原理。电子驻车制动器(EPB)的功能分为静态和动态两种。车辆静态工况下,当点火开关打开并挂入行驶挡时就会自动关闭电子驻车制动器;如果驾驶员按下 P 挡按钮或关闭点火开关或松开安全带,车辆就会激活电子驻车制动器。EPB 就代表 P 挡,驾驶员只能切换 P 挡,无专用的 EPB 按钮。EPB 功能显示集成在行驶挡显示中,如图 8-56 所示。总之,P 按钮有两个功能,一旦按下就表示挡位是 P 挡,同时激活电子驻车。

图 8-56　EPB 功能显示

车辆动态工况下,电子驻车制动器分为三个速度范围,如图 8-57 所示。当车速较高时,驾驶员如果一直按着 P 挡按钮即可对车辆紧急制动,车辆的液压制动开始工作,始终保持液压制动直到车速降到 10km/h, 然后位于后轮制动器中的驻车控制单元控制电动机旋转并逐渐向制动鼓施加制动力,车辆就会慢慢从液压制动转换为机械制动。车辆减速到 5km/h 时,液压制动彻底退出,车辆在纯机械驻车制动作用下最终停止。大众 ID. 4 CROZZ 汽车中的电子驻车制动器可以通过换挡杆上的 P 按钮打开或者关闭实施,当挂入行驶挡(D、B、N 挡或 R 挡)后自动关闭。

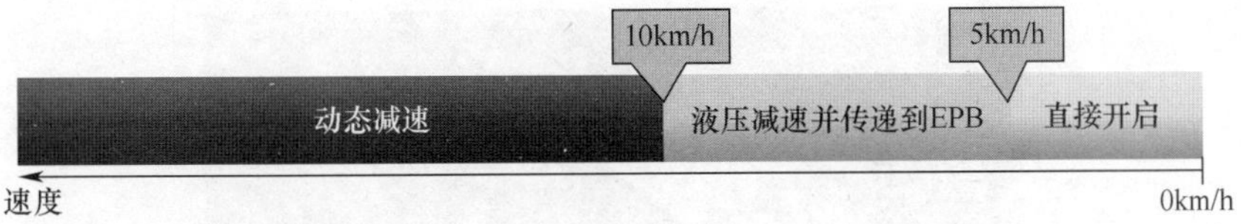

图 8-57　电子驻车制动器的三个速度范围

3. 转向系统

（1）结构组成。大众 ID. 4 CROZZ 汽车采用了新型电控机械式转向系统，具有转向轻便、质量轻巧、结构简单等优点，如图 8-58 所示。整车转弯半径只有 9.7m，掉头灵活。

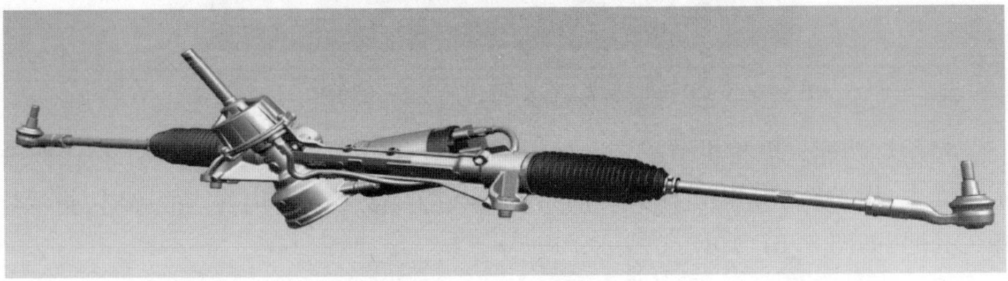

图 8-58　大众 ID. 4 CROZZ 汽车新型电控机械式转向系统外观

（2）工作原理。大众 ID. 4 CROZZ 汽车的电控机械式转向系统是单小齿轮结构，如图 8-59所示。助力部位是在转向齿轮上。根据车速、转向角、转向力矩等输入信号，转向控制单元 J500 来确定当前所需转向助力的大小和方向，计算出电动机 V187 的电流强度和方向，从而控制电动机运转；电动机 V187 带动蜗杆轴旋转，蜗杆轴又带动涡轮旋转，而涡轮与转向齿轮是固定相连的，如图 8-60 所示。因此，相当于涡轮助力转向齿轮旋转，转向齿轮与齿条常啮合，齿条左右平动带动转向横拉杆运动从而实现车轮转向，这就是电控机械式转向系统的工作过程。

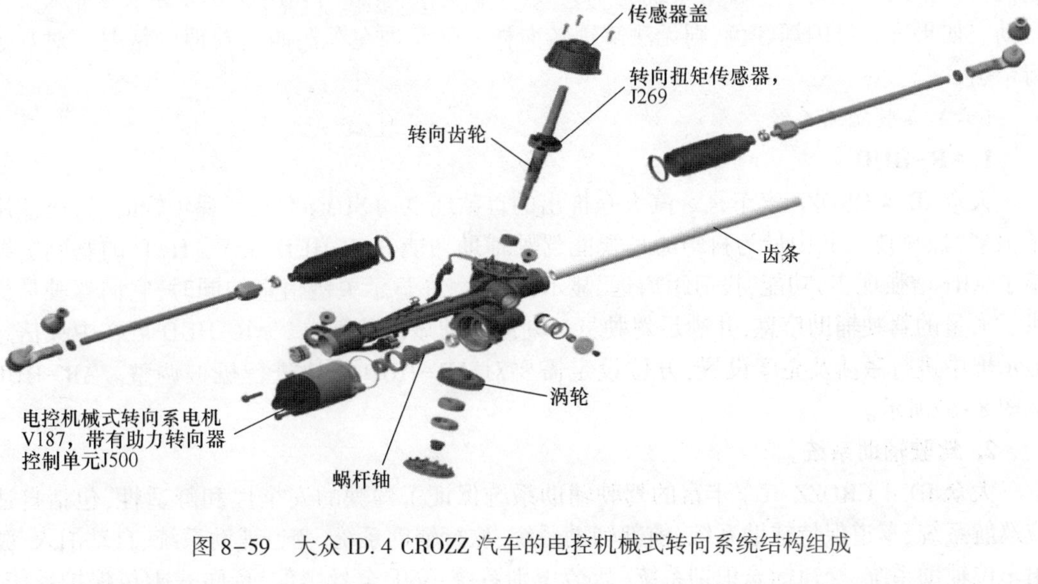

图 8-59　大众 ID. 4 CROZZ 汽车的电控机械式转向系统结构组成

图 8-60　蜗杆轴、涡轮、转向小齿轮及齿条的相对位置关系

（3）指示灯功能。电控机械式转向系统具有自诊断功能。指示灯 K161 位于组合仪表的显示单元中，用于显示电控机械式转向系统的状态或故障。出现功能故障时，指示灯会以两种颜色亮起，如图 8-61 所示。

图 8-61　电控机械式转向系统故障指示灯

黄色指示灯亮起表示转向系统有故障，转向助力将减小，但仍可继续行驶，需要尽快去检修。红色指示灯亮起或闪烁，表明存在系统故障，此时中央显示屏显示文字信息，故障存储器留下记录。电动助力转向系统完全失效，车辆无法再继续行驶，需立即寻求专业人员的帮助。如果警告灯闪烁红色，则无法解锁转向柱。不允许在车辆四轮着地的情况下对其进行牵引。

（六）驾驶辅助系统

1. AR-HUD

大众 ID. 4 CROZZ 汽车是一汽大众推出的首款纯电动 SUV，不仅外观年轻时尚，还使用了很多“黑科技”，其中最为科幻的是智能驾驶辅助功能，AR-HUD 在 W-HUD 的基础上继承了 AR（增强现实）功能，投射距离远，显示视场大，在显示关键信息的同时，它向驾驶员提供了大量的驾驶辅助信息，并满足驾驶员对辅助驾驶显示的需求。AR-HUD 可在中央信息显示屏中进行激活及亮度设置，方位设定需要对 AR-HUD 模块进行机械调整。AR-HUD 如图 8-62所示。

2. 驾驶辅助系统

大众 ID. 4 CROZZ 汽车丰富的驾驶辅助系统保证了驾驶的安全性和舒适性，包括自适应巡航系统、车道保持辅助系统、前部辅助系统、旅行辅助系统、变道辅助系统、自动泊入、驶出车位辅助系统、交通标志识别系统、疲劳识别系统、360°全景影像、预防式乘员保护系统。

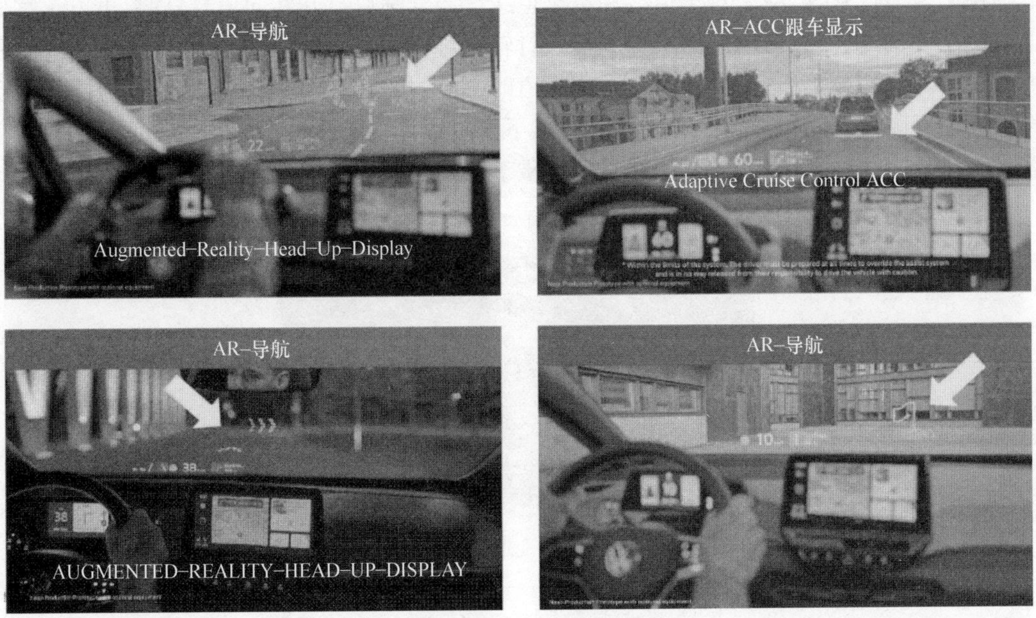

图 8-62　AR-HUD

驾驶辅助系统的开启方法：首次按压中央显示屏下方区域，图形显示所有的驾驶员辅助系统，如图 8-63 所示。再次按压中央显示屏右上角文字形式显示所有驾驶员辅助系统，并可以进行打开和关闭的操作，在中央显示屏会显示驾驶员辅助系统列表。在中央显示屏可以对各个驾驶员辅助系统进行相关的设置，在多功能方向盘可以进行“旅行辅助、ACC 与限速器”的设置。

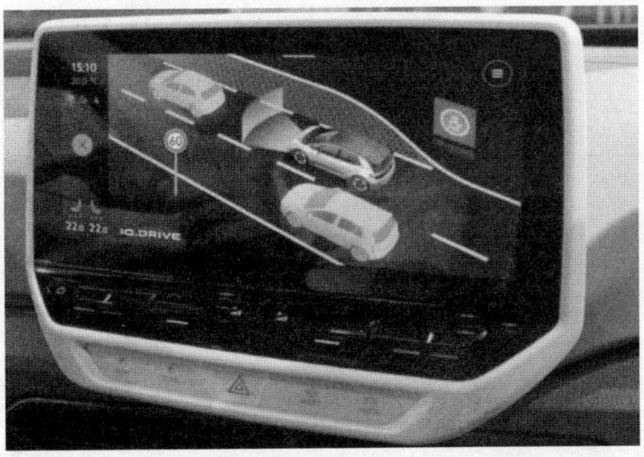

图 8-63　大众 ID. 4 CROZZ 汽车的驾驶辅助系统

大众 ID. 4 CROZZ 汽车旅行辅助系统(travel assist)也称为半自动驾驶辅助系统。该系统将 ACC 和自适应车道引导结合使用，因此需要使用 ACC 和车道保持辅助系统的传感器。旅行辅助系统将车辆保持在车道内，并在系统极限内自动控制加速、制动和转向，直至静止，并可重新启动。通过纠正性转向干预措施得出，一种驾驶辅助功能，可以帮助司机降低由于行驶方向偏移而引起的车祸。车道保持辅助系统，利用前部摄像头对车道进行识别，在检测到汽车偏离了车道的时候，可以通过校正转向干预，从而帮助车辆在各种行车条件下，都能继续在车道内行驶,可用于双车道线和单车道线。当驾驶员打开转向信号灯时,可以正常变道,系统不会做出任何提示。如果驾驶员不打转向灯就变道,转动方向盘时会感到巨大的阻力,几乎转不动方向盘。当打转向灯准备变道时,此时后方如果有车辆快速接近,并且处于驾驶员的盲区内,变道会非常危险,这种情形下变道辅助功能会在相应侧后视镜上点亮黄色警告灯,如图 8-64 所示,提醒驾驶员此时不要变道,待黄灯熄灭后才能安全变道。

图 8-64　变道辅助系统

(七) 大众 ID. 4CROZZ 汽车的维护作业

大众 ID. 4 CROZZ 汽车虽然是纯电动车,但也需要定期维护。维护项目和传统燃油车相比少了很多,每隔 1 万 km 就需要进行维护,具体维护项目及工时费用如表 8-8 所列。

表 8-8　大众 ID. 4 CROZZ 汽车的维护项目及费用

类别	项目名称	10000km	20000km	30000km	40000km	50000km	60000km
基础保养	空调滤芯	200	200	200	200	200	200
	风窗清洗液	18	18	18	18	18	18
	冷却液		根据冰点		根据冰点		根据冰点
	制动液		280		280		280
	四轮定位		400		400		400
深度保养	空调系统除菌维护		380		380		380
	制动分泵及摩擦片维护						
	底盘橡胶件老化检查						
特殊保养	热泵空调 R744	2 年更换一次 CO_2 冷媒					
工时	电气诊断		280/380(热泵)	380	280/380(热泵)	380	480/580(热泵)
	预计合估	600	1800	1200	1800	1000	2100
	检查项目	35 项	37 项	37 项	37 项	37 项	37 项
	预估时间	1.6h	2.5h	2h	2.5h	2h	3.5h

1. 基础保养

1）更换空调滤芯

大众 ID.4 CROZZ 汽车的空调滤芯在前机舱内,更换滤芯的方法如下:

首先要打开前舱盖,然后将空调滤芯盒上的黑色保温布拉出卡扣,如图 8-65 所示。将布掀上去,露出滤芯的保护盖。将盖左边的卡扣捏住往左抽出盖板,如图 8-66 所示,此时就看到两个空调滤芯如图 8-67 所示,上面白色的是空调花粉滤芯,下面灰色的是活性炭滤芯。抽出的两个滤芯如图 8-68 所示,安装新的滤芯时要注意按箭头方向装,不要安装错误。

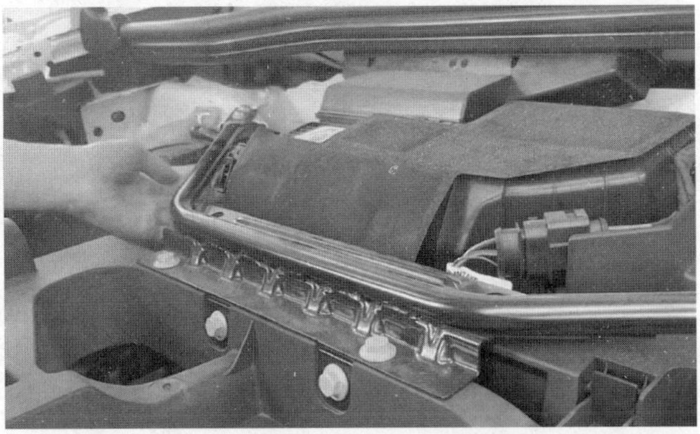

图 8-65　将空调滤芯盒上的黑色保温布拉出卡扣

图 8-66　抽出滤芯保护盖

图 8-67　花粉滤芯(上)和活性炭滤芯(下)位置

图 8-68　旧的活性炭滤芯和花粉滤芯

2）添加风窗清洗液

大众 ID. 4 CROZZ 汽车的风窗清洗液储液罐容量约为 3L，在前机舱内偏右位置，有蓝色的盖子。风窗清洗液储液罐的加注口里有一个滤网，如图 8-69 所示。添加清洗液时该滤网可滤除大颗粒状污物，使之不能进入清洗喷嘴，该滤网可拆下清洗。应定期检查风窗清洗液液位，并视情况添加清洗液，如图 8-70 所示，加到液面接近滤网位置即可。大众 ID. 4 CROZZ 汽车自带的风窗清洗液冰点约为-17℃，如车辆在严寒季节和地区使用，需提高风窗清洗液的防冻能力，应使用冬季专用风窗清洗液，防止风窗清洗液结冰。

图 8-69　风窗清洗液储液罐盖内滤网

3）检查和添加冷却液

前机舱内冷却液膨胀罐如图 8-1 所示。该汽车加注的冷却液类型是 G12-EVO，呈淡紫色，该冷却液的冰点低于-35℃，可防止冷却系统合金部件腐蚀和系统产生水垢，并能提高冷却液沸点。冷却系统防冻能力不足可能导致电动机故障，并因此导致伤亡事故。如果车辆在严寒季节和地区使用，则需提高冷却液防冻能力，因此应按车辆使用地区的当前最低环境温度选择相应类型的原装冷却液。如果发现冷却液膨胀罐里的冷却液不呈紫色，而呈棕色，则表明原装冷却液里混入了其他冷却液，这种情况下必须更换冷却液，否则可能恶化电

图 8-70 添加风窗清洗液

动机性能，损坏电动机。

（1）检查冷却液液位。对于新车，冷却液可能位于标记区域的上方，此属于正常状况，不必抽出冷却液。对于非新车，当电驱动装置处于冷态时，冷却液的液位要处于膨胀罐侧面的液位标记范围内。如果冷却液的液位低于最低标记 MIN，则必须添加冷却液。注意：如果冷却液膨胀罐内已完全没有冷却液，不要添加冷却液，否则空气会进入冷却系统，切勿继续行驶，应立即联系一汽大众 4S 店专业人员处理，否则会损坏电驱动装置。

（2）添加冷却液。冷却液的液位过低时冷却液警报灯立即点亮。当驱动电动机冷却后打开前机舱盖，用一块合适的布包住冷却液膨胀罐盖，防止被炙热的冷却液或蒸汽烫伤，然后慢慢拧下膨胀罐盖，加注新的符合厂家规定的冷却液。加注后冷却液液位必须处于两条标记线之间，而且液位保持稳定，拧紧膨胀罐盖。一天后再次检查液位，如果液位再次降低，说明冷却系统存在泄漏，需要详细检查。注意：当驱动电动机处于热态时冷却系统内处于高压状态！此时切不可打开冷却液膨胀罐盖，否则冷却液可能自膨胀罐内喷出，严重致人烫伤。

4）更换制动液

制动液首次三年更换，然后是每 2 万 km 更换一次，每年检查一次，看它是否遭受到污染，或者是出现变质，以免影响制动效果。

制动液更换必须使用专用设备来操作，目前使用较多的一种专用设备如图 8-71 所示。

图 8-71 制动系统智能换液清洗机

5）电气诊断

目前大众车系电脑故障诊断仪主要是 VAS 6150 系列，如图 8-72 所示，图中蓝牙诊断接头如图 8-8 所示。该诊断仪配备的是 ODIS 诊断系统，诊断界面如图 8-73 所示。各运行模式的功能如表 8-9 所列。诊断仪的具体操作视频见中国大学 MOOC“汽车使用与维护”课程项目六。

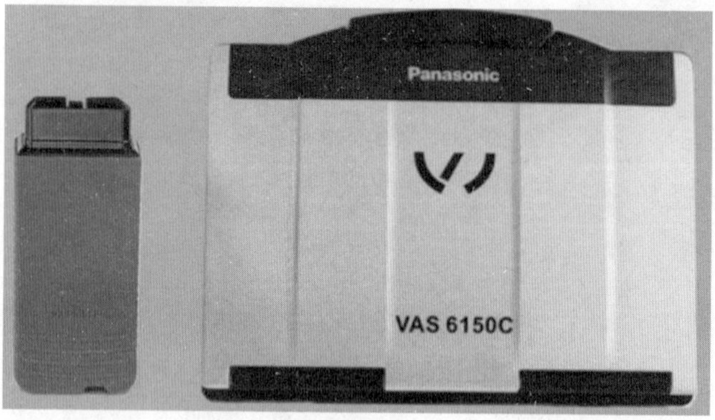

图 8-72　大众车系电脑故障诊断仪 VAS 6150 系列

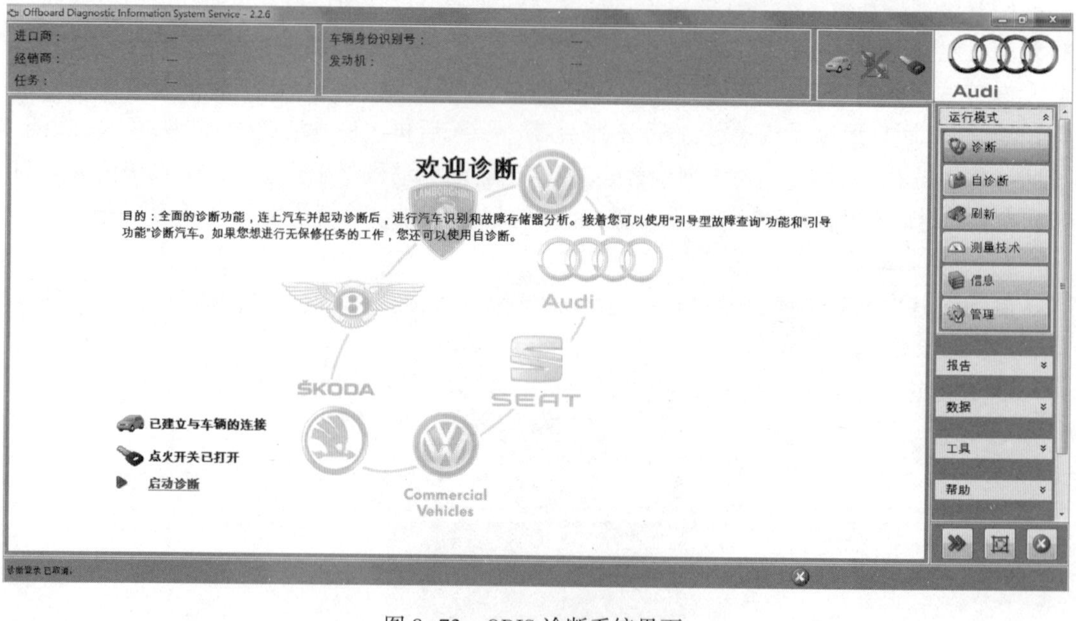

图 8-73　ODIS 诊断系统界面

2. 深度保养

1）空调系统保养的必要性

日常使用过程中，由于对车内空调系统的清洗消毒不到位，以及车空调系统本身的特点，如空调出风口、蒸发器和空调滤芯等位置较低、不易拆卸，从而导致了大量灰尘、细菌和霉菌等进入车内，滋生霉菌或产生异味等。因此，需要定期更换空调滤芯，正常更换周期为 1 年或者 1 万 km，且建议更换带有活性炭特性的空调滤芯。如果车辆使用环境过差或者车主对空调的使用频率过高，对车内空调系统进行深度保养还是很有必要的，除了定期更换空调滤芯外,还要进行鼓风机清洗、蒸发箱清洗、冷凝器清洁、空调出风口除尘、车内雾化消毒、空调压缩机保养、空调管路密封性和制冷剂压力检查等工作。其具体的清洗方法如下:

表 8-9　各运行模式的功能

模式	全面的诊断功能,连接汽车并启动诊断后,进行汽车识别和故障存储器分析。接着可以使用引导型故障查询和引导功能诊断汽车
诊断	因为无需引导,所以不需要与车辆所有控制器进行通信,可以快速有针对性的完成某个控制单元的诊断工作,以快速进入 ODIS 系统
自诊断	快速执行刷新操作,连接汽车后将进行一次简短的汽车识别,但不分析故障存储器。接着只能使用引导型故障查询中的刷新功能
刷新	可以使用万用表和示波器功能,完成电压、电流、电阻、二极管检测、压力、温度及波形的测量
测量技术	查询车辆的相关文档、操作、历史记录、电路图、手册、PR 编号等信息
信息	ODIS 系统的各种设置,如语言、更新数据路径、诊断报告保存地点等信息的设置
管理	全面的诊断功能,连上汽车并启动诊断后,进行汽车识别和故障存储器分析。接着可以使用引导型故障查询和引导功能诊断汽车

(1) 鼓风机的清洗。长时间使用的空调鼓风机扇叶会附着大量灰尘,脏污等,严重的会导致鼓风机有异响或损坏,吹出来的风带有灰尘也影响人体健康。这就需要专业维修技师拆下鼓风机用压缩空气清洁扇叶并用专用清洗剂清洗,待清洁、烘干水分后在鼓风机转动轴上涂抹专用润滑脂,再由专业维修技师重新安装到车上。鼓风机扇叶清洁前后对比,如图 8-74、图 8-75 所示。

图 8-74　风扇清洁前

图 8-75　风扇清洁后

(2) 蒸发箱清洗。先将空调蒸发器两侧的防尘网取下。然后用可视化的专用工具加上专用清洗剂喷入蒸发箱翅片上。最后用压缩空气疏通蒸发器排水管路,脏污由排水管路流出直至蒸发箱翅片光亮如新,安装好两侧的防尘网。蒸发箱翅片清洗前后对比,如图 8-76、图 8-77 所示。

(3) 冷凝器芯体清洗。冷凝器过脏影响冷凝器的散热继而影响空调的制冷效果。清洗方法是首先将冷凝器芯体两侧杂物清理干净;其次用压缩空气清理冷凝器芯体翅片上的灰尘;再次用水枪冲洗冷凝器芯体,水压不可过高以免冲坏冷凝器的翅片;最后检查冷凝器排水孔有无杂物或积尘,处理干净,保证排水畅通。冷凝器翅片清洗前后对比,如图 8-78、图 8-79 所示。

图 8-76　蒸发箱翅片清洗前

图 8-77　蒸发箱翅片清洗后

(4) 空调出风口除尘。先检查空调出风口有无异物，若有异物需先清除，再用毛巾加清洁剂清洗空调出风口并用压缩空气吹干即可。

(5) 车内雾化消毒。使用专用消毒液配合雾化机进行车内雾化消毒，能有效除去车内异味，提升用户的用车体验。

(6) 空调压缩机保养。检查压缩机壳体有无损坏生锈，有无异响，连接电路有无破损虚接。如发现异常应及时送维修技师处理。

(7) 空调管路密封性及制冷剂压力检查。使用空调压力表接入汽车空调系统高低压检测口检查制冷剂的压力值。制冷剂为 R134a 空调系统正常工作的压力范围：低压侧为104～201kPa，高压侧为 1785～1916kPa，具体还要看不同车辆空调系统匹配情况和环境温度情况。如有异常，则需要使用专用工具进行回收、打压测试，维修泄漏点、重新充注冷媒。

图 8-78　冷凝器翅片清洗前

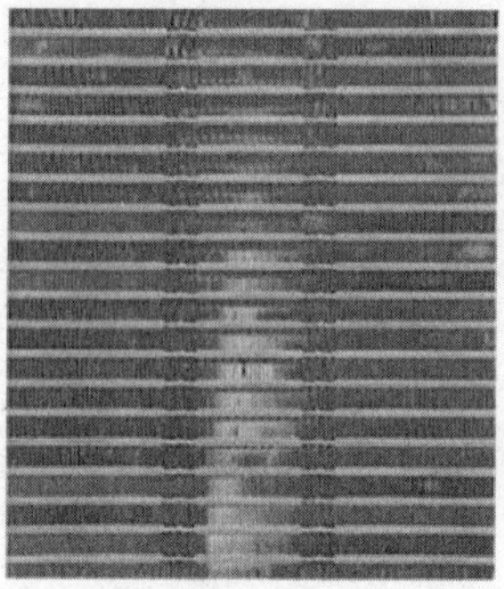

图 8-79　冷凝器翅片清洗后

2) 制动分泵及摩擦片维护

车辆在使用一段时间后会产生一些刹车粉末，粉末过多会影响轮辋的外观，如图 8-80 所示。严重的情况会影响制动效果或产生异响。所以，要在定期维护时进行清洗维护。清洗时，要用清洗剂(不能用有腐蚀性的清洗剂)把制动分泵上的铁锈完全除去，特别是分泵柱塞上，最易积聚金属粉尘，一定要仔细清洗。制动摩擦片一般由钢制背板与摩擦材料组成。摩擦材料一般由树脂、橡胶、钢棉、铁粉、石墨、氧化铝等成分组成，由于环保的原因，所以不再使用石棉材料。

图 8-80　过多的刹车粉末污染轮辋

在更换制动器摩擦片的时候,必须使用正规出厂的制动器摩擦片,这样才能保证质量过关,从而获得最佳的制动效果和最小的磨损。在更换新的制动摩擦片时,应使用专用工具 T10145 将制动分泵活塞复位。活塞复位专用工具 T10145 如图 8-81 所示。

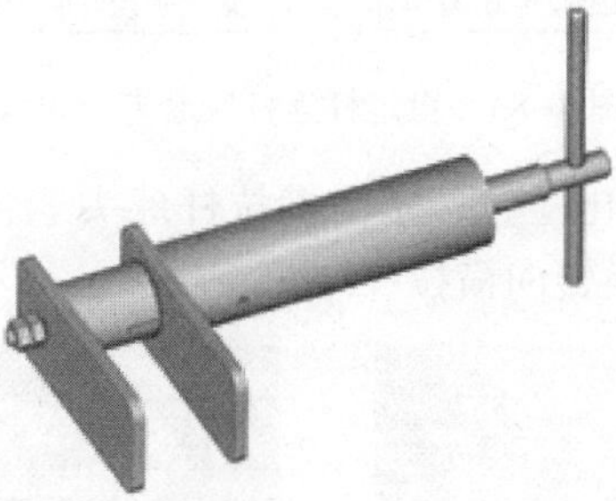

图 8-81　活塞复位专用工具 T10145

3）底盘橡胶件老化检查

（1）稳定杆连杆胶套的老化检查。稳定杆连杆的胶套位置如图 8-82 所示。稳定杆连杆胶套的老化过程如图 8-83 所示。根据车辆实际情况,必要时要进行更换稳定杆连杆胶套。

图 8-82　稳定杆连杆的胶套位置

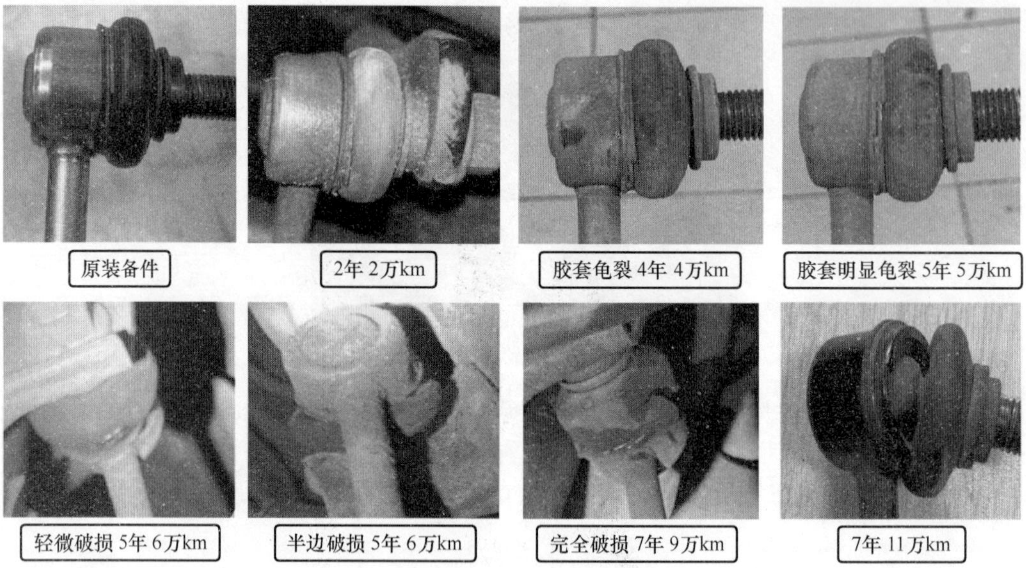

图 8-83　稳定杆连杆胶套老化过程

（2）转向横拉杆球头的老化检查。转向横拉杆球头老化过程如图 8-84 所示，根据车辆实际情况，必要时要进行更换转向横拉杆球头。

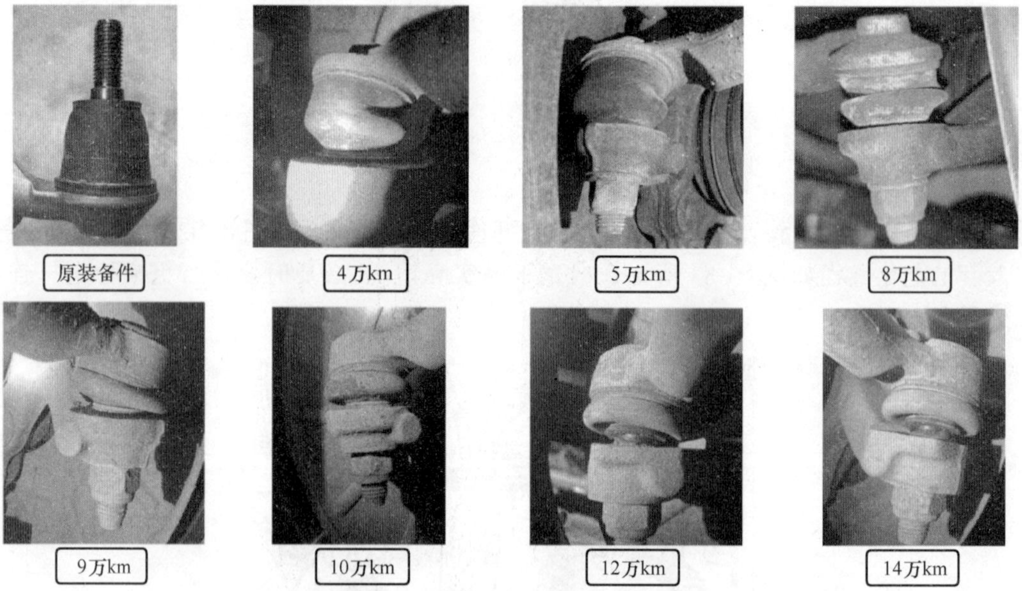

图 8-84　转向横拉杆球头老化过程

（3）减震器缓冲块的老化检查。减震器缓冲块的老化过程如图 8-85 所示，根据车辆实际情况，必要时要进行更换减震器缓冲块。

（4）减震器防尘套老化检查。减震器防尘套的老化过程如图 8-86 所示，根据车辆实际情况，必要时要进行更换减震器防尘套。

（5）减震器的泄漏检查。减震器的老化过程如图 8-87 所示，如果发生泄漏必须更换减震器。

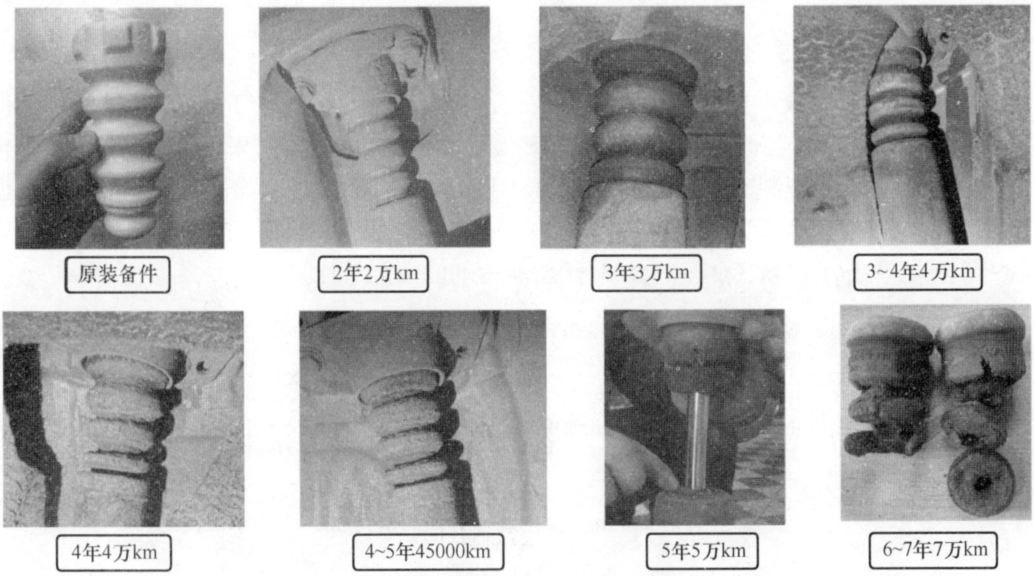

图 8-85　减震器缓冲块老化过程

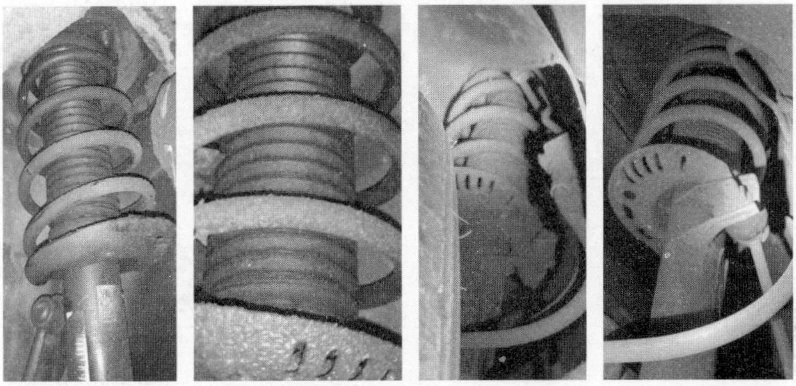

图 8-86　减震器防尘套老化过程

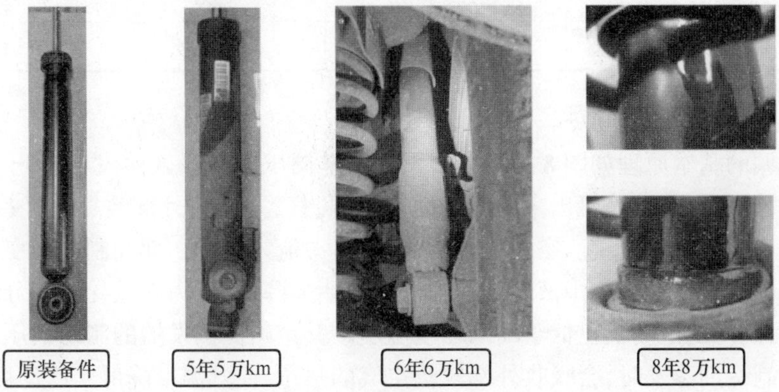

图 8-87　减震器的老化过程

3. 特殊保养

1) 制冷剂性能比较

特殊保养是指热泵空调每两年需要更换一次制冷剂(R744(CO_2)型)。虽目前广泛使用的是 R134a 型制冷剂,但在越来越严格的环境保护法规约束下,未来最终会停止使用,被 CO_2 或 R1234yf 等新型制冷剂所取代。R134a 型制冷剂的禁用时间如图 8-88 所示。根据 2024 年我国制冷剂生产配额政策可知,R134a 型制冷剂在我国目前仍然被生产和使用。从表 8-10 可以看出,R134a、CO_2 或 R1234yf 型制冷剂的性能对比。

图 8-88　R134a 型制冷剂的禁用时间

表 8-10　R134a、CO_2 或 R1234yf 型制冷剂的性能对比

项　　目		R134a 型制冷剂	R744(CO_2)型制冷剂	R1234yf 型制冷剂
环保性	全球变暖系数	1430	1	4
	臭氧系数	0	0	0
燃烧性		不燃	不燃	弱可燃
生物毒性		无毒	无毒	燃烧后有毒
回收要求		需回收	无需回收	需回收
成本		20 元/辆	0.5 元/辆	500 元/辆
工作压力		3MPa	14MPa	3.4MPa
制冷性能		标准	有待提高	略低于标准
制热性能		低温性能较差	强	低温性能差
专利		已过保护期	无	在保护期内
供应商		国内有	国内有	霍尼韦尔、杜邦垄断

2) 热泵空调基本工作原理

热泵空调的基本原理如图 8-89 所示。电动空调压缩机吸入蒸发器流出的低温、气态制冷剂,将其压缩。从压缩机出来的制冷剂为高温、气态,然后外部空气流经冷凝器。制冷剂将热量传递给空气后冷凝。空气受热后,作为热源流入车内。期间制冷剂变为中温液态,压力还是较高。流经膨胀阀中液态制冷剂的压力明显降低,压力降低导致部分制冷剂蒸发、膨胀,膨胀后制冷剂温度明显低于周围环境温度。其余喷向蒸发器的制冷剂压力再次降低,进而蒸发。制冷剂蒸发时,会吸收外部较暖空气的热量,使其温度降低。冷却后的空气可以进入车内实现降温,最后气态制冷剂流出蒸发器,再一次进入压缩机,如此循环,实现温度调节。

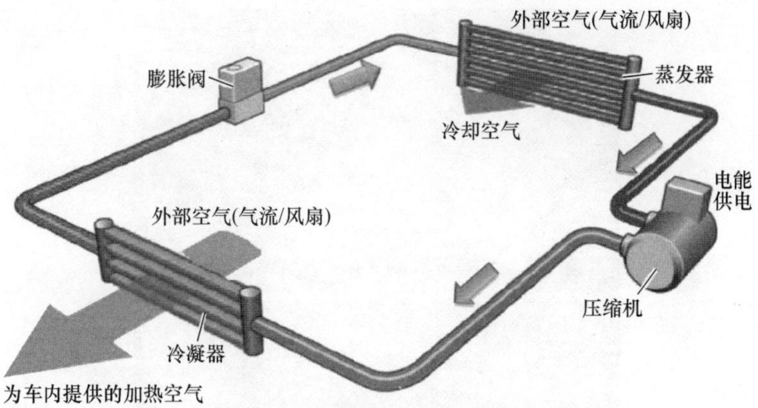

图 8-89　热泵空调基本工作原理

3）专用工具 VAS 581009 的使用注意事项

热泵空调制冷剂更换专用工具 VAS 581009 的外观如图 8-90 所示。

图 8-90　热泵空调制冷剂更换专用工具 VAS 581009 外观

制冷剂的压力仅通过数字压力计显示在显示器上。该设备不具有冲洗功能，抽出的制冷剂不会回收再利用，而是在设备下方排放到车间（CO_2 可以直接排放）。压缩气瓶会用加热垫进行加热，以便更好地加注。随附的黄铜接口需要使用 25 号开口扳手或梅花扳手。热泵系统只能通过低压接口加注。所有 BEV 车辆的自动程序中集成该功能。严格遵守至少 40min 的抽真空时间规定。随后，可以利用这些高压更轻松地加注并去除残留湿气。必须严格遵守 CO_2 的加注量，制冷剂充放机以自动模式加注时出现的偏差可以忽略不计。

在制冷剂充放机上可以选择自动模式，接上车辆后自动排放 CO_2，然后抽真空，加注新的 CO_2 制冷剂。加注 CO_2 制冷剂的现场如图 8-91 所示，CO_2 钢瓶位置如图 8-92 所示。

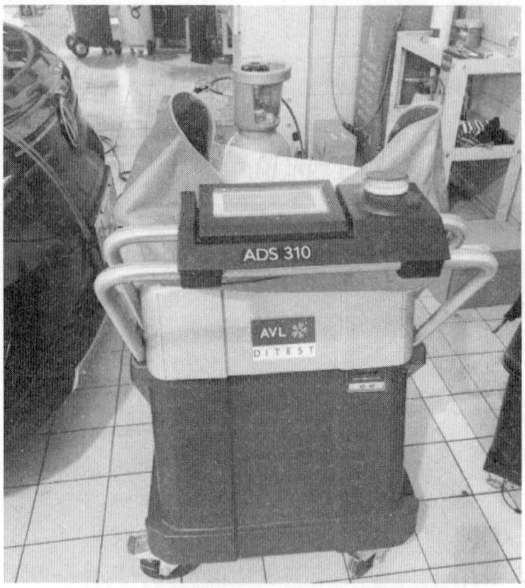

图 8-91　大众 ID. 4 CROZZ 汽车加注制冷剂(CO_2)

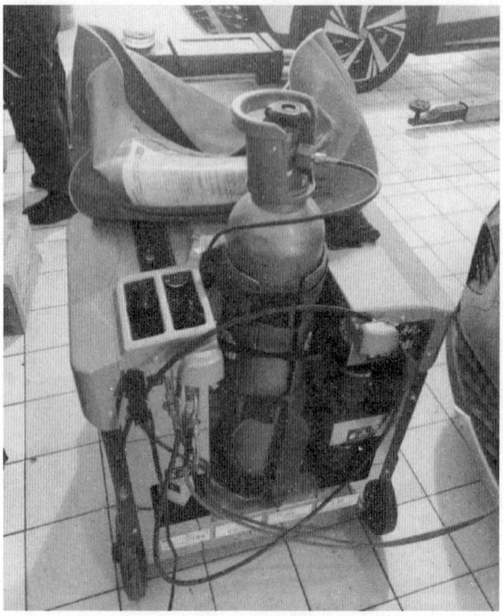

图 8-92　CO_2 钢瓶位置

四、自我测试题

(一)单项选择题

1. 关于大众 ID. 4 CROZZ 汽车,下列说法正确的是(　　)

A. ID 系列轿车是大众汽车集团基于“MEB”平台打造的,MEB 是“模块化电驱动平台”的缩写。

B. 一汽大众生产的 ID. CROZZ 汽车的车型命名为 ID. 4 CROZZ,生产地为一汽大众长春工厂。

C. 根据电池容量和电动机功率的不同,大众 ID. 4CROZZ 汽车分为 5 种车型。

D. 采用长机舱设计,封闭式前格栅,隐藏式门把手等,均能降低风阻。

2. 关于大众 ID. 4 CROZZ 汽车的外形下列说法错误的是(　　)

A. MEB 平台以电池为中心,充分利用车身空间,打造出的车具有 A 级车的外形和 B 级车的空间这样的特点。

B. 大众 ID. 4 CROZZ 汽车的车型外观特点是长轴短悬。

C. 大众 ID. 4 CROZZ 汽车的轴距长达 2731mm。

D. 尾部采用大尾翼设计、发光后尾标、后排隐私玻璃、宽大的 C 柱。

3. 关于大众 ID. 4 CROZZ 汽车的动力系统下列说法错误的是(　　)

A. 拥有两种容量的动力电池组,一种为 55. 7kW · h,另一种为 84. 8kW · h。

B. 大众 ID. 4 CROZZ 汽车的电池的 CLTC 续航能力可达 600km。

C. 大众 ID. 4 CROZZ 汽车的前驱电动机采用的是轴平行永磁同步电动机,最大功率为 150kW。

D. 电池单体采用宁德时代三元锂 NCM811(镍钴锰配比 8 : 1 : 1)方形电池。

4. 关于大众 ID. 4 CROZZ 汽车的高压电控系统下列说法错误的是(　　)

A. 高压电插接器和线束均为橙色,这个颜色更容易被用户识别。

B. 所有高压电组件均标有警告标签。

C. 电插接器做得更宽,并且所有高压电线均通过电插接器连接,需要螺栓连接。

D. 所有高压电插接器均配备经过改进的触电防护组件。

5. 关于大众 ID. 4 CROZZ 汽车的慢充系统说法错误的是(　　)

A. 慢速充电系统的主要组成为供电设备、慢速充电接口、车载充电机、高压控制盒、动力电池、仪表等。

B. 交流充电指单相或三相交流电通过车内的充电机经过整流、滤波、功率因数等一系列校正后,转换为适合电压的直流电,然后对动力电池充电的一种方式。

C. 交流充电桩因为采用较小电流充电,故一般充电时间约为 5~8h,充电速度较慢。

D. 大众 ID. 4 CROZZ 汽车的充电接口分为直流和交流电接口,但交直流充电接口紧挨在一起,位于左后翼子板处。

6. 关于大众 ID. 4 CROZZ 汽车的快充系统说法错误的是(　　)

A. 大众 ID. 4 CROZZ 汽车的快充系统主要由直流充电桩、快充接口、高压控制盒、动力电池、整车控制器、高压线束和低压控制线束组成。

B. 快速充电系统的优点为大充电功率、充电时间短,但同时也存在充电设备成本高的缺点。

C. 直流快充方式的充电电流一般为 150~250A。

D. 使用直流 125kW 充电桩,可以在大约 38min 内从 20%充电到 80%。

7. 关于大众 ID. 4 CROZZ 汽车的行驶系统下列说法正确的是(　　)

A. 大众 ID. 4 CROZZ 汽车的前悬架是双叉臂独立悬架,后悬架是新型五连杆悬架。

B. 五连杆是指前部上横臂、前部下横臂、后部上横臂、悬架臂、横向稳定杆。

C. 大众 ID. 4 CROZZ 汽车没有备胎,轮胎采用的是自修复轮胎。

D. 大众 ID. 4 CROZZ 汽车有胎压显示和报警功能。

8. 关于大众 ID. 4 CROZZ 汽车的制动系统下列说法错误的是(　　)

A. 大众 ID.4 CROZZ 汽车的前轮制动器采用的是通风盘式制动器，制动摩擦片的厚度约有 14mm。

B. 大众 ID.4 CROZZ 汽车的后轮采用的是鼓式制动器。

C. 大众 ID.4 CROZZ 汽车的电子驻车制动系统是由鼓式制动器和执行器组成的。

D. P 按钮有两个功能，一旦按下就表示挡位是 P 挡，同时激活电子驻车。

9. 关于大众 ID.4 CROZZ 汽车的转向系统下列说法错误的是(　　)

A. 大众 ID.4 CROZZ 汽车采用了新型电控机械式转向系统，具有转向轻便(整车转弯半径只有 9.7m)质量轻巧、结构简单等优点。

B. 大众 ID.4 CROZZ 汽车的电控机械式转向系统是单小齿轮结构，助力部位是在齿条上。

C. 黄色指示灯亮起表示转向系统有故障，转向助力将减小，但仍可继续行驶，需要尽快去检修。

D. 红色指示灯亮起或闪烁，表明电动助力转向系统完全失效，车辆无法再行驶。

10. 关于大众 ID.4 CROZZ 汽车的 AR-HUD 说法错误的是(　　)

A. AR-HUD 含义为增强现实版的抬头显示系统。

B. AR-HUD 投射距离远、显示视场大，在显示关键信息的同时，还向驾驶员提供大量的驾驶辅助信息。

C. AR-HUD 可以显示导航信息、ACC 跟车信息、车速信息、交通标志等信息。

D. 所有的大众 ID.4 CROZZ 汽车的车型均配有 AR-HUD。

11. 关于大众 ID.4 CROZZ 汽车的驾驶辅助系统下列说法错误的是(　　)

A. 大众 ID.4 CROZZ 汽车丰富的驾驶辅助系统保证了驾驶的安全性和舒适性，包括自适应巡航系统、车道保持辅助系统、前部辅助系统、旅行辅助系统、变道辅助系统自动泊车等系统。

B. 大众 ID.4 CROZZ 汽车的旅行辅助系统(travel assist)也称为半自动驾驶辅助系统。该系统将 ACC 和自适应车道引导结合使用。

C. 大众 ID.4 CROZZ 汽车的高配车型还具有自动泊入和自动泊出功能，自动泊入是指车辆可以自行驶入车位，而自动泊出是指车辆可以自行驶出车位。

D. 当打转向灯准备变道时，此时后方如果有车辆快速接近，并且处于驾驶员的盲区内，这种情形下变道辅助功能会在相应侧后视镜上点亮黄色警告灯，提醒驾驶员此时不要变道，待黄灯熄灭后才能安全变道。

12. 关于大众 ID.4 CROZZ 汽车的维护下列说法错误的是(　　)

A. 大众 ID.4 CROZZ 汽车的维护分为基础保养、深度保养和特殊保养。

B. 每一万公里维护需要更换空气滤芯。

C. 大众 ID.4 CROZZ 汽车自带的风窗清洗液冰点约−17℃，如车辆在严寒季节和地区使用，需提高风窗清洗液的防冻能力，应使用冬季专用风窗清洗液，防止风窗清洗液结冰。

D. 新车的冷却液液位如果位于标记区域的上方，不必抽出冷却液。

13. 下列哪一项工作不属于大众 ID.4 CROZZ 汽车的深度保养？(　　)

A. 清洗空调鼓风机。B. 清洗空调蒸发箱 。C. 清洗冷凝器芯体。D. 更换空调滤芯。

(二) 多项选择题

1. 关于大众 ID. 4 CROZZ 汽车的高压电控系统下列说法正确的是(　　)

A. 紧急断电连接是指大众 ID. 4 CROZZ 汽车左侧锁支架上的设置一个保养插头,作用是断开端子 30A 和先导线路的连接。

B. 在保险丝架 C 中设置一个安全熔丝(贴有警告标识)。该熔丝无需工具即可快速拆卸,从而可以快速断开端子 30A 连接。

C. 被动放电是指高压电系统紧急关闭后,如撞车或打开保养插头后,高压电系统将在 5s 内放电。

D. 主动放电能保证电压组件从电池上脱离后 2min 内,电压下降至低于 60V。

E. 大众 ID4 CROZZ 汽车的车型通过电位平衡将各高压部件的外壳连接起来,人就不易触电。

2. 大众 ID. 4 CROZZ 汽车有以下哪些充电设置方式?(　　)

A. 立即充电。

B. 充电至出发时间。

C. 出发前充电并开启空调。

D. 首选充电时间。

3. 大众 ID. 4 CROZZ 汽车的充电指示灯有哪几种颜色?(　　)

A. 白色。B. 绿色。C. 蓝色。D. 红色。

4. 目前常用的电动汽车充电方式有以下哪几种?(　　)

A. 电动汽车通过车身上固定的充电线缆和插头与交流电网连接。

B. 电动汽车使用独立的充电线缆,充电线缆不仅有连接车辆的接口,也有连接交流电网的接口。

C. 充电设备具备和其永久连接的充电线缆,并以此与电动汽车连接。

D. 电动汽车与充电设备间采用无线充电方式。

5. 关于大众 ID. 4 CROZZ 汽车的特殊保养,下列说法正确的是(　　)

A. 特殊保养是指热泵空调每 2 年需要更换一次制冷剂 R134a。

B. 热泵空调制冷剂更换专用工具是 VAS 581009。

C. VAS 581009 设备不具有冲洗功能,抽出的制冷剂可以直接排放。

D. 大众 ID. 4 CROZZ 汽车的车型均配备热泵空调。

(三) 简答题

1. 大众 ID4. CROZZ 汽车的动力配置如何?

2. 大众 ID4. CROZZ 汽车有哪几种充电设置?

3. 大众 ID4. CROZZ 汽车的鼓式制动器有何优缺点?

4. 大众 ID4. CROZZ 汽车的动力转向系统工作原理是什么?

5. 大众 ID4. CROZZ 汽车的基础保养有哪些内容?

学习工作单

学习工作单 1

课程：汽车使用与维护____ 姓名：________ 班级：________ 日期：________

	项目一：汽车主要技术数据和图标识别 任务一：车辆常用尺寸和 VIN 识别	车　　型：________ 整车型号：________

一、解释图 X1-1 中车辆常用尺寸含义

1. ________；2. ________；3. ________；4. ________；
5. ________；6. ________；7. ________；8. ________；
9. ________；10. ________；11. ________；
12. ________；13. ________。

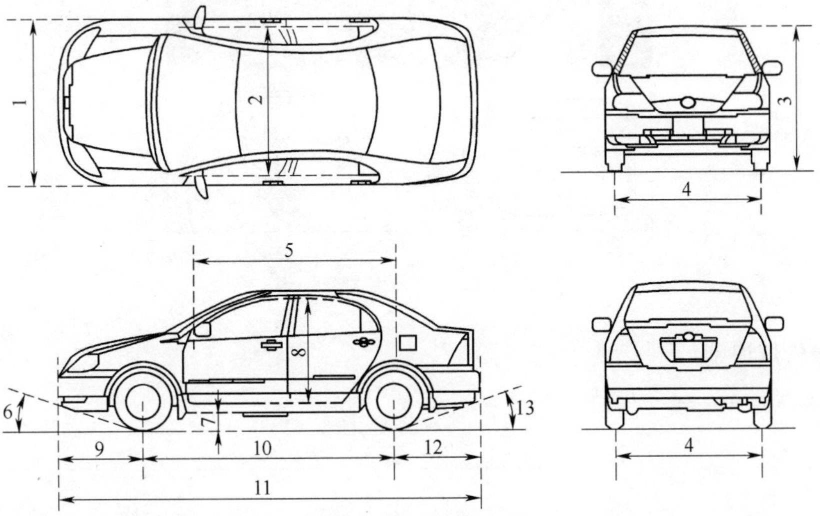

图 X1-1　车辆常用尺寸

二、VIN 识别

VIN 在车上的位置是________________________________；

VIN 是________________________________；

VIN 含义是________________________________

____

____。

学习工作单 2

课程：汽车使用与维护　姓名：＿＿＿＿　班级：＿＿＿＿　日期：＿＿＿＿

	项目一：汽车主要技术数据和图标识别 任务二：仪表盘图标认识	车　　型：＿＿＿＿ 整车型号：＿＿＿＿

一、仪表识别

写出图 X2-1 中各仪表的含义：

1. ＿＿＿＿＿＿；2. ＿＿＿＿＿＿；3. ＿＿＿＿＿＿；

4. ＿＿＿＿＿＿；5. ＿＿＿＿＿＿；6. ＿＿＿＿＿＿。

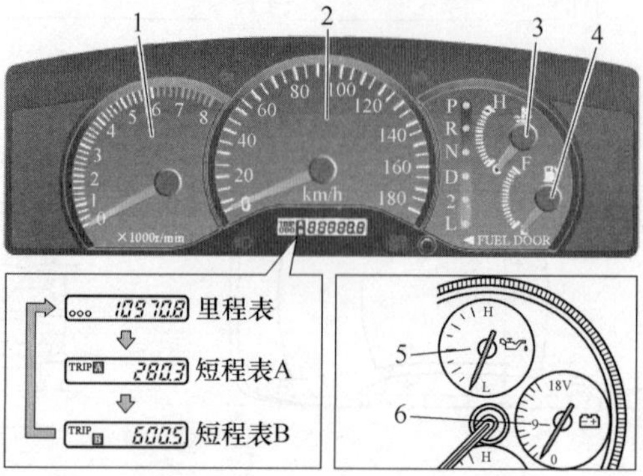

图 X2-1　仪表板图形标识

二、警告灯识别

写出图 X2-2 中各警告灯的含义：

1. ＿＿＿＿＿＿；2. ＿＿＿＿＿＿；3. ＿＿＿＿＿＿；4. ＿＿＿＿＿＿；

5. ＿＿＿＿＿＿；6. ＿＿＿＿＿＿；7. ＿＿＿＿＿＿；8. ＿＿＿＿＿＿；

9. ＿＿＿＿＿＿；10. ＿＿＿＿＿＿；11. ＿＿＿＿＿＿。

当点火开关打到 ON 时，点亮的警告灯有＿＿＿＿＿＿＿＿；其中＿＿＿＿＿＿和＿＿＿＿警告灯点亮数秒后熄灭。

发动机启动后点亮的警告灯有＿＿＿＿＿＿＿＿。

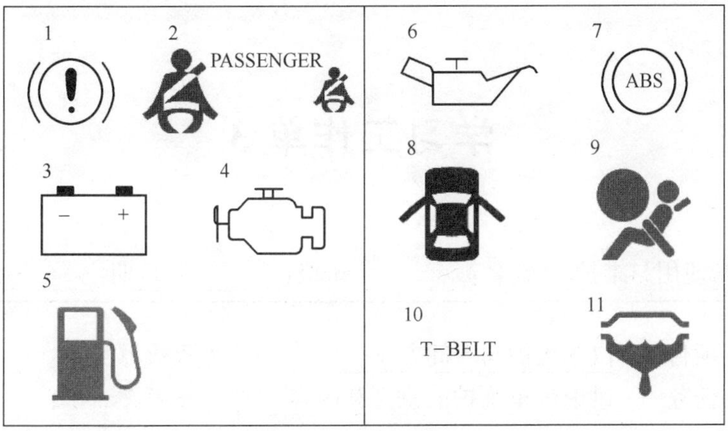

图 X2-2　警告灯图形标识

三、解释下列车标的含义

学习工作单 3

课程：汽车使用与维护　姓名：________　班级：________　日期：__________

	项目二：汽车维护与车间安全 任务一：讨论汽车维护的意义和内容	灭火器类型：__________ 车　　型：__________

一、汽车保养的意义

1. 汽车维护又称为________；是指为______________________________的作业。

2. 由图 X3-1 可知，汽车定期维护可以实现以下四点：

（1）____。

（2）____。

（3）____。

（4）____。

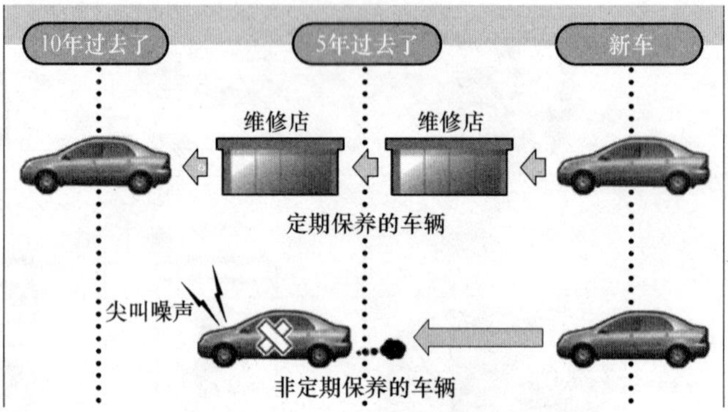

图 X3-1　汽车定期维护与非定期维护的比较

二、对于行驶里程很少的车辆为什么也要定期维护？

三、汽车维护与修理有何区别？

学习工作单 4

课程:汽车使用与维护　姓名:________ 班级:________ 日期:__________

	项目二:汽车维护与车间安全 任务二:灭火器的使用	灭火器类型:______________ 车　　型:______________

一、解释图 X4-1 中不同类型灭火器的使用场合

1. 干粉灭火器用于灭______________________________________的着火;
2. 二氧化碳灭火器用于灭__________________________________的着火;
3. 泡沫灭火器用于灭______________________________________的着火。

干粉式灭火器　　二氧化碳灭火器　　泡沫式灭火器

图 X4-1　不同类型的灭火器

二、根据图 X4-2 阐述灭火器的使用方法(以干粉灭火器为例)

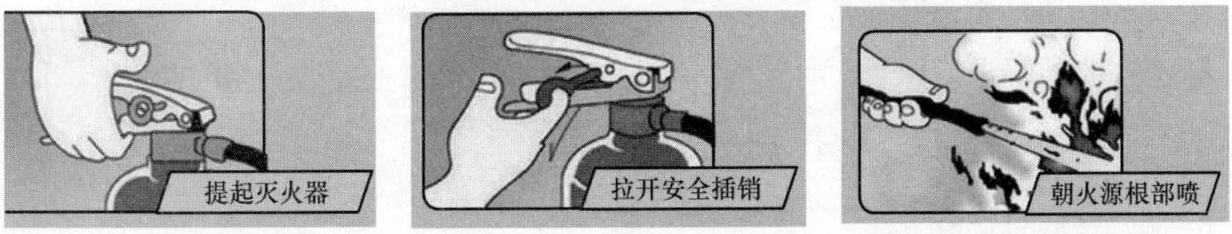

(a)　　(b)　　(c)

图 X4-2　灭火器的使用步骤

三、如果一台教学车发生起火,如何迅速灭火?

学习工作单 5

课程：汽车使用与维护　姓名：________　班级：________　日期：__________

	项目三：汽车运行材料的合理使用 任务一：发动机舱油液认识与检查	车　　型：__________ 整车型号：__________

一、解释图 X5-1 中各油液的含义

1. ______________；2. ______________；3. ______________；

4. ______________；5. ______________。

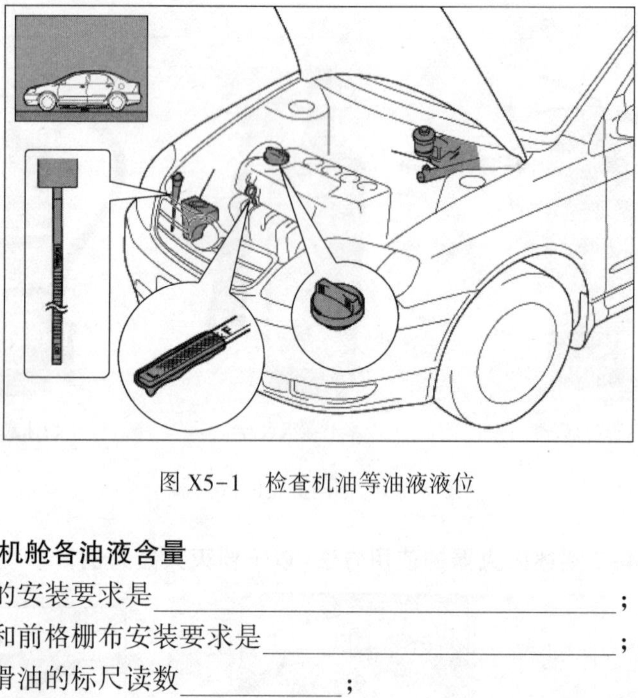

图 X5-1　检查机油等油液液位

二、检测发动机舱各油液含量

1. 车轮挡块的安装要求是____________________________；
2. 翼子板布和前格栅布安装要求是____________________________；
3. 发动机润滑油的标尺读数____________；
4. 冷却液容量读数____________；
5. 制动液容量读数____________；
6. 风窗清洗液容量读数________。

三、简述机油液位检测的方法

学习工作单 6

课程：汽车使用与维护　姓名：________　班级：________　日期：________

	项目三：汽车运行材料合理使用 任务二：轮胎认识与检查	车　　型：________ 整车型号：________

一、解释图 X6-1 中轮胎各部分的含义

1. ________；2. ________；3. ________；

4. ________；5. ________。

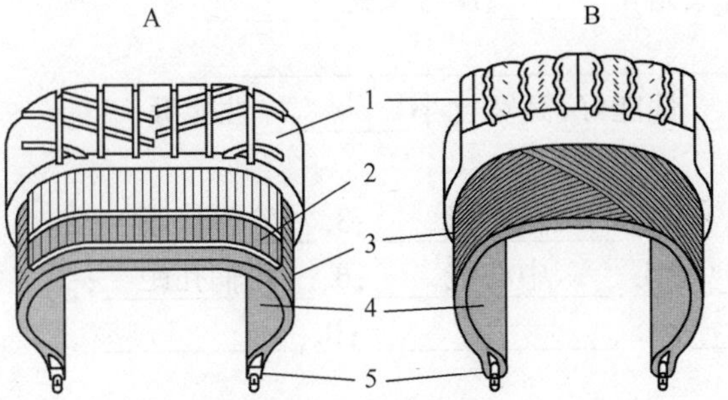

图 X6-1　轮胎的结构

二、解释图 X6-2 中轮胎符号的含义

195/60 R15 88H 的含义是____

____。

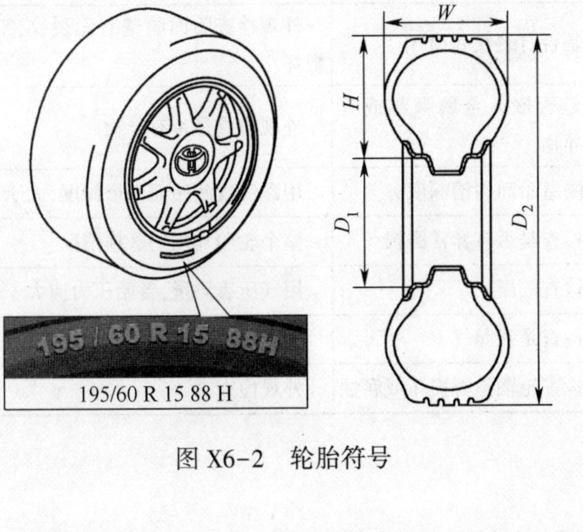

图 X6-2　轮胎符号

三、解释图 X6-3 与图 X6-4 中各部分的含义

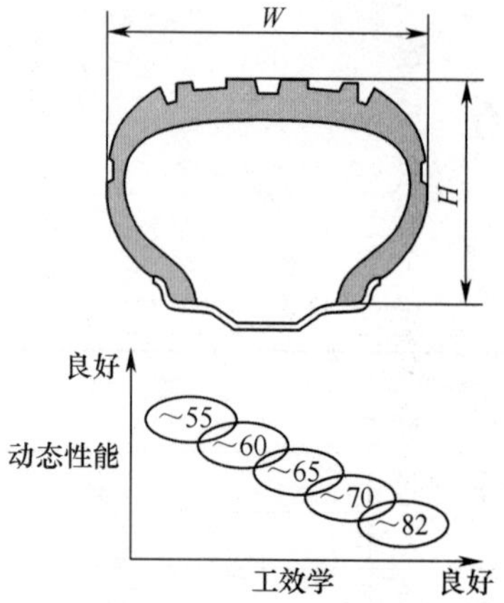

图 X6-3　高宽比的含义

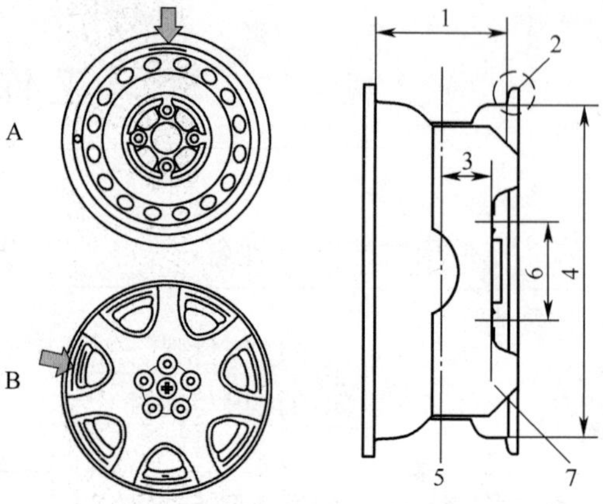

图 X6-4　轮辋的规格编码

图 X6-3 中：*W* 含义是________；*H* 含义是________。

轮胎高宽比又称________________________________。

高宽比大________性能好；高宽比小________性能好。

图 X6-4 中：

1. ______________；2. 轮　缘；3. 轮辋偏距；

4. ______________；5. 中心线；6. 轮辋孔距；

7. ______________；A. ______________；B. ______________。

四、备胎检查

备胎检查记录表

工作记录（正常打√，如有异常打×，并在备注中注明原因）	工作任务	标准	备注（测量数据也记录于此栏）
	是否有裂纹和损坏	外观检查胎面胎壁有无裂纹、割伤或其他损坏	
	是否嵌入金属颗粒或其他异物	外观检查是否有异物	
	测量胎面沟槽深度	用深度规测胎面沟槽深度，大于 1.6mm	
	检查是否有异常磨损	整个轮胎外围的磨损情况	
	检查气压	用气压表测量，备胎压力应大于 220kPa	
	检查是否漏气	用肥皂水检查气门嘴和周围	
	检查轮辋是否损坏或腐蚀	外观检查	

学习工作单 7

课程:汽车使用与维护　姓名:＿＿＿＿＿＿　班级:＿＿＿＿＿＿　日期:＿＿＿＿＿＿

项目四:汽车维护作业中基本功能检查　　车　型:＿＿＿＿＿＿

任务一:车内部检查　　整车型号:＿＿＿＿＿＿

举升位置 1:车辆内部检查工作记录表

工作记录(正常打√,如有异常打×,并在备注中注明原因)	工作任务	标 准	备注
位置 1	驾驶员座椅		
	安装座椅套	盖满座位,不得撕裂座椅套	
	安装地板垫	放正位置	
	安装方向盘套	不得撕裂方向盘套	
	拉起发动机盖释放杆		
位置 1	车辆前部		
	打开发动机盖	必须牢固支撑	
	安装翼子板布	位置正确,安放可靠,不影响作业	
	安装前格栅布	位置正确,安放可靠,不影响作业	
	安装车轮挡块	前轮前和后,要求必须和车轮外缘平齐,不允许超过车轮	
	安装尾气排放管	注意不要擦伤车身	
位置 1	发动机舱		
	检查发动机冷却液液位	目测储液罐标线,不允许用手摇晃	
	检查发动机机油油位	油尺标线,注意油尺不上扬	
	检查制动液液位	目测储液罐标线	
	检查喷洗液液位	液位尺标线,要求标尺拉出到能看见标记状态	
位置 1	车灯	灯光检查时不启动发动机,点火开关置 ON 位	
	检查示宽灯点亮	灯开关在一挡,两侧	

（续）

工作记录(正常打√,如有异常打×,并在备注中注明原因)	工作任务	标 准	备注
	检查牌照灯点亮	灯开关在一挡,两个	
	检查尾灯点亮	灯开关在一挡,两侧	
	检查大灯(近光)点亮	灯开关在二挡,两侧和仪表照明	
	检查大灯(远光)和指示灯点亮	灯开关在二挡,两侧和仪表指示、照明	
	检查大灯闪光开关和指示灯点亮	操作组合开关,近远光切换,仪表指示	
	检查转向信号灯和指示灯点亮	两侧和仪表指示	
	检查危险警告灯和指示灯点亮	两侧和仪表指示	
	检查制动灯点亮(尾灯点亮时)	两侧和高位	
	检查倒车灯点亮	一个,在右后边	
	检查转向开关自动返回功能	方向盘放正,扳动组合开关至某一侧,转动方向盘能自动复位,操作完后应将方向盘放正	
	检查仪表板照明灯点亮	包括所有仪表指示灯	
	检查顶灯点亮	在车内用顶灯开关控制顶灯	
	检查雾灯点亮	前后雾灯共 4 个	
	检查组合仪表警告灯(点亮和熄灭)	启动发动机前后的仪表指示灯的点亮和熄灭	
位置 1	挡风玻璃喷洗器	启动发动机检查	
	检查喷射力、喷射位置	目测,观察压力是否够	
	检查喷射时刮水器联动	目测,平稳、无异响,风挡上应先喷水	
	检查工作情况(低速)	确认两雨刮低速动作速度正常,动作平稳	
	检查工作情况(高速)	确认两雨刮高速动作速度正常,动作平稳	
	检查自动回位位置	确认动作,在任意位置停止,应自动复位	
	检查刮拭状况	刮水效果,无水痕,范围位置	
位置 1	喇叭		
	检查工作情况	拉长音,音量、音调稳定,无单音	
位置 1	驻车制动器		
	检查驻车制动杆行程	拉动 6~9 牙,注意过程和数牙	

（续）

工作记录(正常打√,如有异常打×,并在备注中注明原因)	工作任务	标 准	备注
	检查驻车制动器指示灯点亮	拉动第一个牙仪表指示灯应亮,放下应灭	
位置 1	制动器		
	检查制动器踏板应用状况(响应性)	反应灵敏	
	检查制动器踏板应用状况(完全踩下)	踏板不应完全到底	
	检查制动器踏板应用状况(异常噪声)	应无异常噪声	
	检查制动器踏板应用状况(过度松动)	踏动过程无松旷	
	测量制动踏板高度	静态高度 145.8~155.8mm	
	测量制动器踏板自由行程	在熄火状态下踏几次制动踏板后,用手压动测量自由行程应在 1~6mm	
	测量制动踏板行程余量	发动机怠速时,用 294N 的力踏下制动踏板,踏板距离底板距离不小于 85mm(实际不小于 60mm)	
	检查制动助力器工作情况(下沉)	踩住制动踏板后启动发动机,踏板应连续下沉	
	检查制动助力器真空功能	熄火后踏动踏板几次后,逐次高度增加,最后高度无变化,无下沉	
位置 1	方向盘		
	测量自由行程	钢板尺测量,启动发动机。注意:装有电控助力系统的车型不用启动发动机	
	检查松弛和摆动	手握方向盘垂直、轴向或向两侧晃动	
	检查点火开关 ACC 位置时,方向盘可否自由移动	在 ACC 位置应无锁止,方向盘可自由移动	
位置 1	离合器		
	测量离合器踏板高度	用直尺测量	
	测量离合器自由行程	发动机熄火时,用手压动测量	

学习工作单 8

课程：汽车使用与维护 姓名：________ 班级：________ 日期：________

项目四：汽车保养作业中基本功能检查　　车　　型：________

任务二：　车外部检查　　整车型号：________

举升位置 1：车辆外部检查工作记录表

工作记录(正常打√，如有异常打×，并在备注中注明原因)	工作任务	标准	备注
位置 1	外部检查准备		
	打开行李箱门和发动机舱盖		
	打开燃油盖		
	将顶灯开关旋至“DOOR”		
	将换挡杆置于空挡		
	释放驻车制动杆		
位置 1	门控灯开关		
	检查工作情况(顶灯和指示器灯工作情况)	打开车门，顶灯亮；关闭车门，顶灯灭	
位置 1	车身螺栓和螺母		
	检查座椅安全带的螺栓和螺母是否松动		
	检查座椅的螺栓和螺母是否松动		
	检查车门的螺栓和螺母是否松动		
	检查安全带的锁止功能	快拉锁止	
	检查安全带的锁扣功能	安全带插入锁扣，应能锁住	
	检查安全带的肩部调节功能	安全带上部支点可上下移动	
位置 1	左后车门		
	门控灯开关检查同上		
	车身螺栓和螺母检查同上		
	检查儿童锁功能	检查完毕，需复位	

（续）

工作记录（正常打√，如有异常打×，并在备注中注明原因）	工作任务	标 准	备注
	检查安全带的锁止功能	快拉锁止	
	检查安全带的锁扣功能	安全带插入锁扣，应能锁住	
位置1	油箱盖		
	检查是否变形和损坏	油箱盖和密封垫片	
	检查连接状况	盖应能上紧，有扭矩限制到位的声音	
	检查是否损坏和有污垢	灯罩和反光板无褪色、损坏、无污物和水	
位置1	车后部车灯		
	检查安装状况	用手摸检查是否松动	
	检查是否损坏和有污垢	灯罩和反光板无褪色、损坏、无污物和水	
位置1	备用轮胎		
	是否有裂纹和损坏	外观检查胎面胎壁有无裂纹、割伤或其他损坏	
	是否嵌入金属颗粒或其他异物	外观检查是否有异物	
	测量胎面沟槽深度	用深度规测纹深，大于1.6mm	
	检查是否有异常磨损	整个轮胎外围的磨损情况	
	检查气压	用气压表测量，备胎压力应大于220kPa	
	检查是否漏气	用肥皂水检查气门嘴和周围	
	检查钢圈是否损坏或腐蚀	外观检查	
位置1	螺栓和螺母		
	检查行李箱门的螺栓和螺母是否松动	双手扳动检查	
位置1	后悬架		
	检查减震器的阻尼状态	快速压下后松开，应反弹1或2次	
	检查车辆倾斜度	目测	
位置1	后尾灯		
	检查安装状况	用手摸检查是否松动	
	检查是否损坏和有污垢	灯罩和反光板无褪色、损坏、无污物和水	

（续）

工作记录（正常打√，如有异常打×，并在备注中注明原因）	工作任务	标 准	备注
位置 1	右后车门		
	门控灯开关检查同上		
	车身螺栓和螺母检查同上		
	儿童锁检查同上		
	安全带检查同左后门		
位置 1	右前车门		
	门控灯开关检查同上		
	座椅螺栓和螺母检查同上		
	车门螺栓和螺母检查同上		
	安全带检查同左前门		
	车身螺栓和螺母检查同上		
	空调滤芯检查	目测	
位置 1	前悬架		
	检查减震器的阻尼状态	快速压下后松开，应反弹 1 或 2 次	
	检查车辆倾斜度	目测	
位置 1	前大灯		
	检查安装状况	用手摸检查是否松动	
	检查是否损坏和有污垢	灯罩和反光板无褪色、损坏、污物、水	
位置 1	发动机舱		
	检查发动机舱盖的螺栓和螺母是否松动	用手扳动进行观察	
	拆卸机油加注口盖	将机油加注口盖拧松，放置上面	

学习工作单 9

课程：汽车使用与维护＿＿＿ 姓名：＿＿＿＿ 班级：＿＿＿＿ 日期：＿＿＿＿

	项目五：底盘维护 任务一：工具的选择与使用	车　　型：＿＿＿＿＿＿ 整车型号：＿＿＿＿＿＿

一、解释下列工具的含义（图 X9-1～图 X9-8）

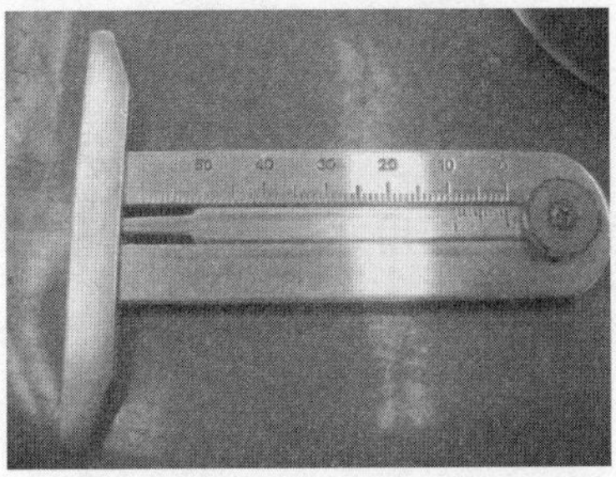

图 X9-1

图 X9-2

图 X9-3

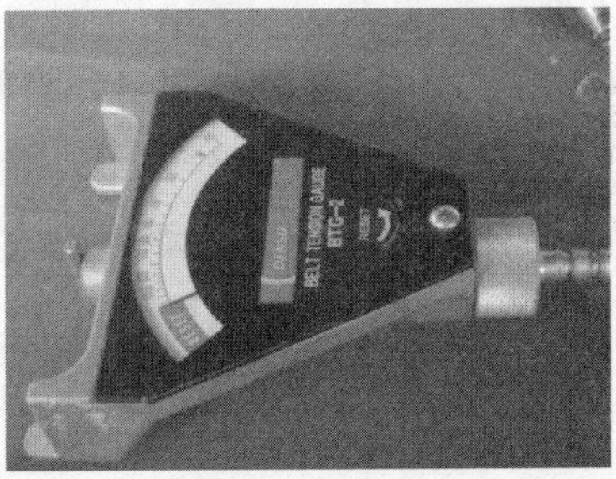

图 X9-4

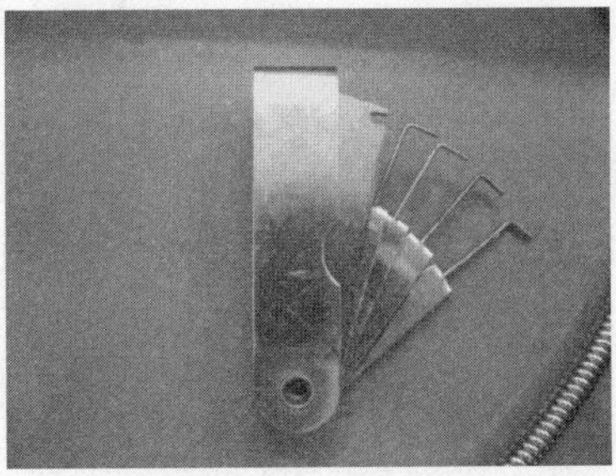

图 X9-5

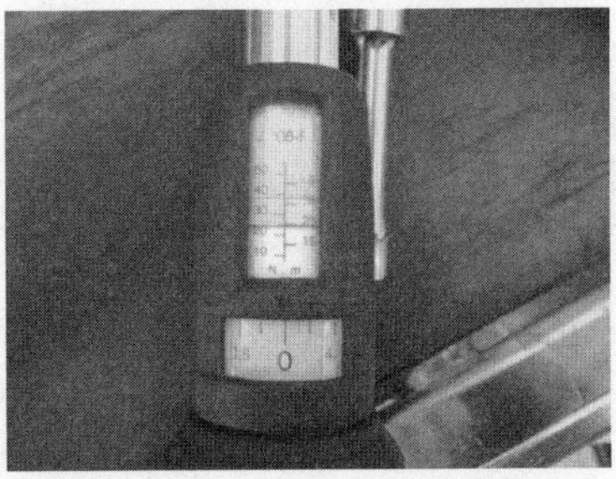

图 X9-6

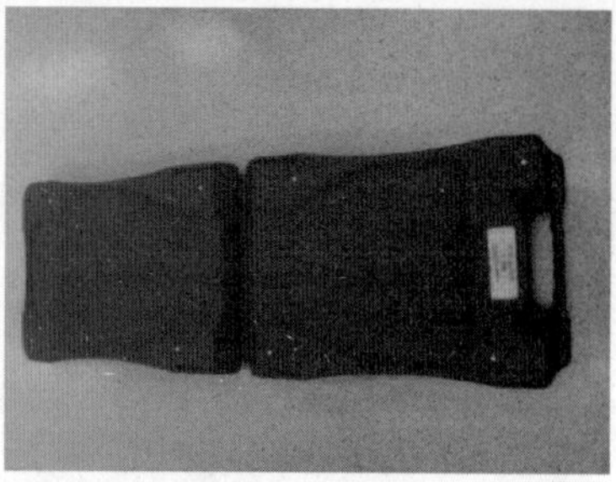

图 X9-7

图 X9-8

二、简述举升器的使用方法

三、简述套筒扳手、梅花板手、开口扳手与扭力扳手的使用方法

四、简述游标卡尺、千分尺与百分表的使用方法

学习工作单 10

课程:汽车使用与维护　姓名:________　班级:________　日期:________

项目五:底盘维护　　车　　型:________

任务二:底盘检查　　整车型号:________

举升位置 3:车辆底盘检查工作记录表

工作记录(正常打√,如有异常打×,并在备注中注明原因)	工作任务	标 准	备注
位置 3	发动机机油(排放)		
	检查是否漏油(发动机各部位的配合表面)	目测:用手电或工作灯,发动机各部位的配合表面	
	检查是否漏油(油封)	目测:用手电或工作灯,前后油封,半轴油封	
	检查是否漏油(排放塞)	目测	
	排放发动机机油	使用正确工具和接油设备	
位置 3	传动皮带		
	检查是否变形	目测	
	检查是否损坏(磨损、裂纹、脱层或其他损坏)	目测	
	检查安装状况(传动带张力检查)	用手压测量偏移 8~10mm	
位置 3	驱动轴护套		
	检查是否有裂纹、损坏(外侧)	转动并目测	
	检查是否有裂纹、损坏(内侧)	转动并目测	
	检查是否有泄漏(外侧)	转动并目测	
	检查是否有泄漏(内侧)	转动并目测	
位置 3	转向连接机构		
	检查是否松动和摇摆	用手晃动转向连接机构检查	
	检查是否弯曲和损坏	目测和手摸	
	检查防尘套是否有裂纹和损坏	目测和手摸	

（续）

工作记录（正常打√，如有异常打×，并在备注中注明原因）	工作任务	标准	备注
位置 3	制动管路		
	检查是否泄漏	目测	
	检查制动管路上有无压痕或其他损坏	目测	
.	检查制动管路软管是否扭曲、裂纹和凸起	目测	
	检查制动管道和软管的安装状况（松旷）	前轮胎要转到最外侧检查是否干涉	
位置 3	燃油管路		
	检查燃油是否泄漏	目测	
	检查燃油管路是否损坏	目测	
位置 3	排气管和安装件		
	检查排气管是否损坏	目测	
	检查消声器是否损坏	目测	
	检查排气管吊挂是否损坏或脱落	目测 4 个吊挂	
	检查密封垫片是否损坏	目测三个垫片是否有炭黑痕迹	
	检查排气管是否泄漏	目测有无水痕和炭痕	
位置 3	悬架		
	检查是否损坏（转向节）	晃动和目测	
	检查是否损坏（前减震器）	晃动和目测	
	检查是否损坏（后减震器）	晃动和目测	
	检查是否泄漏（前减震器）	晃动和目测	
	检查是否泄漏（后减震器）	晃动和目测	
	检查是否损坏（前减震器螺旋弹簧）	晃动和目测	
	检查是否损坏（后减震器螺旋弹簧）	晃动和目测	
	检查是否损坏（下臂）	晃动和目测，损坏或拖痕	
	检查是否损坏（稳定杆）	晃动和目测	
	检查是否损坏（拖臂和后桥）	晃动和目测，损坏或拖痕	
位置 3	发动机机油滤清器及排放塞		

(续)

工作记录(正常打√,如有异常打×,并在备注中注明原因)	工作任务	标 准	备注
	更换机油滤清器及排放塞衬垫	18N·m(或按手册,接触后再转 3/4 圈)	
	安装紧固排放塞	用扭力扳手按照 37N·m 紧固	
位置 3	螺栓和螺母(车辆底部)		
	前悬架		
	中间梁※车身(前)	39N·m,2 个-14	
	中间梁※前横梁	52N·m,3 个-14	
	中间梁※发动机防震垫	52N·m,2 个-14	
	前悬架下臂※前悬架横梁	137N·m,2 侧×2-19	
	前下球节※前悬架下臂	142N·m,2 侧×3-17	
	前悬架横梁※车身(上)	113N·m,2 侧×1-19	
	前悬架横梁※车身(下)	157N·m,2 侧×1-19	
	前制动卡钳※转向节	107N·m,2 侧×2-17	
	前减震器※转向节	153N·m,2 侧×2-19	
	稳定杆连杆※前减震器	74N·m,2 侧×1-17	
	减震器上支承※车身	39N·m,2 侧×3-14	
	稳定杆※稳定杆连杆	74N·m,2 侧×1-17	
	稳定杆支架※前横梁	37N·m,2 侧×2-12	
	横拉杆端头※转向节	49N·m,2 侧×1-17	
	转向机壳※前横梁	58N·m,2 侧×1-17	
位置 3	后悬架		
	后桥横梁总成※车身	85N·m,2 侧×1-17	
	制动分泵※背板	47N·m,2 侧×2-14	
	后减震器※后横梁总成	80N·m,2 侧×1-19	
	拖臂后桥※控制杆	149N·m,2 侧×1-19	
	拖臂后桥※背板	56N·m,2 侧×4-12	
	其他		
	排气管	43N·m,6-14	
	燃油箱	39N·m,4-14	

注:※表示连接。

学习工作单 11

课程：汽车使用与维护　姓名：＿＿＿＿　班级：＿＿＿＿　日期：＿＿＿＿

项目六：轮胎、制动器的检查与制动液的更换和排气

任务一：轮胎、制动器检查

车　　型：＿＿＿＿

整车型号：＿＿＿＿

举升位置 4 的工作内容

轮胎、制动器检查工作记录表

工作记录(正常打√，如有异常打×，并在备注中注明原因)	工作任务	标准	备注
位置 4	车轮轴承		
	检查有无摆动	一只手在上，另一只手在下晃动车轮检查是否摆动	
	检查转动状况和噪声	用手转动车轮，平稳无噪声	
	拆卸左前轮	用风动扳手，注意旋向和拆卸顺序，以及最后一个螺栓	
位置 4	轮胎		
	检查是否有裂纹和损坏	外观检查胎面胎壁有无裂纹、割伤或其他损坏	
	检查是否嵌入金属颗粒或其他异物	外观检查是否有异物	
	测量胎面沟槽深度	用深度规测纹深，大于 1.6mm	
	检查是否有异常磨损	整个轮胎外围的磨损情况	
	检查气压	用轮胎气压表测量	
	检查是否漏气	用肥皂水检查气门嘴和周围	
	检查钢圈是否损坏或腐蚀	外观检查	
位置 4	盘式制动器		
	目视检查制动器摩擦片厚度(内侧)	10～12mm	
	测量制动器摩擦片厚度(外侧)	游标卡尺测量，内外共六点	

（续）

工作记录（正常打√，如有异常打×，并在备注中注明原因）	工作任务	标准	备注
	检查制动器摩擦片有无不均匀磨损	目测和六点测量	
	检查制动盘是否磨损和损坏	目测外观并用百分表测量端面圆跳动（<0.05mm）	
	制动盘厚度检查	千分尺测量（卡罗拉标准厚度 22mm，磨损极限 19mm）	
	检查制动卡钳处有无制动液泄漏	目测	
位置 4	盘鼓式制动器		
	目视检查制动器摩擦片厚度（内侧）	10~12mm	
	测量制动器摩擦片厚度（外侧）	直尺测量，内外共六点	
	检查制动器摩擦片的不均匀磨损	目测和六点测量	
	检查制动盘磨损和损坏	目测外观并用百分表测量端面圆跳动（<0.05mm）	
	制动盘厚度检查	千分尺测量	
	检查制动卡钳处有无制动液泄漏	目测	
	制动鼓内径测量	用游标卡尺	
	制动蹄片前后移动情况检查	用手晃动蹄片	
	制动蹄片上的摩擦衬片的厚度	直尺测量	

一、简述盘式制动器的检查内容

二、比较盘式制动器与鼓式制动器的优点与缺点

三、简述制动盘端面圆跳动的检测方法

学习工作单 12

课程:汽车使用与维护 姓名:________ 班级:________ 日期:________

项目六:轮胎、制动器的检查与制动液的更换和排气

任务二:制动液更换与排气

车　　型:________

整车型号:________

举升位置 5、6 的工作内容

轮胎、制动器检查工作记录表

工作记录(正常打√,如有异常打×,并在备注中注明原因)	工作任务	标准	备注
位置 5	制动液排放		
	从总泵排放制动液	用专用工具抽吸	
	安装制动液更换工具	安装专用工具	
	检查前轮制动拖滞	双人配合,只检查行车制动	
	检查后轮制动拖滞	双人配合,分别检查行车制动与驻车制动	
位置 6	制动液排气		
	按顺序进行车轮制动液排气	按右后、左后、右前、左前的顺序进行排气	
	车轮临时安装	注意使用风动扳手时不准戴手套	

一、简述制动液排气的具体方法

二、简述制动拖滞的含义与检查方法

学习工作单 13

课程：汽车使用与维护 姓名：________ 班级：________ 日期：________

项目七：发动机维护

任务一：发动机启动前的检查

车　　型：________

整车型号：________

举升位置 7 的工作内容

发动机启动前的检查记录

工作记录（正常打√，如有异常打×，并在备注中注明原因）	工作任务	标 准	备注
位置 7	驻车制动器和车轮挡块		
	使用驻车制动器并放置车轮挡块	拉 6~9 牙并踏制动踏板几次消除制动间隙，挡块位置	
位置 7	发动机机油		
	加注发动机机油	油尺检查液面，不得洒漏，完后擦拭	
位置 7	传动皮带		
	检查传动皮带张紧度	用皮带张力计检查	
	检查传动皮带的整个外围是否有磨损、裂纹、层离或者其他损坏	目测	
位置 7	火花塞		
	更换火花塞	用专用工具（25N · m 的标准力矩紧固）	
	检查火花塞绝缘部分和螺纹有无损坏	目测	
	检查电极间隙	用火花塞间隙规检查，标准（1 ~ 1.1mm）	
位置 7	蓄电池		
	检查电解液液位	体外目测	
	检查蓄电池壳体是否损坏	目测	

（续）

工作记录（正常打√，如有异常打×，并在备注中注明原因）	工作任务	标 准	备注
	检查蓄电池端子导线是否腐蚀	目测	
	检查蓄电池端子导线是否松动	扳手检测或晃动	
	检查通风孔塞是否损坏、孔是否堵塞	目测	
	测量电解液密度（单格）	比重计测量（1.25～1.29g/cm^3）	
位置 7	散热器盖		
	检查散热器盖阀门的开启压力	散热器盖测试仪（120～140kPa）	
	检查散热器盖的真空阀工作是否正常	手动检查	
	检查橡胶密封件是否有裂纹或破损	目测	
	检查冷却液冰点	比重计	
位置 7	制动液		
	检查总泵内液面（储液罐）	目测标线	
	检查总泵是否泄漏	目测	
位置 7	制动管路		
	检查液体是否泄漏	目测	
	检查制动器管和软管是否有裂纹和损坏	目测	
	检查制动器管和软管的安装状况	目测（发动机舱内）	
位置 7	空气滤清器芯		
	检查并更换	取出、检查、清洁或更换、安装到位、清洁空滤壳内部	
位置 7	活性炭罐		
	检查活性炭罐有无损坏	目测	
位置 7	前减震器的上支承		
	检查前减震器上支承是否松动	用梅花扳手检查	
位置 7	喷洗液		
	检查液位	标尺检查	

一、简述火花塞的检查内容

二、简述比重计的使用方法

学习工作单 14

课程：汽车使用与维护 姓名：________ 班级：________ 日期：________

项目七：发动机维护

任务二：发动机暖机期间的检查

车　型：________

整车型号：________

举升位置 7 的工作内容

发动机暖机期间的检查记录

工作记录(正常打√，如有异常打×，并在备注中注明原因)	工作任务	标 准	备注
位置 7	再紧固轮毂螺母		
	旋紧车轮	按 103N·m 的标准力矩紧固 4 个车轮的轮毂螺母，按对角线顺序紧固	
位置 7	PCV 阀检查		
	噪声检查	手指夹紧 PCV 阀软管检查工作噪声	
	PCV 软管是否有裂纹或者损坏	目测	
位置 7	发动机冷却液		
	检查是否从散热器泄漏	目测	
	检查橡胶软管是否泄漏	目测	
	检查软管夹周围是否泄漏	目测	
	检查橡胶软管是否有裂纹、隆起或者硬化	目测并手摸感觉	
	检查橡胶软管连接是否松动	目测	
	检查夹箍安装是否松动	手摸或工具检查	

一、简述 PCV 系统的作用与工作原理

二、简述发动机冷却系统检查方法

学习工作单 15

课程：汽车使用与维护　　姓名：＿＿＿＿　班级：＿＿＿＿　日期：＿＿＿＿

	项目七：发动机维护 任务三：发动机暖机后和运行期间的检查	车　　型： 整车型号：

举升位置 7 的工作内容

发动机暖机后和运行期间的检查记录

工作记录（正常打√，如有异常打×，并在备注中注明原因）	工作任务	标 准	备注
位置 7	自动变速器液		
	自动变速器液的液位检查	怠速各挡走 1 遍，每挡停 1s，然后用油尺检查液位是否在热态时的高位	
位置 7	空调检查		
	检查制冷剂量	打开所有车门，发动机转速控制在 1500r/min，同时空调的风量调至最大，温度设定至最低，内循环，通过观察车窗和车内出风口判断	
位置 7	转向助力液		
	检查转向助力液的液面	首先怠速时观察助力液的液面，上车连续左右转动方向盘（打死方向）各 3 次，然后将方向盘回位，最后下车检查助力液液位，应稍有升高	

一、叙述自动变速器液的检查方法

二、叙述空调制冷剂检查方法

三、叙述转向助力液检查方法

学习工作单 16

课程:汽车使用与维护______ 姓名:__________ 班级:________ 日期:__________

	项目七:发动机维护 任务四:发动机停机后的检查	车　　型:__________ 整车型号:__________

举升位置 7 的工作内容

发动机停机后的检查记录

工作记录(正常打√,如有异常打×,并在备注中注明原因)	工作任务	标 准	备注
位置 7	发动机机油		
	检查发动机油位	熄火后,等待 5min 检查	
位置 7	发动机冷却液		
	检查冷却液的液位	散热器冷却后目测储液罐	
位置 7	气门间隙		
	检查气门间隙	厚度规检查和调整气门间隙。如果发动机平稳转动没有异常噪声,则该检查可以省略	
位置 7	保养周期复位		
	用诊断仪进行操作	用诊断仪清除故障码和进行保养周期复位	

一、简述发动机润滑油的更换方法

二、简述免维护蓄电池的检查方法

学习工作单 17

课程：汽车使用与维护______ 姓名：__________ 班级：________ 日期：__________

项目八：纯电动汽车的使用与维护
任务一：大众 ID.4 CROZZ 汽车的前机舱检查与车内功能检查

车　　型：________________
整车型号：________________

大众 ID.4 CROZZ 汽车的前机舱检查与车内功能检查

工作记录(正常打√，如有异常打×，并在备注中注明原因)	工作任务	标 准	备注
位置 1	前机舱检查		
	冷却液检查	目测	
	制动液检查	目测	
	风窗清洗液检查	目测	
	前机舱内的管路、高压线束检查	手摸和目测	
	驾驶室各功能系统检查		
	检查室内灯光	目测	
	检查外部照明及指示灯	目测	
	检查雨刮系统	手动和目测	
	检查扬声器、座椅、安全带	目测	
	检查信息娱乐系统	手动和目测	
	润滑铰链		
	润滑车门铰链	在车门铰链处涂润滑脂	
	润滑前舱盖锁止机构	在前舱盖锁止机构处涂润滑脂	
	润滑后备厢铰链	在后备厢铰链处涂润滑脂	
	电器系统诊断		
	连接蓝牙诊断接头	绿色信号灯闪烁	
	读取车辆的故障码	分析判断并清除故障码	

学习工作单 18

课程:汽车使用与维护 姓名:________ 班级:________ 日期:________

项目八:纯电动汽车的使用与维护　　车　　型:________
任务二:轮胎、制动器及底盘检查　　整车型号:________

PDI 的工作内容

轮胎、制动器及底盘检查

工作记录(正常打√,如有异常打×,并在备注中注明原因)	工作任务	标准	备注
位置 2	轮胎检查		
	轮毂轴承检查	用手上下晃动轮胎	
	胎面是否有裂纹和损坏	外观检查胎面胎壁有无裂纹、割伤或其他损坏	
	是否嵌入金属颗粒或其他异物	外观检查是否有异物	
	测量胎面沟槽深度	用深度规测胎面沟槽深度,大于 1.6mm	
	检查是否有异常磨损	整个轮胎外围的磨损情况	
	检查气压	用气压表测量,气压应大于 250kPa	
	检查是否漏气	用肥皂水检查气门嘴和周围	
	检查轮辋是否损坏或腐蚀	外观检查	
	制动器检查		
	外观检查	目测	
	摩擦片厚度检查	大于或等于 6mm(连底板厚度)	
位置 3	底盘检查		
	下护板检查	目测	
	车辆底部泄漏检查	目测	
	前悬架检查	晃动和目测	
	后悬架检查	晃动和目测	

参 考 文 献

[1] 蒋浩丰．汽车使用与维护[M]．西安:西安交通大学出版社,2018.

[2] 一汽大众汽车有限公司．奥迪 A6 维修手册[G]．长春:一汽大众汽车有限公司,2018.

[3] 张西振,高元伟．发动机原理与汽车理论[M]．4 版. 北京:人民交通出版社,2018.

[4] 周燕．汽车材料[M]．3 版. 北京:人民交通出版社,2021.

[5] 宋志刚,徐凯．大众 ID.4 CROZZ 汽车[G]．长春:一汽大众汽车有限公司,2022.